SCHÄFFER
POESCHEL

Handelsblatt

Mittelstands-Bibliothek – Band 9

Richard Wagner

Strategie und Management-Werkzeuge

2007
Schäffer-Poeschel Verlag Stuttgart

Handelsblatt Mittelstands-Bibliothek

Bibliografische Information der Deutschen Nationalbibliothek
Die Deutsche Nationalbibliothek verzeichnet diese Publikation in der Deutschen Nationalbibliografie; detaillierte bibliografische Daten sind im Internet über http://dnb.d-nb.de abrufbar.

Gedruckt auf chlorfrei gebleichtem, säurefreiem und alterungsbeständigem Papier

Band 9: ISBN 978-3-7910-2719-7
Gesamtwerk: ISBN 978-3-7910-2710-4

www.schaeffer-poeschel.de
info@schaeffer-poeschel.de

Einbandgestaltung: Willy Löffelhardt
Umschlagfoto: Shutterstock, Inc., New York
Satz: pws Print und Werbeservice Stuttgart GmbH
Druck und Bindung: Ebner & Spiegel GmbH, Ulm

Printed in Germany
November 2007

Schäffer-Poeschel Verlag Stuttgart
Ein Tochterunternehmen der Verlagsgruppe Handelsblatt

Vorwort

In diesem Buch werden keine neuen wissenschaftlichen Erkenntnisse der Managementlehre erarbeitet und dargestellt. Es werden vielmehr die vorhandenen Werkzeuge und Systeme der Unternehmensführung im Rahmen eines ganzheitlichen strategischen Ansatzes praxisbezogen aufgezeigt und erläutert.

Dieses Buch wurde für Führungskräfte kleiner und mittlerer Unternehmen sowie für angehende Führungskräfte und Firmengründer geschrieben. Es soll als Anleitung für die Verbesserung der Managementprozesse und die strategische Ausrichtung des Unternehmens dienen. Als Nachschlagewerk soll es interessierten Führungskräften Handlungshilfen bieten.

Dieses Buch widme ich meiner Frau Marion und meinen Kindern Maximilian und Ferdinand. Meine Frau hat mich bei der Arbeit am Buch unterstützt und mir viele Arbeiten abgenommen. Meine Söhne haben es geduldig ertragen, dass so manche Freizeitaktivität ausfallen musste.

Dittelbrunn, im August 2007 Richard Wagner

Der Autor

Richard Wagner, Diplom-Ingenieur, BBA, MBA, ist geschäftsführender Gesellschafter der Wagner Consulting GmbH, Dittelbrunn. Er ist Autor von verschiedenen Aufsätzen und Buchbeiträgen sowie Referent von Seminaren zu den Themen Unternehmensführung, Vertrieb und Marketing. Herr Wagner war vor seiner Tätigkeit als Unternehmensberater in verschiedenen Fach- und Führungsfunktionen im In- und Ausland, u.a. als Leiter der Qualitätssicherung, Vertriebsleiter, Bereichsleiter für Logistik und Marketing sowie als Geschäftsführer von Verkaufs- und Produktionsgesellschaften tätig.

E-Mail: rwaco@t-online.de
Internet: www.wagner-consult.de

Inhaltsverzeichnis

1 Einleitung

Ausrichtung auf den Unternehmenserfolg

Dem historischen Abriss über die wissenschaftstheoretischen Modelle für Unternehmensführung muss eine klare Begriffsdefinition vorausgestellt werden. Geht man davon aus, dass ein **Unternehmen** als »ein rechtlich organisiertes Gebilde« betrachtet wird, »in dem nachhaltig ertragsorientierte Leistungen erbracht werden« und **Führung** ganz allgemein als »die Ausrichtung des Handelns auf die Realisierung vorgegebener Ziele« verstanden wird, so kann man **Unternehmensführung** als **»die Ausrichtung des Handelns auf den Erfolg des Unternehmens**« definieren.

Synonym dazu werden auch die Begriffe **Unternehmensleitung** und **Management** verwendet. Der Begriff »Management« wurde von den lateinischen Worten »manus« (Hand) oder »manum agere« (an der Hand führen) bzw. dem italienischen Wort »menaggiare« (handhaben) abgeleitet.

1.1 Unternehmensführung im Wandel der Zeit

Unternehmensführung gab es bereits im Mittelalter. Jeder Bäcker oder Kupferschmied hat, wenn auch mit einfachen Mitteln, stetig versucht, seine Arbeit effizienter zu gestalten und den Gewinn zu maximieren. Wissenschaftlich hat man sich mit Unternehmensführung erst im 19. Jahrhundert, mit Beginn der Industrialisierung in England, auseinandergesetzt. Heute kann man auf drei sich überlappende Phasen von Entwicklungsstufen mit bestimmten Schwerpunkten zurückblicken (*Hopfenbeck*, Allgemeine Betriebswirtschafts- und Managementlehre, Landsberg 1998).

Arbeitsteilung

In der **Phase 1 (technologischer Ansatz)**, vom 19. Jahrhundert bis ca. 1930, dominierten Aspekte der Produktivität und Effizienzsteigerung und Fragen der Vereinfachung und Standardisierung. Bereits lange vor *Taylor* (1911) erkannte *Babbage* die Vorteile der Arbeitsteilung. Sein Buch »On the Econonmy of Machinery and Manufacturers« erschien bereits im Jahr 1832.

Motivation

Die **Phase 2 (humanistischer Ansatz)**, von 1930 bis ca. 1960, war geprägt von Managementtheorien, die humane und soziale Faktoren betonten. Die Bedeutung der Motivation von Mitarbeitern für den Unternehmenserfolg wurde erkannt. Hierfür stehen beispielsweise Namen von Wissenschaftlern wie *Maslow* (1940, Bedürfnishierarchie), *Herzberg* (1959, Studie über Motivatoren und Hygienefaktoren) und *McGregor* (1960, Aussage zu Menschenbildern und ihren Implikationen).

Managementwerkzeuge

In der **Phase 3 (strategischer Ansatz)**, von 1960 bis heute, wurden zahlreiche Ansätze zur Unternehmensführung gemacht und Managementwerkzeuge entwickelt. Die Schlagworte reichen von Dezentralisierung in den 60er-Jahren über Qualitätsmanagement in den 70ern zu Business Reengineering und Change Management in den 90er-Jahren. (siehe hierzu auch Abb. 1). Datenrechner und später die individuelle Datenverarbeitung ermöglichten es in zunehmendem Maße, Prozesse völlig neu zu gestalten. Durch die Einführung bestimmter Computersysteme, z. B. von CAD (Computer Aided Design) oder PPS (Produktions Planungs- und Steuerungssystem) konnten erhebliche Produktivitätsfortschritte erzielt werden. In den 80er- und 90er-Jahren wurde eine Vielzahl von Managementsystemen- und werkzeugen entwickelt und vorgestellt. Darunter befanden sich auch etwas banale Modelle, die mit Begriffen wie »Management by Objectives/Exception/Walk Around ... etc.« umschrieben waren und dabei nur Binsenweisheiten propagierten. Dahinter verbargen sich beispielsweise so profane Erkenntnisse, dass man sich Ziele setzen solle, oder, dass eine Führungskraft sich regelmäßig im Betrieb umsehen solle. Später hat man sich über diese Methoden lustig gemacht (z. B. »Management by Kangaroo«: große Sprünge mit leeren Taschen).

Management by ... -Methoden

Unternehmenskultur muss man vorleben

Heute kann man schon von einer Inflation von Managementsystemen sprechen. Zum Teil widersprechen sich diese Systeme oder es handelt sich um alte Konzepte in neuer Verpackung. In den Unternehmen hat dies zur Verunsicherung geführt. Manche Führungskräfte lassen sich von viel versprechenden Begriffen blenden und versuchen deren Konzepte, oft ohne ganzheitliche Berücksichtigung der eigenen Ressourcen und des externen des Umfeldes, in ihrem Unternehmen umzusetzen. Einige Unternehmen haben bereits mit überhastet aufgesetzten Managementprojekten wie »Change Management« ein hohes Lehrgeld bezahlt. Dabei wurde z. B. übersehen, dass man eine Änderung in der Unternehmenskultur nicht überstülpen oder verordnen kann, sondern vor allen Dingen vorleben muss.

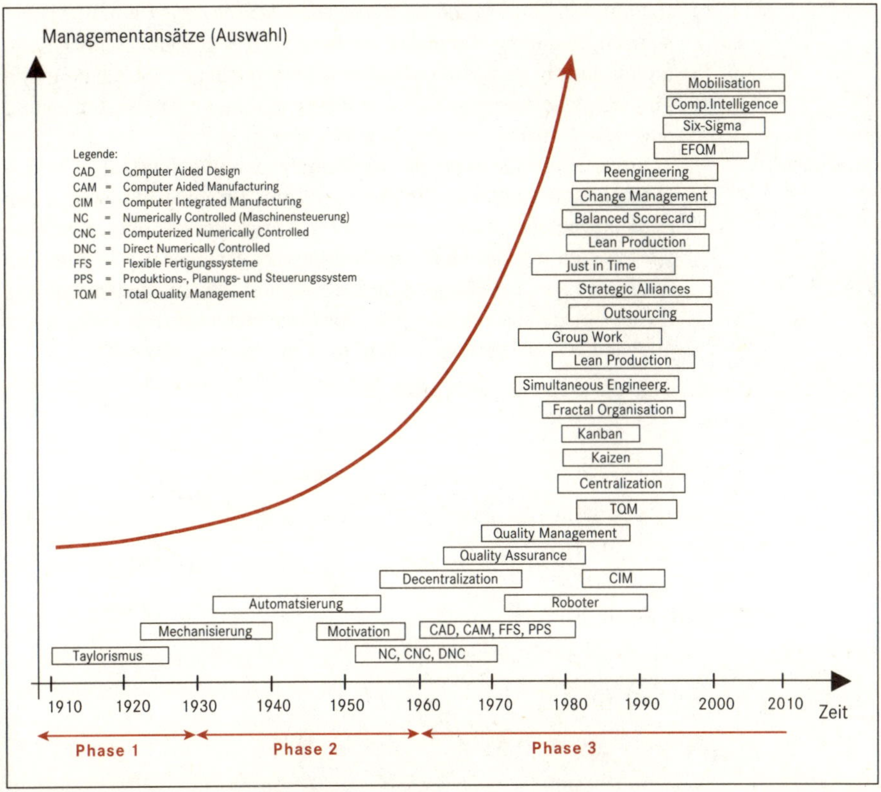

Abb. 1: Managementansätze im Wandel der Zeit

1.2 Ganzheitliche strategische Unternehmensführung

Einbeziehung des gesamten Umfeldes

Der **ganzheitliche strategische Ansatz** ist keine neue Erfindung der Managementlehre, sondern eine bewährte, sinnvolle Vorgehensweise bei der Gründung, Führung, Sanierung oder Neuorientierung eines Unternehmens. Er ist **ganzheitlich**, weil das gesamte externe Umfeld von den Wettbewerbern bis zur konjunkturellen Entwicklung sowie das interne Umfeld, also die Ressourcen des Unternehmens, einbezogen werden und **strategisch**, weil alle Unternehmensbereiche auf die übergeordneten Zielsetzungen oder die Vision ausgerichtet werden. Der Begriff Strategie kommt aus dem Griechischen. Im byzantinischen Reich wurden militärische Führer als Strategos (στρατηγός) bezeichnet. Der höchste Rang in der griechischen Armee wird heute noch als Strategos bezeichnet. Der preußische General und Militärtheoretiker *Carl Philipp Gottfried von Clausewitz* (1780 - 1831) beschrieb in seinem Hauptwerk „Über den Krieg" verschiedene Strategien. Erst in den 1950er-Jahren wurde der Begriff Strategie in die Management-Wissenschaft übernommen. Eine Kriegslist, Täuschung oder Trick wird als Strategem bezeichnet.

Der Unternehmenswert umfasst zahlreiche Parameter

Abb. 2 veranschaulicht das Prinzip der ganzheitlichen strategischen Unternehmensführung. Sinn und Zweck ist die Steigerung des Unternehmenswertes über die Zeit. Parameter des Unternehmenswertes sind hierbei nicht nur der Aktienkurs oder die Summe der Aktiva sondern auch der Marktanteil, der Bekanntheitsgrad, das Firmenimage, die Qualifikation der Mitarbeiter etc. Die **Vision** zeigt an, wo das Unternehmen in fünf bis zehn Jahren stehen soll.

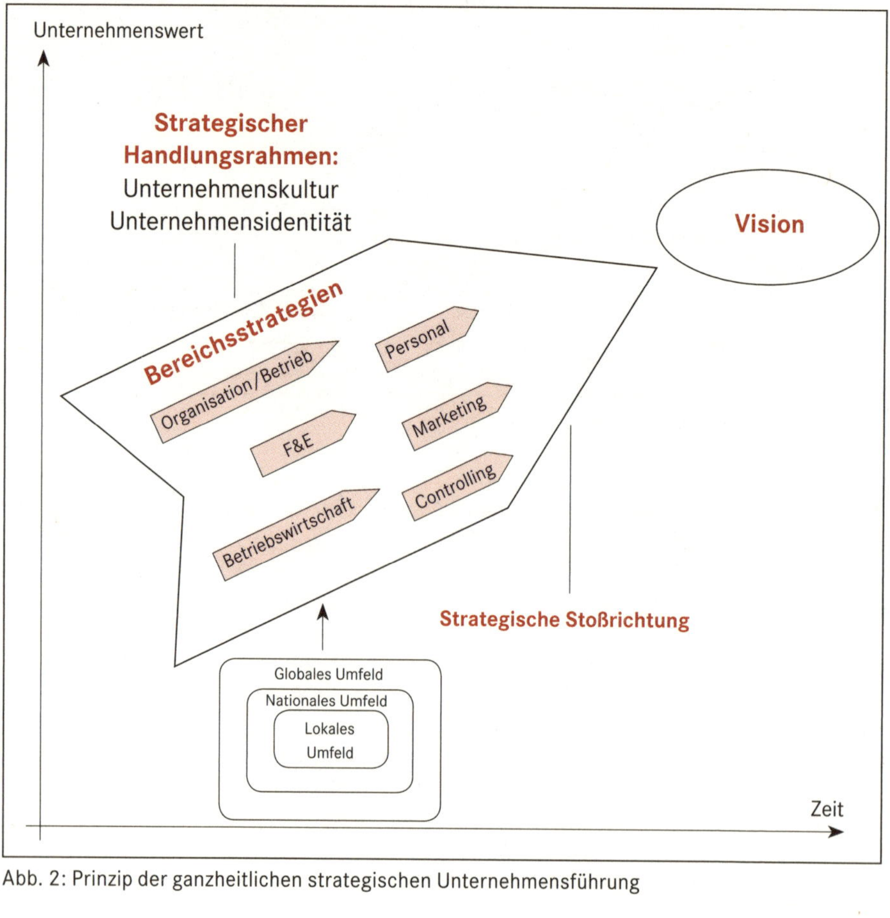

Abb. 2: Prinzip der ganzheitlichen strategischen Unternehmensführung

Die Vision ist zugleich der »Magnet«, auf den sich die Gesamtstrategie und die Bereichsstrategien ausrichten. Wenn man zum Beispiel Marktführer werden will, muss man mit allen Unternehmensbereichen darauf hinarbeiten. Man braucht hervorragend qualifizierte Mitarbeiter, die erstklassige Produkte entwickeln, der Marketingmix ist erfolgversprechend auszugestalten und eventuell ist sogar der Kauf eines Unternehmens in der gleichen Branche in Betracht zu ziehen.

Handlungsrahmen nicht überschreiten

Den **strategischen Handlungsrahmen** für die Bereichsstrategien bilden die **Unternehmenskultur** und die **Unternehmensidentität**, die sich in den Leitlinien, der Geschäftsethik, der Kommunikation und der Gestaltung festmachen lassen. Die Grenzen dieses Handlungsrahmens sollten in der Unternehmenspraxis nicht überschritten werden.

Ein Unternehmen steht nicht allein im Markt, es ist eingebettet in ein externes Umfeld, das je nach Aktionsradius global, europäisch, national und lokal ausgeprägt sein kann. Unzählige Kräfte und Einflüsse, die sich von heute auf morgen drastisch ändern können, wirken aus diesem »Umfeldsystem« auf das Unternehmen ein. Dies erfordert ein permanentes Beobachten und gegebenenfalls eine umgehende Anpassung der Strategien und Aktivitäten an externe Gegebenheiten.

Das System der ganzheitlichen strategischen Unternehmensführung ist in Abb. 3 dargestellt. Eine strategische Planung oder ein Unternehmens- oder Sanierungskonzept wird mit einer umfassenden **Analyse des externen und internen Umfeldes** begonnen.

Externes Umfeld von außen nach innen beleuchten

Im **externen Umfeld** werden von außen nach innen, d. h. vom globalen zum lokalen Umfeld, systematisch vorhandene Daten zusammengetragen oder noch fehlende Daten eruiert. Die zu betrachtenden Felder dabei sind:

1. Markt (Potenzial, Volumen, Anteile, Wettbewerber, Trends, etc.),
2. Wirtschaft (Wachstum, Zinsentwicklung, Wechselkurse, Arbeitsmarkt, etc.),
3. Technologie (Trends, Innovationen, Patente, Umweltschutz, etc.),
4. Politik (Stabilität, Umfeld für Investitionen, Gesetze, Verordnungen, etc.),
5. Soziales/Kulturelles (Demographie, Trends, etc.),
6. Einflussgruppen global bis national (Behörden, Verbände, Medien, etc.).

Internes Umfeld sind alle Unternehmensbereiche

In der Analyse des **internen Umfeldes** werden alle Unternehmensbereiche und Ressourcen untersucht:

1. Unternehmensführung (derzeitige Mission, Strategien, Corporate Identity, etc.),

2. Marketing:
   a) Segmentierung, Positionierung, Differenzierung,
   b) Produkte (Produktportfolio, Qualität, Lebensdauerkurve, Neuentwicklungen, etc.),
   c) Preise (Kalkulation, Deckungsbeiträge, Preispositionierung, Rabatte, etc.),
   d) Promotion
      - persönlicher Verkauf (Innendienst, Außendienst, Ausstattung, etc.),
      - Werbung (Etat, Werbemedien, Medienschaltpläne, Messen, etc.),
      - Verkaufsförderung (Point of Sale, Zielrichtung, Vertrieb oder Handel, etc.),
      - Öffentlichkeitsarbeit (Presseveröffentlichungen, Produktinformationen, etc.),
   e) Distribution (Vertriebskanäle, Händlernetz, etc.),
   f) Infrastruktur (Computer Aided Selling, Internet, Datenverarbeitung, etc.),
3. Personalwirtschaft (personalwirtschaftliche Instrumente, Personalstand, Qualifikationsstand, etc.),
4. Organisation und Betrieb (Aufbau- und Ablauforganisation, Produktionsmittel, etc.),
5. Forschung und Entwicklung (Kreativitätstechniken, Patentwesen, F&E-Projekte, etc.),
6. Betriebswirtschaft (Budgetierung, finanzielle Ressourcen, Kostenstruktur und -management, etc.),
7. Controlling (strategisches und operatives Controlling, Frühwarnsystem, Revision, etc.).

Beurteilung der Situation mittels SWOT-Diagramm

Nach Abschluss der Erhebung erfolgt die Beurteilung der Ergebnisse. Dazu werden alle Parameter, nach Unternehmensbereichen in ein SWOT-Diagramm eingetragen und bewertet. SWOT steht für »Strengths, Weaknesses, Opportunities, Threats« (Stärken, Schwächen, Chancen, Gefahren). Man erhält damit sozusagen die »Fieberkurve« des Unternehmens, die durch entsprechende Kommentare untermalt wird.

Szenarien aufstellen

Mit der Aufstellung und Bewertung von **Szenarien** kann ein Blick in die Zukunft vorgenommen werden. Man setzt sie ein, wenn mittel- oder langfristig geplant wird und einzelne Parameter sich nicht mehr ohne weiteres extrapolieren lassen.

Visionen festlegen

Die **Vision** soll, wie bereits erwähnt, als langfristiges Unternehmensziel dienen und als »Magnet« die Strategien ausrichten.

Mission definieren

Bei der **Unternehmensmission** wird der Unternehmenszweck eindeutig festgelegt. Hier wird z.B. beschrieben, in welchen Märk-

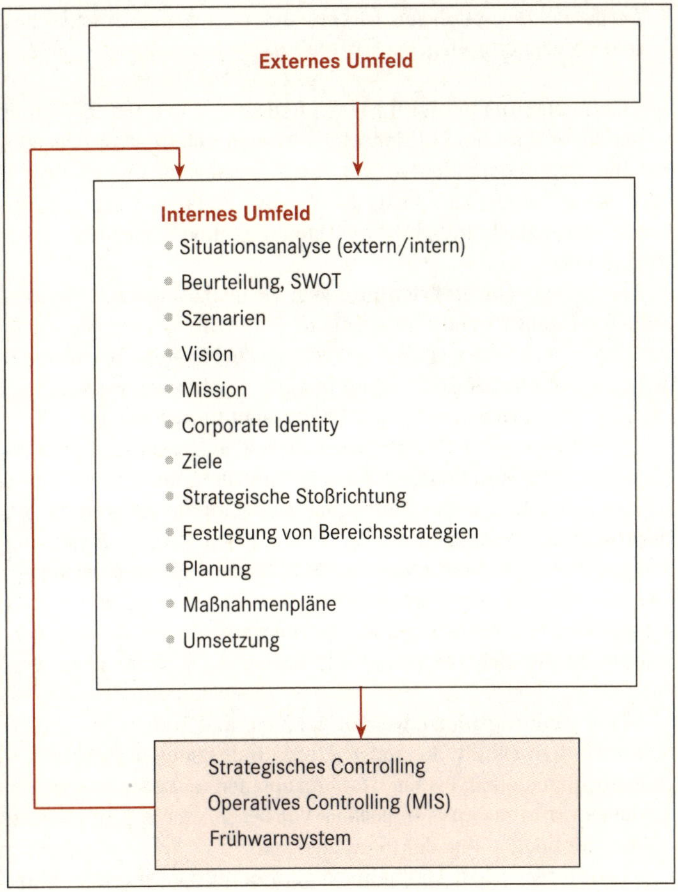

Abb. 3: System der ganzheitlichen strategischen Unternehmensführung

ten man mit welchen Produkten auftreten will. Die Mission soll das Unternehmen auf seine eigentlichen Aufgaben fokussieren und ein Verzetteln verhindern.

Elemente der Corporate Identity

In den Feldern der **Corporate Identity** legt man dar, wie sich das Unternehmen nach außen und innen darstellen soll. Ziel ist es, ein bestimmtes Firmenimage in der Öffentlichkeit zu erzeugen. Die Elemente der Corporate Identity sind:

- Corporate Behavior (Verhalten des Unternehmens nach außen und innen, Leitlinien gegenüber Kunden, Lieferanten, Mitarbeitern, Kapitalgebern, etc.),
- Corporate Communication (Kommunikation nach außen und innen, Pressearbeit, Kundenzeitschrift, Mitarbeiterzeitschrift, etc.),

- Corporate Design (Logo, Farben, Gestaltung von Drucksachen und Verpackung, etc.).

Ziele festlegen

Die **Zielfestlegung** erfolgt für einen Budgetzeitraum (ein Jahr) und mittelfristig (drei bis fünf Jahre). Es werden quantitative (Umsatz, Rendite, etc.) und qualitative (z. B. Zertifizierung des Unternehmens nach DIN ISO 9001) Ziele festgelegt. In einer Zielkaskade werden die Unternehmensziele in Bereichs-, Abteilungs- und Mitarbeiterzielen subsummiert.

Strategische Stoßrichtung definieren

Die **strategische Stoßrichtung** zeigt die grundsätzlichen, übergeordneten Unternehmensstrategien auf. Hier wird z. B. festgelegt, ob das Unternehmen kooperieren soll oder ob ein anderes Unternehmen übernommen werden soll. Weiterhin kann beschlossen werden, welche Produktsparten ausgebaut oder abgebaut werden sollen.

Bereichsstrategien beschreiben

Die **Strategien der Unternehmensbereiche** Marketing, Personalwirtschaft, Organisation und Betrieb, Forschung und Entwicklung, Betriebswirtschaft sowie Controlling bauen auf die übergeordneten Unternehmensstrategien auf. So wird z. B. im Bereich Marketing festgelegt, wie ein bestimmtes Wachstumsziel erreicht werden soll, wie im Personalwesen hochqualifizierte Mitarbeiter gewonnen und gehalten werden können und welche Innovationen mit welchen Ressourcen im Bereich Forschung und Entwicklung vorgesehen werden.

Planen

In der **Planungsphase** werden die Ziele und Strategien schließlich mit Leben erfüllt. So sind z. B. ein Produktions- und Investitionsplan aufzustellen, Personal ist einzuplanen und eventuell ist der Ausbau einer Immobilie vorzusehen. Von besonderer Bedeutung sind hierbei der Budget- und der Liquiditätsplan.

Maßnahmen auflisten

Alle erforderlichen Maßnahmen sind bereichsbezogen in **Maßnahmenplänen** zu erfassen (wer macht was bis wann). Gegebenenfalls sind zur übersichtlichen Gestaltung und Ausführung Projektpläne oder Netzpläne mit PC-Unterstützung sinnvoll.

Umsetzen

Bei der termingerechten **Umsetzung** zeigt sich dann, ob das Unternehmen mit seinen Mitarbeitern die erforderliche Durchsetzungskraft besitzt. Halbherzige Umsetzung, Treppentermine und fehlender Fokus können die gesamte strategische Arbeit ad absurdum führen. Motivation der Führungskräfte und Mitarbeiter durch gezielte Kommunikation und Offenheit kann hier Wunder wirken. Die konsequente und regelmäßige Verfolgung der Maßnahmen sollte selbstverständlich sein.

Controlling heißt steuern

Für die Erfolgsüberwachung der strategischen Arbeit sollte ein **Controlling-System** aufgebaut werden, wobei zwischen **strategischem** und **operativem** Controlling unterschieden wird. Das **strategische Controlling** vermag aufzuzeigen, ob sich das Unternehmen noch auf dem richtigen Weg befindet und ob z.B. die Bereichsstrategien noch befolgt werden oder relevant sind. Gegebenenfalls ist dagegen zu steuern oder Ziele und einzelne Strategien sind den Erfordernissen anzupassen. Im **operativen Controlling** geht es hauptsächlich um folgende Fragen: Wie werden die Renditeziele erreicht? Wird das Budget eingehalten oder ist der Deckungsbeitrag einer Produktgruppe angemessen? Kennzahlen (Umsatz- oder Kapitalrendite, Debitorenumschlag, Liquiditätsgrad etc.) leisten hier eine große Unterstützung. Das operative Controlling kann in ein sogenanntes **Management-Informations-System (MIS)** einbezogen werden.

Frühwarnung

Das **Frühwarnsystem** kann in Form einer Liste mit den wichtigsten Parametern, die den Erfolg des Unternehmens tangieren, aufgebaut werden. Hierbei sind Warngrenzen zu definieren.

Unternehmensplanung ist ein iterativer Prozess

Die gesamte ganzheitliche strategische Unternehmensplanung ist als iterativer Prozess zu betrachten. Einmal pro Jahr, im Rahmen der operativen Planungsrunde (Budget), sollen die strategischen Pläne überdacht und angepasst werden. Darüber hinaus kann bei unvorhergesehenen Ereignissen (ein neuer Wettbewerber tritt auf oder ein Markt bricht weg) eine umgehende Anpassung der Strategien erforderlich sein.

In den folgenden Kapiteln werden die hier erwähnten Systeme und Werkzeuge im Detail und anhand von Beispielen eingehend beschrieben.

2 Situationsanalyse

Situationsanalyse umfassend durchführen

In diesem Kapitel wird aufgezeigt, wie man das Umfeld systematisch analysiert und bewertet, in dem sich ein bereits bestehendes Unternehmen darstellt, oder in dem sich ein zu gründendes Unternehmen bewegen soll. Die Situationsanalyse gliedert sich, wie in Abb. 4 ersichtlich, in die Abschnitte **externes Umfeld** und **internes Umfeld**. Für beide Bereiche ist zunächst eine Beurteilung der Situation notwendig, die in einer SWOT-Matrix (SWOT - Strengths, Weaknesses, Opportunities, Threats: Stärken, Schwächen, Chancen, Gefahren) dargestellt wird und nach dessen Auswertung zur Festlegung des Handlungsbedarfes führt.

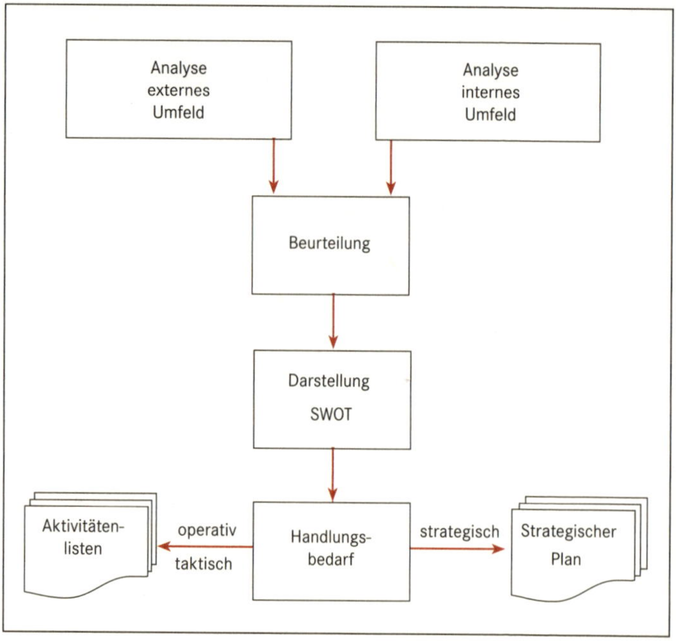

Abb. 4: Die Situationsanalyse

Die Situationsanalyse ist arbeitsintensiv und man wird feststellen, dass in einzelnen Bereichen zuverlässige Daten und Informationen fehlen. Wie die Erfahrung zeigt, sind dies hauptsächlich die Bereiche »Marktdaten« und »Wettbewerber«. So sind oftmals die Basisdaten der Hauptwettbewerber nicht bekannt oder es fehlen Angaben über die Marktanteile in den verschiedenen Produktgruppen. Hier ist es deshalb besonders notwendig, sauber und gewissenhaft zu recherchieren und die notwendigen Daten zusammenzutragen. Die Situationsanalyse stellt für die Festlegung von Unternehmenszielen, die Strategieentwicklung und die Unternehmensplanung sozusagen das Rohmaterial dar. Man muss wissen, wo man steht, bevor man festlegen kann, wohin man mit dem Unternehmen will.

2.1 Das externe Umfeld

Umfeld schalenweise beleuchten

Das externe Umfeld, in das ein Unternehmen eingebettet ist, lässt sich bildlich mit drei es umgebenden »Schalen« darstellen. Die äußere dieser Schalen steht für das **globale Umfeld**. Darunter liegen das **nationale** und das **lokale Umfeld** (siehe Abb. 5). Bei der Situationsanalyse ist von außen nach innen vorzugehen. Je nach Betätigungsfeld des Unternehmens sind zwei oder drei Schalen zu betrachten.

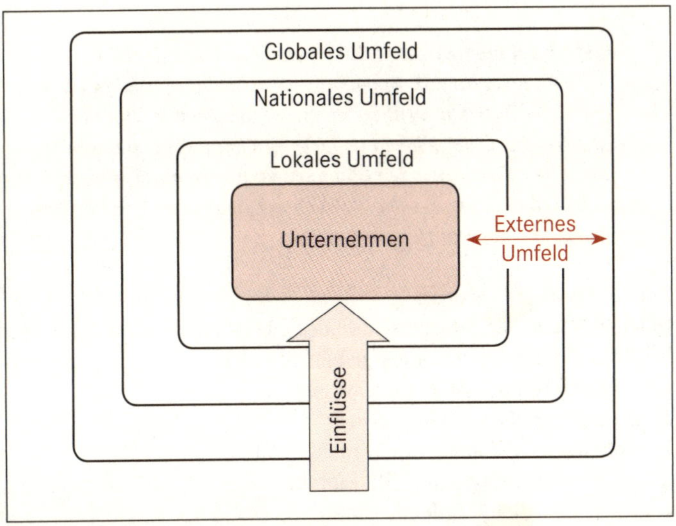

Abb. 5: Das System des externen Umfeldes

Beispiele:
Werkzeughersteller mit internationalen Geschäftsverbindungen
Hier sind alle Schalen in Betracht zu ziehen. Im globalen Umfeld sind die jeweiligen Länder zu betrachten.

Druckerei mit einem Wirkungskreis von ca. 50 km
Hier reicht es in der Regel, wenn man das nationale und insbesondere das lokale Umfeld beleuchtet.

Situationsanalyse regelmäßig wiederholen

Im externen Umfeld gibt es permanent Änderungen, Störungen und neue Situationen. Neue Wettbewerber treten auf, andere bringen neue Produkte auf den Markt. Gesetze und Regelungen ändern sich. So kann die Situationsanalyse keine einmalige Angelegenheit sein, sondern sie wird im Regelfall im Rahmen der jährlichen strategischen und operativen Planung wiederholt und im Bedarfsfall zwischenzeitlich oder umgehend durchgeführt.

Beispiele:

Bedarfsfall mit strategischem Handlungsbedarf

Strategischer Handlungsbedarf

Aus der Tagespresse ist zu erfahren, dass der Hauptwettbewerber mit einem weiteren Wettbewerber einen Unternehmenszusammenschluss durchführt. Hier gilt es im Rahmen einer umgehenden Situationsanalyse festzustellen, welche Einflüsse sich durch diesen Merger auf das eigene Unternehmen ergeben und welcher strategische Handlungsbedarf notwendig ist. Möglicherweise ist es erforderlich, eine Partnerschaft mit einem befreundeten Unternehmen oder Wettbewerber einzugehen.

Bedarfsfall mit operativem/taktischem Handlungsbedarf

Operativer/ taktischer Handlungsbedarf

Das TV-Auslandsjournal berichtet, dass sich in einem Land in Übersee wirtschaftliche Turbulenzen abzeichnen. Die umgehende Situationsanlyse zeigt, dass das Unternehmen umfangreich in dieses Land exportiert. Die möglichen Konsequenzen können nun abgeschätzt werden und umgehende Maßnahmen, wie z. B. Wechselkursabsicherung und Preisanpassung, können ergriffen werden.

2.1.1 Umfeldfaktoren

In jeder Schale des externen Umfeldes gibt es mehrere Faktoren, die Einfluss auf das Unternehmen haben. Man kann diese so genannten Umfeldfaktoren in vier Kategorien aufteilen:

1. wirtschaftliche Umfeldfaktoren,
2. technologisch-ökologische Umfeldfaktoren,
3. politisch-rechtliche Umfeldfaktoren,
4. gesellschaftliche Umfeldfaktoren.

Umfeldfaktoren mit Kreativitätstechniken ermitteln

Es empfiehlt sich, die Umfeldfaktoren, die für das Unternehmen von Bedeutung sind, für die entsprechenden Umfeldschalen zu ermitteln und in eine Tabelle einzutragen. Die Ermittlung kann mit **Kreativitätstechniken** z.B. im Rahmen eines Brainstormings unterstützt werden. In dieser Liste sollten auch die Quelle, die Ausprägung oder

der Trend des Faktors und der mögliche Einfluss auf das Unternehmen aufgeführt werden. Die folgende Tabelle zeigt beispielhaft, wie man eine Checkliste für Umfeldfaktoren aufbauen kann. Sie kann auch für den Aufbau eines **Frühwarnsystemes** (siehe Kap. 9) verwendet werden.

Umfeldfaktor	Quelle	Ausprägung/Trend	Einfluss
Wirtschaftlich			
• Bruttoinlandsprodukt	Bundesbank	+2 %/leicht steigend	belebt Autoabsatz und Bedarf an Zulieferteilen
• Arbeitslosenquote	Bundesbank	10,9 %/leicht fallend	belebt Autoabsatz und Bedarf an Zulieferteilen
• Zinssatz 3 Monate	Bundesbank	3,3 %/leicht steigend	in diesem Rahmen kein Einfluss
• Inflationsrate	Bundesbank	1,8 %/stabil	in diesem Rahmen kein Einfluss
• Rohölpreise	Frankfurter Allgemeine	55 $ pro Barrel/ Tendenz steigend	drückt Autoabsatz und Bedarf an Zulieferteilen, verstärkt Trend zur Kraftstoffeinsparung
• Mineralölsteuer	Bundministerium der Finanzen	50 bis 60 %/steigend	drückt Autoabsatz und Bedarf an Zulieferteilen
• etc.			
Technologisch/ökologisch			
• Alternative Treibstoffe	Verband Deutscher Automobilhersteller	noch in Entwicklung, Durchbruch in einigen Jahren	neue Bauteile und Aggregate gefragt, an Entwicklung beteiligen, zwei Bauteile im Programm werden dann nicht mehr benötigt
• 3-Liter Auto	Verband Deutscher Automobilhersteller	Kraftstoffeinsparung im Trend	Gewicht an Bauteilen einsparen, Effizienz erhöhen
• e-Commerce	Tagespresse, Fachzeitschriften	rasante Entwicklung	die IT-Systeme sind auszubauen
• Umweltauflagen	Bundesministerium für Umwelt	werden verschärft	Öko-Handbuch und -Audit einführen
• etc.			
Politisch/rechtlich			
• Erweiterung der Gewährleistung	Europäische Gemeinschaft	von 6 Monaten auf 2 Jahre	Qualität/Zuverlässigkeit der Bauteile verbessern
• Rechtsprechung Produkthaftung	Europäische Gemeinschaft	Beweislastumkehr, mehr Rechte für Konsumenten	Risk-Management verbessern
• Geschwindigkeitsregelungen	Bundesministerium für Verkehr	generelles Tempolimit in absehbarer Zeit	in diesem Rahmen kein Einfluss
• etc.			
Gesellschaftlich			
• Auto als Prestigeobjekt	Fachzeitschriften	leicht rückläufig	kein Einfluss
• Einstellung zum Umweltschutz	Tagespresse, Fachzeitschriften	Umweltbewusstsein steigt	für Öffentlichkeitsarbeit nutzen
• Qualitätsansprüche	Tagespresse, Fachzeitschriften	steigend	für Öffentlichkeitsarbeit nutzen
• etc.			
Fazit: Der Autoabsatz und somit der Bedarf an Zulieferteilen bleiben bis auf Weiteres auf hohem Niveau. Trends in der Technologie bieten neue Chancen. Die Risiken, die sich aus verschärften Gesetzen ergeben, sind zu minimieren. Trend zu Autos mit geringem Kraftstoffverbrauch.			

Abb. 6: Auswahl nationaler Umfeldfaktoren (Deutschland) am Beispiel eines Zulieferers in der Automobilbranche

Checkliste

Informationsquellen für die Ausprägung und Trends von Umfeldfaktoren sind nachfolgend alphabetisch aufgeführt:

- ✔ AC Nielsen Konsumforschung, Frankfurt, www.acnielsen.de
- ✔ Auswärtiges Amt, www.auswaertiges-amt.de
- ✔ Befreundete Unternehmen
- ✔ Botschaften
- ✔ Bundesbank, www.bundesbank.de
- ✔ Bundesministerien, www.bundesregierung.de
- ✔ Bundesstelle für Außenhandelsinformation, BFAI, www.bfai.com
- ✔ Creditreform, www.creditreform.de
- ✔ Deutscher Industrie- und Handelstag, DIHT, www.diht.de
- ✔ Dun & Bradstreet (ehemals Schimmelpfeng), www.dbgermany.de
- ✔ Fachverbände, z. B. Teilnahme an Arbeitskreisen und ERFAs (Erfahrungsaustausch)
- ✔ Fachzeitschriften
- ✔ Gemeindeverwaltungen
- ✔ Gesellschaft für Konsumforschung Nürnberg, GFK, www.gfk.de
- ✔ Hamburgisches Weltwirtschaftsarchiv, HWWA, www.hwwa.de
- ✔ Handelskammern der verschiedenen Länder
- ✔ Hausbanken (haben in der Regel eigene Hauszeitschriften mit Wirtschaftsdaten)
- ✔ Hoppenstedt Verlag, www.hoppenstedt.de
- ✔ Industrie- und Handelskammern, IHK
- ✔ Internet, Suchmaschinen
- ✔ Konsulate
- ✔ Landratsamt
- ✔ Pressestelle des Bundeslandes
- ✔ Pressestelle des Regierungsbezirkes
- ✔ Presse- und Informationsamt der Bundesregierung, www.bundesregierung.de
- ✔ Sparkassen und Landesbanken (z. B. Ländermerkblätter Außenwirtschaft)
- ✔ Stadtverwaltung
- ✔ Standard & Poors, www.standardandpoors.com
- ✔ Statistisches Bundesamt, www.destatis.de
- ✔ Tagespresse
- ✔ Vereinigte Wirtschaftsdienste, VWD, www.vwd.de
- ✔ Wettbewerber
- ✔ Zeitungsverlage

Tipp

Von Banken, Verbänden und Bundesministerien können auch über das Internet Broschüren angefordert oder heruntergeladen werden.

2.1.2 Umfeldbeeinflusser

Umfeldbeeinflusser identifizieren

Unter Umfeldbeeinflussern sind Verbände, Interessengruppen, Personen, etc. zu verstehen, die auf das Umfeld, in dem sich das Unternehmen befindet, in irgendeiner Form einwirken. Im Gegensatz zu Umfeldfaktoren können Umfeldbeeinflusser wie z. B. Meinungsbildner durch gezielte Maßnahmen dazu bewegt werden, das Umfeld in eine bestimmte Richtung zu beeinflussen.

Beispiel Fachverband:
Die amerikanischen Wälzlagerhersteller haben Ende der 80er-Jahre über ihren Fachverband, die Antifriction Bearing Manufacturers Association AFBMA im Wirtschaftministerium, erreicht, dass für ausländische Hersteller Dumpingzölle erhoben wurden. Die juristische Vertretung dieser Angelegenheit in den USA und die dann erhobenen Zölle haben deutsche Hersteller dreistellige Millionenbeträge gekostet. Die Wettbewerbsposition der deutschen Hersteller wurde dadurch, nicht nur in den USA, erheblich geschwächt.

Checkliste

Der folgenden Checkliste können Sie mögliche Umfeldbeeinflusser entnehmen.

- ✔ Audiovisuelle Medien, z. B. Radio- und, TV-Moderatoren
- ✔ Behörden
- ✔ Berufsverbände, z. B. VDI, Verein Deutscher Ingenieure
- ✔ Fachjournalisten, Meinungsbildner
- ✔ Fachverbände, z. B. VDMA, Verband Deutscher Maschinen- und Anlagenbau
- ✔ Ministerien
- ✔ Printmedien, z. B. Magazine, Fachzeitschriften
- ✔ Prüfstellen, z. B. TÜV, Technischer Überwachungsverein
- ✔ Umweltschutzgruppen
- ✔ Verbraucherverbände, z. B. Stiftung Warentest
- ✔ Vereine und Clubs, z. B. ADAC, Allgemeiner Deutscher Automobil Club

Die Kenntnis der Umfeldbeeinflusser, die Art der Beeinflussung und deren Bedeutung, ist im Hinblick auf das frühzeitige Aufspüren von Trends und die eigene Öffentlichkeitsarbeit besonders wichtig. Die

Abb. 7 zeigt eine Auswahl von Umfeldbeeinflussern im globalen und nationalen Umfeld eines Zulieferers in der Luft- und Raumfahrtindustrie.

Umfeldbeeinflusser	Art des Einflusses	Relative Bedeutung
Global		
International Air Transport Association IATA, USA	Standards, Regelungen, Empfehlungen	+
Antifriction Bearing Manufacturers Association AFBMA, USA	Regierungskontakte, Standards	+++
Aviation Week and Space Technology, Wochenzeitschrift, USA	Meinungsbildner	+++
Department of Defence, USA	Standards, Regelungen, Zulassungen	+++
Europäische Gemeinschaft	Gesetze, Regelungen	++
European Association of Aerospace Industries AECMA	Regierungskontakte, Standards	+++
Federal Aviation Administration FAA, USA	Standards, Regelungen, Empfehlungen	+
Federation of European Bearing Manufacturers Association, FEBMA	Regierungskontakte, Standards	+++
National		
Arbeitsgemeinschaft deutscher Fluglärmkommissionen ADF	Standards, Regelungen, Empfehlungen	+
Bundesamt für Wehrtechnik und Beschaffung	Standards, Regelungen, Zulassungen	+++
Bundesverband der Deutschen Industrie BDI	Regierungskontakte, Standards	+
Bundesverband der Deutschen Luft- und Raumfahrtindustrie BDLI	Regierungskontakte, Standards	++
Deutsche Agentur für Raumfahrtangelegenheiten DARA	Regierungskontakte, Standards	++
Deutsche Forschungs- und Versuchsanstalt für Luft- und Raumfahrttechnik DFVLR	neue Technologien	+++
Deutsche Gesellschaft für Luft- und Raumfahrt DGLR	Regierungskontakte, Standards	++
Deutsche Gesellschaft für Wehrtechnik	Regierungskontakte, Standards	+
Lokal		
Lokale Umfeldbeeinflusser sind für das genannte Unternehmen nicht von Bedeutung		
+++ sehr wichtig ++ wichtig + nicht so wichtig		

Abb. 7: Auswahl von Umfeldbeeinflussern am Beispiel eines Zulieferers in der Luft- und Raumfahrtindustrie

Tipp

Im Hoppenstedt Verlag (www.hoppenstedt-verbaende.de) ist ein nützliches Nachschlagewerk erhältlich, in dem alle nationalen und europäischen Verbände, Behörden, Organisationen und Meinungsbildner aufgelistet sind.

2.1.3 Wettbewerbskräfte

Wettbewerbsumfeld analysieren

Das Wettbewerbsumfeld eines Unternehmens ist in Abb. 8 dargestellt. Die Wettbewerber rivalisieren je nach Angebot, Nachfrage und Marktwachstum. Solange der Kuchen, den es zu verteilen gilt, groß genug ist, wird sich der Wettbewerbsdruck auf Produkte und Preise in Grenzen halten. In einem schrumpfenden Markt, in dem das Angebot den Bedarf weit übersteigt, werden sich die Wettbewerber einen erbitterten Kampf ums Überleben liefern. Im Einzelnen sind die folgenden Faktoren zu beleuchten:

- Marktvolumen,
- Marktwachstum,
- Marktanteile,
- Verhältnis von Angebot und Nachfrage,
- Eigene Produktionskapazität und Kapazitätsauslastung,
- Position der Wettbewerber und deren Produkte,
- Markenidentität,
- Positionierung und Differenzierung der eigenen Produkte,
- Kosten des Lieferantenwechsel für den Kunden,
- Bedeutung der Sparte oder Produktgruppe für das Unternehmen,
- Austrittsbarrieren wie Schließungskosten, Abfindungen, etc.

Markteintritt neuer Wettbewerber

Der **Markteintritt** von neuen Wettbewerbern kann die Position des eigenen Unternehmens bedrohen. Je geringer die **Eintrittsbarrieren** sind und je höher die Marktattraktivität, desto größer ist die Wahrscheinlichkeit, dass neue Wettbewerber eindringen. Die folgenden Faktoren bestimmen den Grad der Bedrohung durch neue Wettbewerber:

- Marktattraktivität, z.B. Gewinnspanne,
- Marktwachstum,
- Patente und Lizenzen,
- erforderliche Investitionen,
- erforderliches Know-how,
- Zugang zu Vertriebskanälen,
- Wirtschaftlichkeit, Economies of Scale,
- Markenidentität vorhandener Anbieter,
- Positionierung und Differenzierung der Produkte vorhandener Anbieter,

- Kosten des Lieferantenwechsel für den Kunden,
- zu erwartende Reaktion vorhandener Anbieter.

Ersatzprodukte können Bedrohung sein

Durch Innovationen oder die Senkung von Kosten-/Preisschwellen können der Markt oder einzelne Kunden von heute auf morgen auf **Ersatzprodukte** zugreifen. Ist das Unternehmen nicht darauf vorbereitet, kann dies existenzbedrohend sein. Die Faktoren für den Grad der Bedrohung durch Ersatzprodukte sind wie folgt:

- Kosten-/Preisschwellen,
- Qualität des Ersatzproduktes,
- Image des Ersatzproduktes,
- Grad der Bereitschaft zum Wechsel,
- Informationsstand des Kunden,
- Produktzulassungen,
- Kosten des Produktwechsels für den Kunden.

Einkaufsmacht der Kunden

Die **Einkaufsmacht** der Kunden spielt eine wichtige Rolle. So schließen sich immer mehr Käufer zu Einkaufskooperationen zusammen, um in den Genuss von besseren Konditionen zu kommen. Von zunehmender Bedeutung sind die elektronischen Marktplätze, das E-Procurement, Online Bidding und die Beschaffung über das Internet. Die Faktoren der Verhandlungsmacht der Käufer sind wie folgt:

- Einkaufsvolumen,
- Attraktivität des Kunden, z. B. Einkaufskonditionen,
- Patente und Lizenzen,
- Fähigkeit, die eingekauften Produkte selbst herzustellen,
- Anzahl und Fähigkeit weiterer Anbieter,
- Möglichkeit Ersatzprodukte einzusetzen,
- Informationsstand des Kunden,
- Umgang mit dem Lieferanten, verlängerte Werkbank oder Partner,
- Positionierung und Differenzierung der eigenen Produkte,
- Markenidentität der eigenen Produkte,
- Preise und Konditionen der eigenen Produkte,
- Kosten des Lieferantenwechsels für den Kunden.

Verhandlungsmacht der Lieferanten

Die Lieferanten des Unternehmens, auf der anderen Seite der »Wertschöpfungskette«, verfügen über eine mehr oder weniger ausgeprägte **Verhandlungsmacht**. Die zu betrachtenden Faktoren sind analog zur Käuferseite:

- Einkaufsvolumen,
- Attraktivität als Kunden, z. B. Einkaufskonditionen,
- Patente und Lizenzen,
- Fähigkeit, die eingekauften Produkte selbst herzustellen,

- Anzahl und Fähigkeit weiterer Anbieter,
- Möglichkeit, Ersatzprodukte einzusetzen,
- Informationsstand des Lieferanten,
- Umgang mit dem Lieferanten, verlängerte Werkbank oder Partner,
- Positionierung und Differenzierung der eigekauften Produkte,
- Markenidentität der eingekauften Produkte,
- Preise und Konditionen der eingekauften Produkte,
- Kosten des Lieferantenwechsels.

Beispiel:
Die Kräfte im Wettbewerbsumfeld einer lokalen Druckerei mit zehn Mitarbeitern

Wettbewerber: *Der Bedarf an Drucksachen ist in den letzten beiden Jahren kontinuierlich zurückgegangen. Der eigene Marktanteil von ca. 3 % im Stadtbereich und im näheren Umland ist die letzten Jahren konstant geblieben. Das Angebot übersteigt die Nachfrage bei Weitem. Die derzeitige Kapazitätsauslastung liegt bei ca. 65 %. Der Preisdruck ist enorm. Leistungsdifferenzierungen wurden bisher nicht vorgenommen.*

Eintritt neuer Wettbewerber: *Aufgrund der hohen Investitionen und der geringen Marktattraktivität ist nicht mit dem Eintritt neuer Wettbewerber zu rechnen. Es ist eher davon auszugehen, dass derzeitige Wettbewerber das Geschäft aufgeben.*

Ersatzprodukte: *Durch die gesunkene Kosten-/Preisschwelle sind zahlreiche Firmen dazu übergegangen, Kleinauflagen von Drucksachen oder Formblätter mit Hochleistungskopierern oder Druckern selbst zu erstellen. Wo Qualität und Spezialpapiere gefragt sind, setzen die Kunden jedoch nach wie vor Offset- oder Buchdruck ein.*

Kunden: *Die Kunden ziehen ihren Nutzen aus dem Überangebot. Sie bestimmen mehr oder weniger die Preise. Nur ca. 5 % der Kunden können als »treu« bezeichnet werden. Kosten für den Lieferantenwechsel entstehen bei den Kunden nicht.*

Lieferanten: *Die Druckerei ist relativ klein. Das Einkaufsvolumen bei Papieren und Druckfarben und somit die eigene Verhandlungsmacht ist dementsprechend gering.*

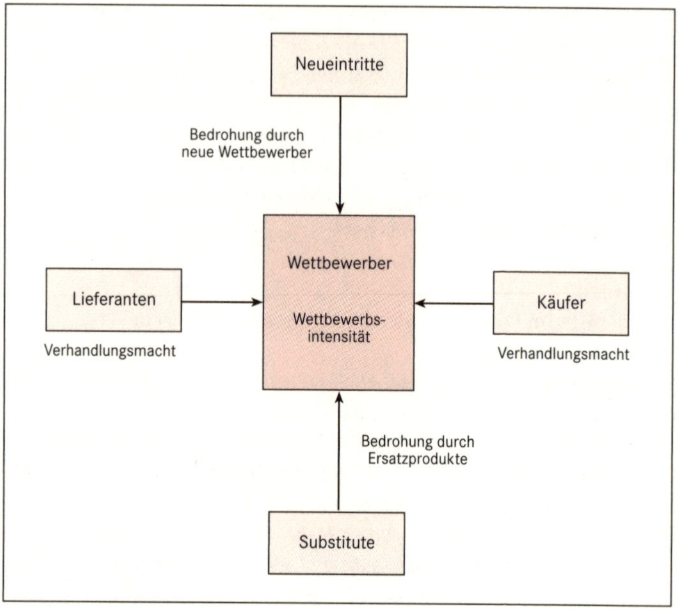

Abb. 8: Die Wettbewerbskräfte (Quelle: *Porter*, Competitive Advantage, New York 1995, S. 6)

2.1.4 Marktstruktur und -daten

Markt als Bedarfsträger in einem Segment

Unter dem Begriff »Markt« wird hier die Summe aller tatsächlichen oder potenziellen Bedarfsträger in einem Segment, z. B. der Automobilmarkt in Deutschland oder Druckluftschrauber für KFZ-Werkstätten oder Ferienreisen für Familien mit Kindern, verstanden. Die Kenntnis der Marktstruktur und der Marktdaten spielt eine wichtige Rolle bei der Festlegung von Marketingzielen und -strategien. Sie hilft insbesondere beim Eintritt in neue Märkte, deren Besonderheiten, die es zu berücksichtigen gilt, zu verstehen. In der folgenden Aufstellung sind die Charakteristiken des Luft- und Raumfahrtmarktes beispielhaft aufgelistet.

Beispiel Charakteristiken der Luft- und Raumfahrtindustrie:

- *Es existiert eine relativ kleine Anzahl an Herstellern von Fluggeräten, Antriebsaggregaten und sonstigen Modulen.*
- *Der Markt teilt sich in zivile und militärische Systeme auf.*
- *Der militärische Anteil ist seit Ende des kalten Krieges von ca. 50 % auf ca. 35 % zurückgegangen.*
- *Mittlerweile hat sich der Markt vom Rückgang des militärischen Bereiches erholt.*
- *Steigende Rohölpreise, Deregulierungen und Krisenherde wirken sich stark auf den Bedarf von zivilen Flugzeugen aus.*

- *Ca. 60 % des Marktes befindet sich in den Vereinigten Staaten von Amerika, 25 % in Europa und 15 % im Rest der Welt.*
- *Es handelt sich um einen Hightechmarkt.*
- *Qualität und Zuverlässigkeit spielen eine übergeordnete Rolle.*
- *Die langwierige Zulassung von Lieferanten und Produkten sind in der Regel erforderlich.*
- *Die Eintrittsbarrieren für neue Anbieter sind sehr hoch.*
- *Die Neuentwicklung von Produkten ist extrem teuer.*
- *Der Innovationsprozess ist langwierig.*
- *Die Produktlebensdauer ist in der Regel sehr lange, z. B. über 30 Jahre bei Triebwerken.*

Marktstruktur, Grundlage für Segmentierung

Die Marktstruktur stellt die Grundlage für die **Marktsegmentierung** dar. Sie gibt Aufschluss über die Teilmärkte und deren Vernetzung sowie Anstöße für den Eintritt in Segmente, die bisher nicht bedient werden. Die folgende Abbildung zeigt die Marktstruktur aus der Sichtweise eines Lebensmittel-Logistikers.

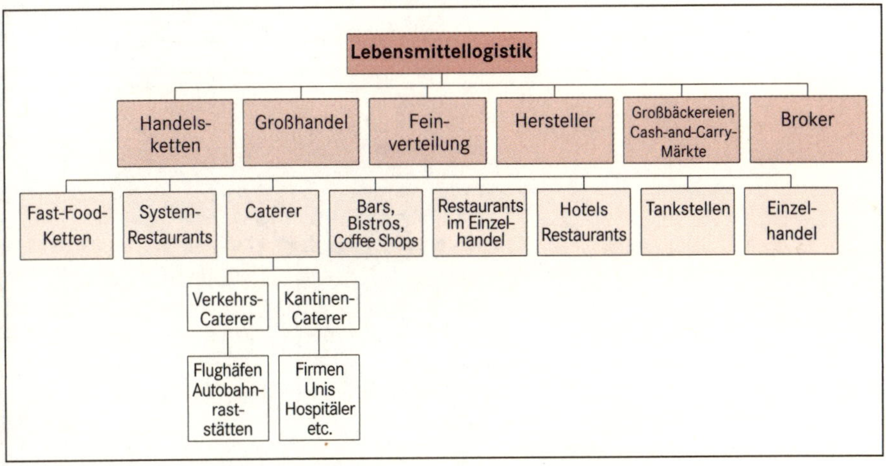

Abb. 9: Die Marktstruktur aus der Sicht eines Lebensmittel-Logistikers

Gliederung der Marktdaten

Die Marktdaten, die für die Einschätzung der eigenen Position und die der Hauptwettbewerber erforderlich sind, liegen in Unternehmen oft gar nicht oder nur in unzureichender Qualität vor. Für die weitere Entwicklung der Ziele und Strategien sind sie jedoch unerlässlich. Unter Marktdaten ist Folgendes zu verstehen:

- Marktkapazität: Aufnahmevermögen des Marktes, Anzahl der Bedürfnisträger multipliziert mit der Verbrauchsintensität;
- Marktpotenzial: Aufnahmevermögen des Marktes unter Berücksichtigung der Kaufkraft der Bedürfnisträger, identisch mit der

Marktkapazität, wenn es sich jeder Bedürfnisträger leisten kann;
- Marktvolumen: tatsächliche Aufnahme des Marktes;
- Marktanteil: tatsächlicher Anteil eines Anbieters am Marktvolumen in %;
- Marktwachstum: relatives Wachstum des Marktvolumens je Zeiteinheit, meist in % pro Jahr.

Käufer- versus Verkäufermarkt

Entspricht das Marktvolumen dem Marktpotenzial, ist der Markt gesättigt. Das Angebot übersteigt die Nachfrage und das Preisniveau sinkt. Man spricht hier auch von einem **Käufermarkt**. Früher oder später führt dies zu einem Verdrängungswettbewerb. Liegt das Marktvolumen deutlich unter dem Marktpotenzial spricht man von einer Marktlücke oder von einem Wachstumsmarkt. Die Nachfrage übersteigt das Angebot. Das Preisniveau und die Deckungsbeiträge sind gut. Man spricht hier von einem **Verkäufermarkt**. Durch die Marketing-Kommunikation kann das Marktvolumen und durch die Senkung des Preisniveaus auch das Marktpotenzial erweitert werden (siehe Abb. 10).

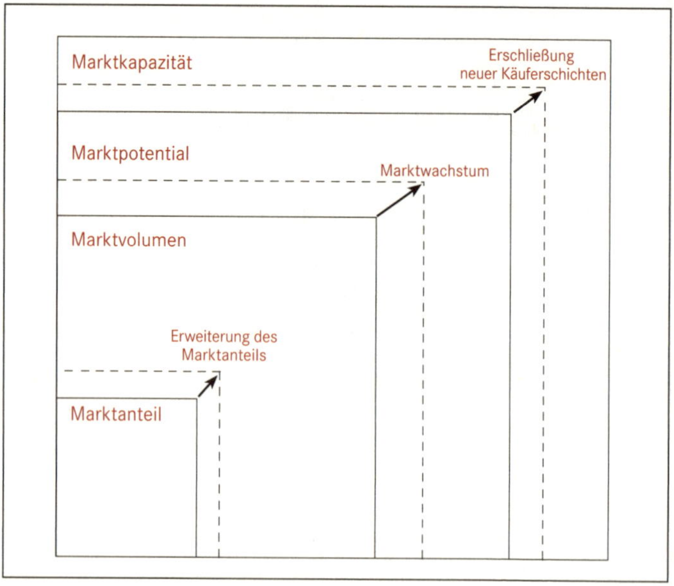

Abb. 10: Die Marktdaten

Produkt-Markt-Matrix

Marktdaten werden in der **Produkt-Markt-Matrix** aufgelistet. In die Spalten werden die Segmente und Subsegmente aus der Marktstruktur aufgenommen. Hierfür bietet sich der Einsatz einer Rechenmatrix,

z. B. MS-EXCEL, an. Bei Veränderungen können die Felder über Formeln sofort aktualisiert werden. Außerdem können relativ einfach graphische Darstellungen erzeugt werden (siehe Abb. 11 und 12).

Produkt-Markt-Matrix Tiefkühltorten, Deutschland	**Gesamt Stück bzw. %**	**Caterer**	**Hotels**	**Private Haushalte**
Marktkapazität in 1000 Stück	125.000	600	680	100.000
Marktpotenzial in 1000 Stück	35.000	400	350	30.000
Marktvolumen in 1000 Stück	22.000	270	250	20.000
Marktanteile				
• Eigener Anteil	21,5%	30,0%	25,0%	20,5%
• Wettbewerber A	17,3%	15,0%	16,0%	16,4%
• Wettbewerber B	11,0%	9,0%	7,0%	11,5%
• Wettbewerber C	10,0%	8,5%	7,5%	11,0%
• Wettbewerber D	9,5%	10,0%	11,5%	8,7%
• Wettbewerber E	5,2%	6,0%	5,8%	5,1%
• Sonstige Wettbewerber	25,5%	2,0%	1,5%	5,6%
Marktwachstum pro Jahr	6,0%	2,0%	1,5%	6,5%

Abb. 11: Produkt-Markt-Matrix

Marktdaten von Fachverbänden

Marktdaten können auf verschiedene Weise beschafft werden. Qualitativ gute Daten können in der Regel bei den Fachverbänden abgefragt werden. Dies setzt jedoch meist eine Mitgliedschaft voraus. Im Hoppenstedt Verlag (www.hoppenstedt-verbaende.de) ist ein Nachschlagewerk erhältlich, in dem alle nationalen und europäischen Fachverbände und -organisationen aufgelistet sind. Weiterhin spielt das Internet mittlerweile eine wichtige Rolle bei der Suche nach Marktdaten. Die Checkliste, die in Kap. 2.1.1 aufgeführt ist, kann hier ebenso als Quellenverzeichnis für Marktdaten verwendet werden. Sind keine Marktdaten erhältlich, sollte eine bestmögliche Hochrechnung oder Schätzung vorgenommen werden.

Internet für Marktanalyse nutzen

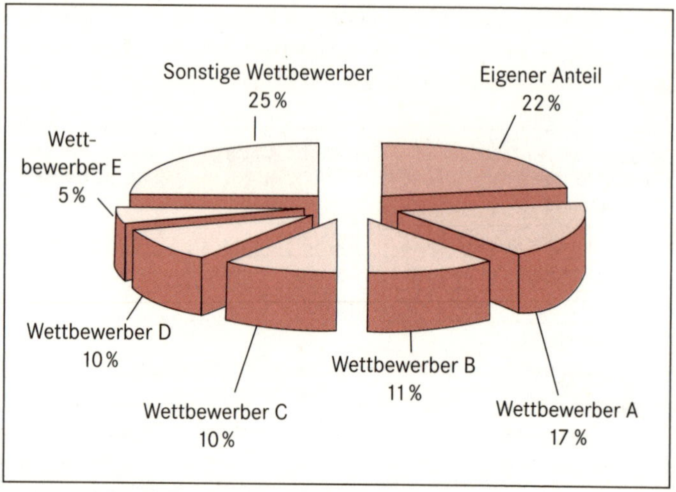

Abb. 12: Graphische Darstellung der Marktanteile

Tipp

Unter der Adresse www.destatis.de stellt das Statistische Bundesamt wichtige Daten, die Ihnen zur Einschätzung des Marktes nützlich sein können, zur Verfügung.

2.1.5 Wettbewerber

Wettbewerber konsequent beobachten

Wer seine Wettbewerber überholen will, muss zunächst wissen, wo sie stehen und wohin sie sich bewegen. Dies setzt eine konsequente Wettbewerbsbeobachtung und Dokumentation voraus. Dabei ist der Aufbau einer Wettbewerberdatei zu empfehlen. Während Prospektmaterial, Geschäftsberichte, Imagebroschüren, Preislisten, Kataloge, etc. in einem Hängeregisterschrank abgelegt werden, erfolgt die Speicherung der Basisinformationen in einer Datenbank (z.B. MS ACCESS). Diese Datenbank sollte in regelmäßigen Abständen (z.B. pro Quartal) oder bei Bedarf aktualisiert werden. Sie kann über das PC-Netzwerk oder Intranet zur Verfügung gestellt werden (siehe Abb. 13).

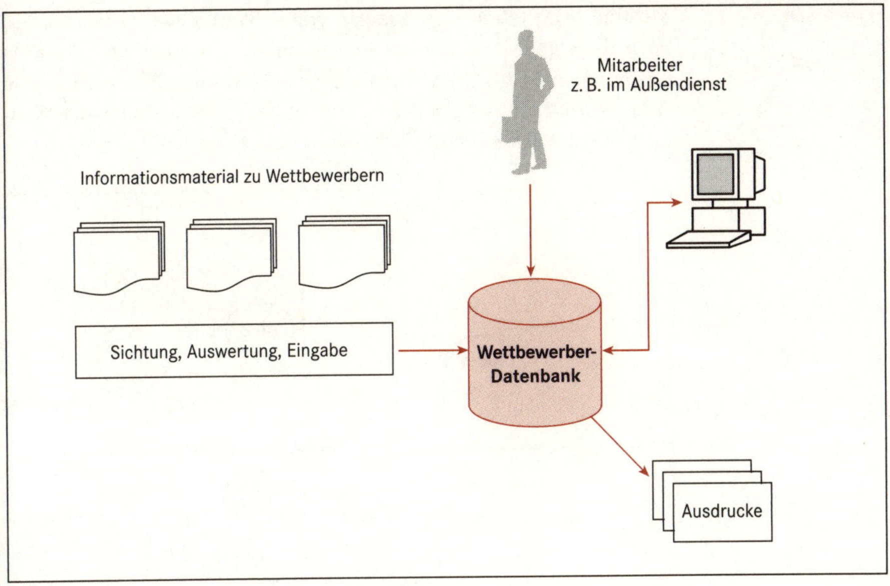

Abb. 13: Aufbau einer Wettbewerber-Datenbank

Die folgenden Datenfelder können in einer Wettbewerber-Datenbank berücksichtigt werden:

- Grunddaten wie Name, Sitz, Anschrift, Telefon, Telefax, E-Mail, Internetseite, etc.,
- Tochtergesellschaften,
- Namen der Entscheidungsträger,
- Anzahl der Mitarbeiter,
- Gesamtumsatz und Umsatz in den jeweiligen Sparten,
- Gewinn,
- Produkte,
- Preispositionierung,
- Wettbewerbsverhalten,
- Strategien,
- Fokus,
- Stärken und Schwächen.

Außendienst als Quelle von Wettbewerberinfo

Die nachfolgende Checkliste zeigt mögliche Quellen für Wettbewerberinformationen auf. Hierbei hat die eigene Vertriebsorganisation eine besondere Bedeutung. So sind z. B. die Außendienstmitarbeiter, die täglich mit dem Kunden in Verbindung stehen und auch dem Kollegen des Wettbewerbs begegnen, eine wichtige Informationsquelle. Durch eine entsprechende Schulung und Sensibilisierung dieser Mitarbeiter und Auswertung deren Akquiseberichte lassen sich gezielt benötigte Informationen beschaffen.

Daten visualisieren

Mit den ermittelten und ausgewerteten Wettbewerberdaten kann auch die eigene Position im Verhältnis zu den einzelnen Konkurrenten bestimmt und in einem Diagramm visualisiert werden. Die Abb. 14 zeigt ein solches Diagramm, in dem die Positionen der Wettbewerber im Preis-Technologie-Raster dargestellt sind.

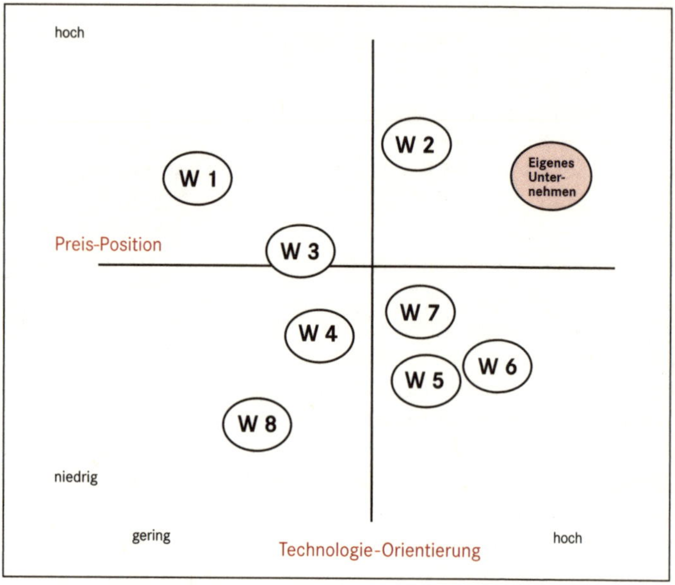

Abb. 14: Position im Markt im Vergleich zu den Wettbewerbern

Checkliste

Hier erhalten Sie Informationen zu Ihren Wettbewerbern:

- ✔ Befreundete Unternehmen
- ✔ Dun & Bradstreet (ehemals Schimmelpfeng), www.dbgermany.de
- ✔ Fachverbände
- ✔ Fachzeitschriften
- ✔ Hoppenstedt Verlag, www.hoppenstedt.de
- ✔ Industrie- und Handelskammern, IHK
- ✔ Internetseite des jeweiligen Wettbewerbers, Suchmaschinen
- ✔ Messekataloge
- ✔ Printmaterial der Wettbewerber
- ✔ Radio
- ✔ Standard & Poors, www.standardandpoors.com
- ✔ Tagespresse
- ✔ TV
- ✔ Vertriebsmitarbeiter

2.1.6 Erfolgsfaktoren

Regelmäßige Kundenbefragungen durchführen

Der Erfolg eines Unternehmens hängt maßgeblich davon ab, ob es ihm gelingt, die Wünsche und Bedürfnisse der Kunden zu befriedigen. Die genaue Kenntnis der Kundenerwartungen ist deshalb für eine langfristige Kundenbindung unerlässlich. In der Regel sind die Kundenerwartungen von vorneherein bekannt. Um hier jedoch immer wieder Bestätigung zu finden, ist in regelmäßigen Abständen, z.B. einmal pro Jahr, eine gezielte **Kundenbefragung** mittels Fragebogen oder in Interviews, vor Ort bzw. per Telefon, angebracht. Die Ergebnisse von Kundenbefragungen haben schon so manchem Manager die Augen geöffnet. Oft weicht die Einstufung des Leistungsangebotes aus der Sicht der Kunden erheblich von der eigenen Einschätzung nach unten ab oder es werden die Erwartungen der Kunden unterschätzt. Beides ist früher oder später tödlich. Die folgenden Beispiele veranschaulichen dies.

Beispiel Erwartungen, Bedürfnisse und Wünsche aus der Sicht des Unternehmens und des Kunden:
In einem Strategieworkshop wurden die Führungskräfte eines mittelständischen Unternehmens nach den Kundenerwartungen befragt. Dabei wurden in der Reihenfolge der Wichtigkeit folgende Erwartungen genannt:
1. *niedriger Preis,*
2. *hohe Qualität und Zuverlässigkeit der Produkte,*
3. *kurze Lieferzeit,*
4. *guter Service und gute Beratung.*

Die Durchführung einer Kundenbefragung durch eine externe, neutrale Person bei 30 Kunden (Stichprobe aus einer Gesamtheit von ca. 400 Kunden) ergab das folgende Bild:
1. *guter Service, gute Betreuung, proaktive Kommunikation bei Lieferschwierigkeiten,*
2. *Flexibilität bei Zusatzbedarf,*
3. *Liefertreue,*
4. *fairer Preis.*

Die Qualität und Zuverlässigkeit der Produkte wurde von den befragten Kunden als selbstverständlich vorausgesetzt und als Grundbedingung für Geschäftsbeziehungen angesehen. Bei dieser Befragung trat auch zu Tage, dass die Betreuungsqualität stark zu wünschen übrig lässt.

Die Erfolgsfaktoren lassen sich in vier Kategorien unterteilen:

Gewichtung der Erfolgsfaktoren

1. **Nutzen:** Produktqualität und -zuverlässigkeit, Produkteigenschaften, Zusatznutzen wie z.B. Beratung, Entsorgung;

2. **Kosten:** Preis, Konditionen, ganzheitliche Beschaffungskosten;
3. **Zeit:** Lieferzeit und -treue, Flexibilität z. B. bei saisonalen Schwankungen;
4. **Sicherheit:** Zuverlässigkeit und Image des Lieferanten, Freundlichkeit, Betreuung, Behandlung von Reklamationen.

Kundeneinschätzung sollte Fokus des Unternehmens bestimmen

Durch aufmerksame Beobachtung und die Befragung von Kunden lässt sich die Gewichtung der Erfolgsfaktoren des relevanten Marktes bestimmen. Der Fokus der eigenen Unternehmung sollte darauf ausgerichtet werden. Die folgende Matrix zeigt die Kundeneinschätzung für einen Zulieferer in der Luft- und Raumfahrtindustrie und dessen Hauptwettbewerber, unterteilt nach den die Erfolgsfaktoren bestimmenden Kategorien.

Erfolgsfaktor	Gewicht	Unternehmen	Hauptwettbewerber
Nutzen			
Qualität und Zuverlässigkeit	A	4	3
Technologische Kompetenz	B	4	2
Kosten			
Ganzheitliche Beschaffungskosten	B	1	4
Zeit			
Liefertermin	C	2	2
Liefertreue	B	1	2
Sicherheit			
Zuverlässigkeit, Image des Partners	A	3	3
A sehr wichtig	B wichtig	C nicht so wichtig	
4 dominierend	3 stark	2 mittelmäßig	1 schwach

Abb. 15: Erfolgsfaktoren für einen Zulieferer in der Luft- und Raumfahrtindustrie

2.2 Das interne Umfeld

Zum internen Umfeld eines Unternehmens gehören seine **Strategien, Funktionen, Konzepte** und **Organisationseinheiten**. Diese regelmäßig, in allen Unternehmensbereichen, zu beleuchten und zu bewerten, ist ein wichtiger Gesichtspunkt bei der Situationsanalyse (siehe Abb. 16).

Internes Umfeld regelmäßig beleuchten

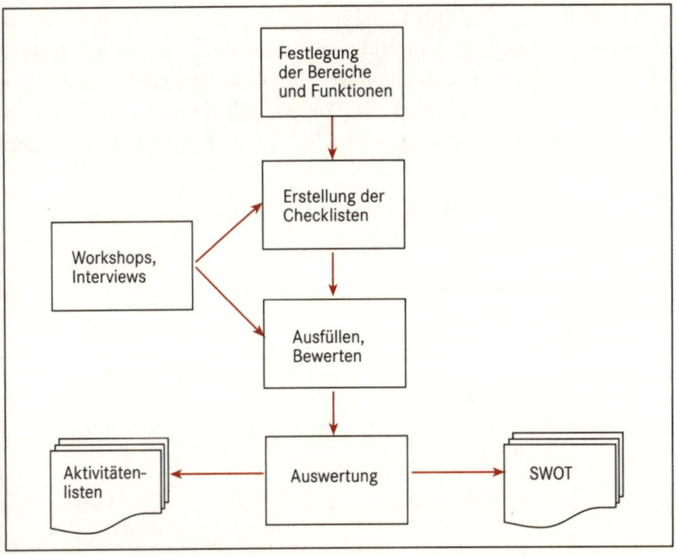

Abb. 16: Analyse des internen Umfeldes

Hierfür werden zunächst Checklisten mit bestimmten Fragestellungen erstellt, die folgende Angaben beinhalten sollten: Die Kopfzeilen geben Auskunft über bestimmte Grunddaten, wie den Bereich und den Zweck der Erhebung, die Person, die die Erhebung durchgeführt hat, sowie das Datum. Abb. 17 zeigt das Beispiel einer solchen Checkliste. Die aktuellen Fragen, über die Aufschluss gewünscht wird, sollten präzise formuliert und durchnummeriert werden. Ein Bewertungsmaßstab ist festzulegen, der eine positive oder negative Einschätzung ermöglicht. In diesem Beispiel wurde der Maßstab 0 bis 3 gewählt. Weitere Spalten, für die Bewertung, eventuell die Einschätzung des Risikos und besondere Hinweise, sind vorzusehen. Der Aufbau der Checkliste in einer Rechenmatrix (z.B. MS EXCEL) erleichtert die Arbeit. Die Gesamtbewertung und der Erfüllungsgrad werden automatisch errechnet.

Checklisten für Analyse erstellen

Die Beantwortung der Fragen durch das Ausfüllen der Checklisten kann in Kurzworkshops oder in Interviews erfolgen. Die Be-

Ergebnisse in SWOT-Matrix eintragen

wertung sollte realistisch sein. Erkannte Risiken oder notwendige Maßnahmen werden in der Liste vermerkt und können später in die **SWOT-Matrix** oder in Aktivitätenlisten eingetragen werden. Ein externer Berater kann in diesen Prozess die erforderliche Neutralität und Objektivität sowie neue Ideen einbringen.

Jährlicher strategischer Planungsprozess

Da sich alle benötigten Informationen »im eigenen Haus« befinden, ist dieser Bereich der Situationsanalyse in der Regel mit weniger Aufwand verbunden als der des externen Umfeldes. Unternehmen, die bereits routinemäßig einen jährlichen strategischen Planungsprozess eingeführt haben, brauchen ihre Daten lediglich zu aktualisieren. In den folgenden Unterkapiteln sind beispielhaft Fragestellungen aufgeführt. Sie können als Rahmen-Checklisten verwendet werden. Firmenspezifische Ergänzungen sind jedoch auf jeden Fall ratsam.

Checkliste internes Umfeld

Bereich: Personalwirtschaft

Funktion: Personalplanung

Erhebung durch: Alfons Meier, PP **am:** 29.02.2007

Nr.	Frage	Bewertung	Risiko	Hinweis
1	Gibt es ein Konzepte zur Personalplanung?	3		seit Anfang 2003
2	Wie hoch ist die Fluktuation?	2		
3	Sind Stellvertreter benannt?	2		nur bei Führungskräften
4	Sind für überlebenswichtige Funktionen Ersatzmitarbeiter greifbar?	1	ja	Handlungsbedarf
	usw.			
	Gesamtbewertung	8		
	Maximale Punktzahl	12		
	Erfüllungsgrad	66,7 %		

3 voll (*) 2 teilweise (*) 1 ansatzweise (*) 0 nicht (*)

* erfüllt, vorhanden, im Branchendurchschnitt, etc.

Abb. 17: Aufbau einer Checkliste für die Analyse des internen Umfeldes

2.2.1 Analyse der strategischen Felder

Strategische Felder beleuchten

Bei der Analyse der strategischen Felder werden die bestehende Unternehmensvision, Mission, Ziele, Strategien und die Corporate Identity beleuchtet und bewertet.

Checkliste

Diese Fragen helfen Ihnen bei der strategischen Planung weiter:

- ✔ Wird eine jährliche strategische Planungsrunde durchgeführt?
- ✔ Werden die wichtigen Führungskräfte bei der strategische Planung einbezogen?
- ✔ Wird die Organisation über die Ergebnisse der strategischen Planung informiert?
- ✔ Wird auch langfristig (z. B. über fünf Jahre) geplant?
- ✔ Wird bei der langfristigen Planung mit Szenarien gearbeitet?
- ✔ Gibt es eine schriftlich definierte Unternehmensvision?
- ✔ Ist die Vision den Mitarbeitern bekannt?
- ✔ Ist die Unternehmensmission schriftlich festgelegt?
- ✔ Ist die Mission den Mitarbeitern bekannt?
- ✔ Sind die Unternehmensziele schriftlich festgelegt?
- ✔ Sind die Ziele eindeutig und realistisch?
- ✔ Sind die Unternehmensziele heruntergebrochen in Bereichs- und Mitarbeiterziele (Zielkaskade)?
- ✔ Sind die Ziele den Mitarbeitern bekannt?
- ✔ Richten die Mitarbeiter ihr Handeln nach den Zielen aus?
- ✔ Gibt es eine übergreifende Gesamtstrategie für das Unternehmen?
- ✔ Gibt es Bereichsstrategien?
- ✔ Sind die Elemente der Corporate Identity in Anweisungen, Richtlinien oder Handbüchern festgelegt?
- ✔ Halten sich die Mitarbeiter nach diesen Anweisungen, Richtlinien oder Handbüchern?
- ✔ Gibt es schriftlich festgelegte Leitlinien?
- ✔ Hält sich das Management daran?
- ✔ Halten sich die Mitarbeiter daran?

2.2.2 Analyse der operativen Felder

Operative Felder beleuchten

In den operativen Feldern werden die Bereiche Organisation und Betrieb, Personalwirtschaft, Marketing, Forschung und Entwicklung, Betriebswirtschaft und Controlling untersucht und bewertet. Die Checklisten für die jeweiligen Bereiche sind im Folgenden als Hilfestellung bei der Analyse aufgeführt.

Checkliste

Organisation und Betrieb

- ✔ Gibt es eine klare Organisationsstruktur?
- ✔ Gibt es Stellenbeschreibungen?
- ✔ Ist den Mitarbeitern ihre Aufgabenstellung, Verantwortung und Kompetenz bekannt?
- ✔ Gibt es schriftlich fixierte Verfahrensanweisungen?
- ✔ Werden die Kernprozesse des Unternehmens regelmäßig aktualisiert und optimiert?
- ✔ Gibt es ein Handbuch der Qualitätssicherung?
- ✔ Ist das Unternehmen zertifiziert (DIN EN ISO 9000 ff.)?
- ✔ Wie hoch liegt die Reklamationsrate?
- ✔ Wie hoch liegen Ausschuss und Nacharbeit?
- ✔ Werden regelmäßig Selbstaudits durchgeführt?
- ✔ Gibt es Verfahrensanweisungen oder ein Handbuch zum Thema »Umweltschutz«?
- ✔ Werden regelmäßig Öko-Audits (DIN EN ISO 14000 ff.) durchgeführt?
- ✔ Gibt es einen Umweltschutzbeauftragten?
- ✔ Werden Unternehmensrisiken erfasst und minimiert?
- ✔ Gibt es ein Handbuch zum Risikomanagement?
- ✔ Ist der Datenschutz schriftlich geregelt?
- ✔ Gibt es einen Datenschutzbeauftragten?
- ✔ Gibt es Verfahrensanweisungen und Richtlinien zum Einkauf?
- ✔ Wird der Beschaffungsmarkt optimal genutzt?
- ✔ Kann bei Lieferengpässen oder sonstigen Problemen schnell auf andere Lieferanten zurückgegriffen werden?
- ✔ Sind die Einkaufspreise oder Beschaffungskosten optimiert?
- ✔ Werden Wechselkursschwankungen z. B. durch Kursabsicherung abgefedert?
- ✔ Werden die elektronischen Marktplätze (E-Procurement) genutzt?
- ✔ Werden Make-or-buy-Betrachtungen durchgeführt?
- ✔ Ist die Logistik auf der Beschaffungs- und Absatzseite optimal geregelt?
- ✔ Ist die interne Logistik optimal geregelt?
- ✔ Wie hoch ist das Durchschnittsalter der Maschinen und Anlagen?
- ✔ In welchem Zustand befinden sich die Maschinen und Anlagen?
- ✔ Wie hoch ist der durchschnittliche Auslastungsgrad?
- ✔ Wie schnell kann mit den vorhandenen Maschinen und Anlagen auf neue Kundenwünsche reagiert werden?

- ✔ Wie hoch sind die Herstellkosten im Branchenvergleich
- ✔ Sind die Arbeitsplätze ergonomisch ausgestattet?
- ✔ Wie hoch ist der Ausfall durch Arbeitsunfälle?
- ✔ Sind die Systeme der Informations-Technologie (IT-System) auf dem neuesten Stand?
- ✔ Sind die IT-Systeme durchgängig?
- ✔ Sind Aktivitäten wie Reinigung, Kantine, etc. zur Kosteneinsparung an externe Anbieter vergeben (Outsourcing)?
- ✔ Macht das Unternehmen einen ordentlichen und sauberen Eindruck?

Checkliste

Personalwirtschaft

- ✔ Ist in den Leitlinien der Umgang mit den Mitarbeitern geregelt?
- ✔ Sind die Führungskräfte im Umgang mit Mitarbeitern geschult?
- ✔ Ist die durchschnittliche Führungsspanne angemessen?
- ✔ Werden die Mitarbeiter am Entscheidungsprozess beteiligt?
- ✔ Gibt es eine Regelkommunikation mit den Mitarbeitern?
- ✔ Werden die Führungskräfte in regelmäßigen Abständen in ihrer Führungsqualität beurteilt?
- ✔ Gibt es Zielvereinbarungen mit Führungskräften?
- ✔ Gibt es Zielvereinbarungen mit Mitarbeitern?
- ✔ Werden Zielvereinbarungsgespräche durchgeführt?
- ✔ Gibt es ein Konzept zum Personalmarketing?
- ✔ Gibt es ein Konzept zur Personalplanung?
- ✔ Ist der Personalstand optimal bemessen?
- ✔ Wie hoch ist die Fluktuation?
- ✔ Sind Stellvertreter benannt?
- ✔ Sind für überlebenswichtige Funktionen Ersatzmitarbeiter greifbar?
- ✔ Wie schnell können Schlüsselpositionen neu besetzt werden?
- ✔ Gibt es ein Konzept zur Personalrekrutierung?
- ✔ Werden offene Stellen innnerbetrieblich ausgeschrieben?
- ✔ Liegen strukturierte Vorgaben für Einstellungsgespräche vor?
- ✔ Gibt es eine Bewertungsmatrix für Bewerber?
- ✔ Gelingt es hoch qualifizierte Mitarbeiter zu gewinnen?
- ✔ Werden neue Mitarbeiter begrüßt und vorgestellt?
- ✔ Werden neue Mitarbeiter geschult und eingewiesen?
- ✔ Werden regelmäßig Leistungsbeurteilungen durchgeführt?

- ✔ Gibt es Richtlinien zur Entgeltfindung?
- ✔ Sind die Entgelte und sonstige Leistungen zeitgemäß und wettbewerbsfähig?
- ✔ Gibt es erfolgsorientierte Entgeltanteile?
- ✔ Sind Verfahren zu Personalverwaltung festgelegt?
- ✔ Wird bei wichtigen Personalentscheidungen ein Experte für Arbeitsrecht befragt?
- ✔ Gibt es ein Personal-Informations-System?
- ✔ Wie ist das Verhältnis zu den Arbeitnehmervertretungen?
- ✔ Gibt es ein Personalentwicklungskonzept?
- ✔ Sind die Mitarbeiter für ihre Tätigkeit ausreichend qualifiziert und ausgebildet?
- ✔ Haben die Mitarbeiter die Möglichkeit Fortbildungslehrgänge zu besuchen?
- ✔ Wird eine aktive Karriereplanung für Mitarbeiter durchgeführt?
- ✔ Gibt es Nachfolgeplanungen und -regelungen?
- ✔ Gibt es ein Ideen-Management für ständige Verbesserungen?
- ✔ Wie ist der Stand der Motivation im Unternehmen?
- ✔ Haben einzelne Mitarbeiter innerlich gekündigt?
- ✔ Wie schätzen die Mitarbeiter das Betriebsklima ein?
- ✔ Verhalten sich die Mitarbeiter und Führungskräfte loyal?
- ✔ Wie wird mit Konflikten umgegangen?

Checkliste

Marketing

- ✔ Gibt es eine Marketing-Strategie?
- ✔ Wurde eine Marktsegmentierung vorgenommen?
- ✔ Wurde eine ABC-Analyse der Kunden vorgenommen?
- ✔ Sind die Produkte optimal positioniert?
- ✔ Sind die Produkte optimal von den Wettbewerbsprodukten differenziert?
- ✔ Ist der Marketing-Mix schriftlich fixiert?
- ✔ Ist der Produkt-Mix optimal gestaltet?
- ✔ Wurde ein Produkt-Portfolio erstellt?
- ✔ Ist die Qualität der Produkte ausreichend?
- ✔ Sind die Produkteigenschaften optimal auf die Bedürfnisse der Kunden zugeschnitten?
- ✔ Werden länderspezifisch gewünschte Produkteigenschaften angeboten?

- ✔ Sind die Lieferzeiten bedarfsgerecht?
- ✔ Ist die Liefertreue ausreichend?
- ✔ Sind die Preise angemessen?
- ✔ Sind die Konditionen angemessen?
- ✔ Werden Wechselkursschwankungen in Exportländern z. B. durch Kursabsicherung oder durch Fakturierung in EURO abgefedert?
- ✔ Ist der Verkaufsbereich ausreichend bemessen?
- ✔ Werden die Verkäufer regelmäßig geschult?
- ✔ Sind die Verkäufer mit der erforderlichen Infrastruktur und Hilfsmitteln ausgestattet?
- ✔ Ist die Gebietseinteilung optimal?
- ✔ Ist ein Key-Account-Management-System installiert?
- ✔ Gibt es Verfahren zum Computer Aided Selling?
- ✔ Gibt es einen Werbeetat?
- ✔ Wird der Werbeetat zielgerichtet und optimal genutzt?
- ✔ Gibt es Medienschaltpläne?
- ✔ Wird der Erfolg der Werbemaßnahmen überwacht?
- ✔ Werden verkaufsfördernde Maßnahmen am Point of Sale durchgeführt?
- ✔ Werden verkaufsfördernde Maßnahmen im eigenen Vertriebsbereich durchgeführt?
- ✔ Werden verkaufsfördernde Maßnahmen bei den Händlern durchgeführt?
- ✔ Werden regelmäßig Pressemitteilungen herausgegeben?
- ✔ Werden regelmäßig Fachartikel in Zeitschriften veröffentlicht?
- ✔ Sind die Vertriebskanäle optimiert?
- ✔ Werden elektronische Marktplätze (E-Commerce) genutzt?
- ✔ Wird auch über das Internet verkauft?
- ✔ Werden regelmäßig Kundenbefragungen durchgeführt?
- ✔ Wie ist die Kundenzufriedenheit?
- ✔ Gibt es Verfahrensanweisungen zum Beschwerdemanagement?

Checkliste

Forschung und Entwicklung

- ✔ Ist das gesamte Innovationsmanagement schriftlich geregelt?
- ✔ Wird ausreichend in die Forschung und Entwicklung investiert?
- ✔ Sind eine ausreichende Anzahl weiterentwickelter oder neuer Produkte in der Entwicklung?
- ✔ Werden die Erfindungen durch Patente geschützt?

- ✔ Werden Know-how- oder Patent-Datenbanken zur Entwicklung genutzt?
- ✔ Werden öffentliche Gelder (z. B. Europäische Gemeinschaft) für die Subvention von Entwicklungen beantragt?
- ✔ Werden Entwicklungspartnerschaften mit befreundeten Unternehmen oder Kunden genutzt?
- ✔ Werden Kreativitätstechniken für die Ideenfindung eingesetzt?
- ✔ Werden Entwicklungsvorhaben durch Marktanalysen und Machbarkeitsstudien abgesichert?
- ✔ Werden Wirtschaftlichkeitsbetrachtungen für neue Projekte durchgeführt?
- ✔ Werden Projektmanagement und -controlling optimal durchgeführt?
- ✔ Ist der Zeitraum für die Produktentwicklung (Idee bis Markteintritt) optimal und der Lebensdauerkurve angepasst?

Checkliste

Betriebswirtschaft

- ✔ Ist der Eigenkapitalanteil ausreichend bemessen?
- ✔ Erwirtschaftet das Unternehmen nachhaltig einen zufrieden stellenden Gewinn?
- ✔ Ist die Unternehmensfinanzierung optimal?
- ✔ Werden jährliche Budgetplanungen durchgeführt?
- ✔ Ist die Kostenrechnung transparent?
- ✔ Werden die offenen Posten konsequent verfolgt?
- ✔ Sind die Deckungsbeiträge für Produktgruppen bekannt?
- ✔ Sind die Deckungsbeiträge für Kunden bekannt?
- ✔ Ist die Kostenstruktur optimal?
- ✔ Werden regelmäßig Gemeinkostenanalysen durchgeführt und Kosteneinsparungen vorgenommen?
- ✔ Sind die Mitarbeiter kostenbewusst?
- ✔ Gibt es einen Liquiditätsplan?
- ✔ Gibt es manchmal Liquiditätsprobleme?

Controlling

Checkliste

- ✔ Wird ein strategisches Controlling durchgeführt?
- ✔ Werden Kennzahlensysteme zur Steuerung eingesetzt?
- ✔ Werden Branchenvergleiche durchgeführt (Benchmarking)?
- ✔ Gibt es ein Management-Informations-System?
- ✔ Gibt es ein Frühwarnsystem?
- ✔ Werden regelmäßig Revisionen durchgeführt?

2.3 Beurteilung der Situation

Aufzeichnungen in SWOT-Matrix eintragen

Nach Abschluss der Analyse des externen und internen Umfeldes werden die Aufzeichnungen, Checklisten, Aktivitätenlisten, etc. ausgewertet, beurteilt und relevante Kriterien in der SWOT-Matrix dargestellt. Die SWOT-Matrix ist mit acht Spalten versehen. In der ersten Spalte werden die Kriterien aufgeführt, die dann in den restlichen Spalten auf einer Skala von -3 bis +3, nach Schwächen und Stärken, bewertet werden. Im Fußbereich sind die Anzahl der Nennungen pro Spalte, die Punktezahl und die Gesamtbewertung vorgesehen. Die Erstellung der SWOT-Matrix sollte in einer Tabellenkalkulation (z.B. MS EXCEL) erfolgen. Die Berechnung der Punktezahlen und der Gesamtbewertung erfolgt automatisch.

2.3.1 Stärken und Schwächen

Stärken-Schwächen-Profil; »Fieberkurve«

Beginnend mit dem strategischen Teil werden die ausgewählten Kriterien aller Unternehmensbereiche in die Matrix eingetragen. In der jeweiligen Bewertungsspalte wird eine Markierung gesetzt (z.B. +). Durch die Verbindung der Markierungen kann das Stärken-Schwächen-Profil, die »**Fieberkurve**« des Unternehmens, visualisiert werden (Abb. 18). Die Anzahl der Markierungen je Spalte wird nun gezählt und am Fuß der Matrix eingetragen. Bei einer größeren Anzahl von Kriterien ist es sinnvoll, für jeden Unternehmensbereich eine SWOT-Matrix zu erstellen.

Zur SWOT-Matrix werden in einer Zusammenfassung Erläuterungen gegeben.

Kriterium	Schwächen						Stärken
	-3	-2	-1	0	1	2	3
Strategischer Bereich							
• Strategischer Planungsprozess		+					
• Definition von Zielen			+				
• Corporate Identity und Image						+	
Organisation und Betrieb							
• Qualitätskosten			+				
• Liefertermineinhaltung		+					
• Alter der Maschinen und Anlagen				+			
Personalwirtschaft							
• Zielvereinbarungssystem		+					
• Personalentwicklung					+		
• Motivationsstand					+		
Marketing							
• Produkt-Portfolio						+	
• Key-Account Management					+		
• E-Commerce	+						
Forschung und Entwicklung							
• Anzahl Patente							+
• Projektmanagement				+			
• Entwicklungszeit			+				
Betriebswirtschaft							
• Eigenkapitalquote		+					
• Kostenstruktur			+				
• Liquiditätsreserven		+					
Controlling							
• Kennzahlensystem				+			
• Management-Informations-System					+		
• Frühwarnsystem	+						
Anzahl	2	5	4	3	4	2	1
Punktezahl	-6	-10	-4	0	4	4	3
Gesamtbewertung	-9						

Abb. 18: Stärken-Schwächen-Profil, SWOT-Matrix

Beispiel Erläuterungen zur SWOT-Matrix:

- *Der strategische Planungsprozess erfolgte bisher nur ansatzweise. Insbesondere die Zielsetzung und die Weitergabe der Ziele an die jeweiligen Bereiche ist unterentwickelt. Das Unternehmen hat im Markt einen sehr guten Namen.*
- *Der Bereich Organisation und Betrieb zeigt Schwächen in den Funktionen Qualitätssicherung und Produktionssteuerung. Das Alter der Maschinen und Anlagen liegt im Branchendurchschnitt usw.*

Bedrohungen und Chancen ermitteln

2.3.2 Chancen und Gefahren

In eine Kopie der SWOT-Matrix wird nun die Bewertung für den Hauptwettbewerber, mit dem man das Unternehmen vergleichen will, durch Setzen einer weiteren, anderen Markierung (z.B. *) vorgenommen. Die Anzahl der Markierungen wird je Spalte gezählt und am Fuß der Matrix eingetragen. Die Markierungen werden nun mit einer anderen Linienart verbunden. Damit liegt das Stärken-Schwächen-Profil des Hauptwettbewerbers fest. Bei Kriterien, bei denen der Hauptwettbewerber besser bewertet ist, besteht für das eigene Unternehmen eine mehr oder weniger große Bedrohung (Threat). Bei Kriterien, bei denen der Hauptwettbewerber schlechter bewertet ist, besteht für das eigene Unternehmen eine mehr oder weniger große Chance (Opportunity), siehe Abb. 19.

Die Chancen und Gefahren sind im Einzelnen zu kommentieren.

Beispiel Kommentierung zu den Chancen und Gefahren:

- *Der Hauptwettbewerber schneidet nach der Bewertung etwas besser ab als das eigene Unternehmen.*
- *Die strategische Planung und Zielsetzung werden vom Hauptwettbewerber konsequent durchgezogen. Mittelfristig wird er Wettbewerbsvorteile daraus schöpfen.*
- *Die Verfahren der Qualitätssicherung scheinen beim Hauptwettbewerber besser zu greifen. Die Liefertermineinhaltung ist deutlich besser. Es besteht die Gefahr, dass sich einige unserer Kunden künftig von diesem Wettbewerber beliefern lassen usw.*

Kriterium	Schwächen					Stärken	
	-3	-2	-1	0	1	2	3
Strategischer Bereich							
• Strategischer Planungsprozess							
• Definition von Zielen							
• Corporate Identity und Image							
Organisation und Betrieb							
• Qualitätskosten							
• Liefertermineinhaltung							
• Alter der Maschinen und Anlagen							
Personalwirtschaft							
• Zielvereinbarungssystem							
• Personalentwicklung							
• Motivationsstand							
Marketing							
• Produkt-Portfolio							
• Key-Account Management							
• E-Commerce							
Forschung und Entwicklung							
• Anzahl Patente							
• Projektmanagement							
• Entwicklungszeit							
Betriebswirtschaft							
• Eigenkapitalquote							
• Kostenstruktur							
• Liquiditätsreserven							
Controlling							
• Kennzahlensystem							
• Management-Informations-System							
• Frühwarnsystem							
Anzahl eigenes Unternehmen	2	5	4	3	4	2	1
Punktezahl eigenes Unternehmen	-6	-10	-4	0	4	4	3
Gesamtbewertung eigenes Unternehmen	-9						
Anzahl Hauptwettbewerber	0	3	5	8	5	0	0
Punktezahl Hauptwettbewerber	0	-6	-5	0	5	0	0
Gesamtbewertung Hauptwettbewerber	-6						

Abb. 19: Chancen und Gefahren, SWOT-Matrix

2.3.3 Handlungsfelder

Handlungsfelder definieren

Bei der weiteren strategischen Planung soll sich das Unternehmen auf seine Stärken konzentrieren und versuchen, diese zu halten oder auszubauen. Wo Schwachstellen bestehen oder besondere Chancen gesehen werden, sind Handlungsfelder festzulegen. Diese Handlungsfelder finden dann Berücksichtigung in den Zielen, Strategien und Konzepten der jeweiligen Unternehmensbereiche. Für die Darstellung der Handlungsfelder wird eine weitere Kopie der SWOT-Matrix verwendet (Abb. 20). Die Zielbewertung wird markiert (z.B. ■), am Fuß der Matrix addiert und zu einer Gesamtbewertung berechnet.

Die Handlungsfelder werden in einer Zusammenfassung konkret beschrieben.

Beispiel Erläuterungen zu den Handlungsfeldern:

- *Ein Strategieworkshop wird im laufenden Geschäftsjahr mit externer Hilfe durchgeführt. Ziel ist die Erstellung einer Handlungsanweisung für die strategische Planung. Die Zielsetzung wird mit quantitativen und qualitativen Zielen und einem Zielsystem für das gesamte Unternehmen konkretisiert.*
- *Die Qualitätssicherung wird ausgebaut und personell verstärkt. Die Produktionssteuerung wird neu organisiert. Die Mitarbeiter sind hinsichtlich Termineinhaltung zu sensibilisieren usw.*

Kriterium	Schwächen						Stärken
	-3	-2	-1	0	1	2	3
Strategischer Bereich							
• Strategischer Planungsprozess		+			■		
• Definition von Zielen			+		■		
• Corporate Identity und Image						+ ■	
Organisation und Betrieb							
• Qualitätskosten			+		■		
• Liefertermineinhaltung		+				■	
• Alter der Maschinen und Anlagen				+ ■			
Personalwirtschaft							
• Zielvereinbarungssystem		+			■		
• Personalentwicklung					+	■	
• Motivationsstand					+	■	
Marketing							
• Produkt-Portfolio						+ ■	
• Key-Account Management					+	■	
• E-Commerce	+				■		
Forschung und Entwicklung							
• Anzahl Patente							+ ■
• Projektmanagement				+	■		
• Entwicklungszeit			+		■		
Betriebswirtschaft							
• Eigenkapitalquote		+	■				
• Kostenstruktur			+	■			
• Liquiditätsreserven		+		■			
Controlling							
• Kennzahlensystem				+ ■			
• Management-Informations-System					+ ■		
• Frühwarnsystem	+			■			
Derzeitige Anzahl	2	5	4	3	4	2	1
Derzeitige Punktezahl	-6	-10	-4	0	4	4	3
Derzeitige Gesamtbewertung	-9						
Anzahl Ziel	0	0	1	5	8	6	1
Punktezahl Ziel	0	0	-1	0	8	12	3
Gesamtbewertung Ziel	22						

Abb. 20: Handlungsfelder, SWOT-Matrix

Aktivitätenliste

Der in der Umfeldanalyse festgestellte **Handlungsbedarf** und alle notwendigen Aktivitäten, die im Rahmen der weiteren strategischen Planungsarbeit festgelegt werden, sind in Aktivitätenlisten aufzunehmen (siehe Abb. 21). In diese Liste werden Daten wie Nummer der Liste, Bereich, Nummer der Aktivität, Beschreibung der Aktivität, der oder die Verantwortlichen und der Termin eingegeben. In der Spalte Status kann der Stand der Arbeiten zu einem bestimmten Zeitpunkt dokumentiert werden. In der Bemerkungsspalte können ergänzende Informationen eingetragen werden. Wichtig ist dann die konsequente Verfolgung und Bearbeitung der festgelegten Aktivitäten.

Aktivitäten in Listen konsequent umsetzen

Aktivitätenliste		Nr.	13A		Strategischer Geschäftsplan 2007
		Bereich	Controlling		
Nr.	Was	Wer	Wann	Status	Bemerkungen
1	Kunden-Deckungsbeitrags-Rechnung einführen	ES, RW	KW 4/2007		
2	Kennzahlensystem für das operative Controlling aufbauen	ES, RW	KW 15/2007		
3	Konzept für das Management-Informations-System erstellen	ES, RW	KW 15/2007	KW 50/2007 zu 50 % erledigt	
4	Konzept Frühwarnsystem erstellen	ES, RW	KW 4/2007		Workshop mit Brainstorming
5					
6					
7					
8					
AM= Alfons Meier; ES=Emil Schmitt; RW=Richard Wagner					

Abb. 21: Aktivitätenliste

2.4 Zusammenfassung

Situatioonsanalyse als Basis für Unternehmensziele und -strategien

1. Eine umfassende Situationsanalyse ist der Einstieg in die ganzheitliche strategische Unternehmensführung. Die Erkenntnisse dieser Analyse geben Ansatzpunkte für die Festlegung von Unternehmenszielen und Strategien.
2. Zunächst wird das externe Umfeld, in dem das Unternehmen eingebettet ist, betrachtet. Dabei ist je nach Wirkungsbereich des Unternehmens nach globalem, nationalem und lokalem Umfeld zu unterscheiden. Die zu berücksichtigenden Umfeldfaktoren kann man in die Kategorien wirtschaftliche, technologische/ökologische, politische/rechtliche und gesellschaftliche Umfeldfaktoren unterteilen. Daten und Trends zu den Umfeldfaktoren und Hinweise zu den Umfeldbeeinflussern können aus zahlreichen Quellen geschöpft werden, die in den Checklisten aufgeführt sind.

Externes Umfeld

3. Die Wettbewerbskräfte im Markt ändern sich laufend. Es können neue Wettbewerber in den Markt eintreten oder ihn verlassen, Innovationen können bestehende Produkte oder Dienstleistungen überflüssig machen und sowohl Kunden als auch Lieferanten können, je nach Markstellung, entsprechenden Druck auf Preise und Konditionen ausüben. Die Ermittlung, Darstellung und Beurteilung der Wettbewerbskräfte ist daher zu empfehlen.

4. Die Kenntnis der Struktur und der Besonderheiten des Marktes und der relevanten Marktdaten ist von besonderer Bedeutung für die Standortbestimmung und Zielfestlegung. Die Darstellung der Daten in Graphiken und Tabellen, wie z.B. der Produkt-Markt-Matrix, bietet die notwendige Transparenz.
5. Im Hinblick auf den zunehmenden Wettbewerbsdruck sind möglichst viele Daten über die Hauptwettbewerber zu beschaffen. Dabei gibt es zahlreiche Informationsquellen, die in einer Checkliste dargestellt sind. Der Aufbau einer Wettbewerberdatenbank sollte in Betracht gezogen werden.
6. Anhand einer Kundenbefragung kann ermittelt werden, welche Erfolgsfaktoren (Nutzen, Kosten, Zeit und Sicherheit) der Markt als bedeutend einschätzt. Das Unternehmen sollte sich danach ausrichten.

Internes Umfeld

7. Bei der Analyse des internen Umfeldes werden die bisherigen Strategien und Konzepte sowie alle Funktionen und Bereiche des Unternehmens beleuchtet. Dabei bieten sich Checklisten mit Fragen an. Die Erhebung im Unternehmen kann in Kurzworkshops oder mittels Interviews erfolgen.
8. Nach Abschluss der Analyse des externen und internen Umfeldes werden die Aufzeichnungen, Checklisten, etc. ausgewertet und beurteilt. Zur übersichtlichen Darstellung bietet sich die SWOT-Matrix an. Der Vergleich mit dem Hauptwettbewerber zeigt Chancen und Schwachpunkte auf, für die Handlungsfelder definiert werden können.
9. Die Einbindung eines neutralen, externen Beraters bei der Situationsanalyse und Bewertung kann zusätzliche Erkenntnisse und Ideen für Verbesserungen bringen.

3 Strategieentwicklung

Langfristige strategische Planung

Die Informationen und Daten aus dem externen und internen Umfeld sowie die Erkenntnisse aus der Stärken- und Schwächenanalyse (SWOT) bilden die Basis für die Entwicklung von Zielen und Strategien (Abb. 22). Die strategische Planung soll nicht nur mit einem Jahreshorizont erfolgen, sondern sie soll auch langfristig angelegt sein. Unter langfristig sind fünf bis zehn Jahre zu verstehen. Eine Planung über diese Zeiträume ist jedoch nicht einfach. Wer vermag heute schon mit hoher Sicherheit zu sagen, wo in zehn Jahren der Benzinpreis oder das Zinsniveau in der europäischen Gemeinschaft stehen werden. Um eine gewisse Planungssicherheit zu erlangen, stellt man für die langfristige Planung **Szenarien** auf.

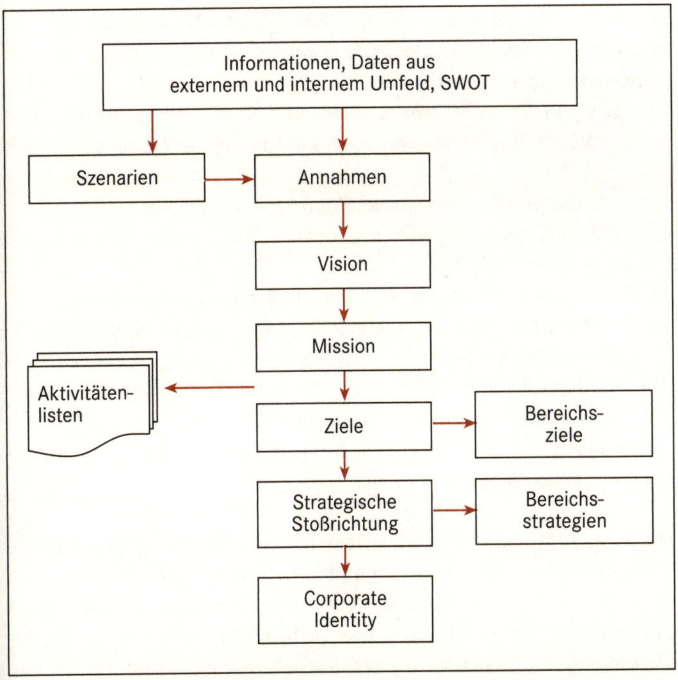

Abb. 22: Die Strategieentwicklung

Szenarien entwickeln

Aus den Erkenntnissen der Umfeldanalyse und den Szenarien werden Annahmen und Hypothesen für den Jahres- und Langfrist-Horizont aufgestellt und schriftlich festgehalten. Auf der Grundlage dieser Annahmen und Hypothesen werden Vision, Mission, Zielsetzungen und Strategien festgelegt. Die Annahmen und Hypothesen sind für das strategische Controlling von Bedeutung. Es ist, wenn sie aufgezeichnet sind, jederzeit nachvollziehbar, warum bestimmte Ziele anvisiert oder Strategien gewählt wurden. Störungen im Umfeld können durch nicht mehr zutreffende Annahmen schneller erkannt und angegangen werden. Annahmen sollten mit realistischem Blick und nicht durch die rosarote Brille getroffen werden. Zweckoptimismus kann in die Katastrophe für das Unternehmen führen. Die folgenden Beispiele zeigen verschiedene Annahmen:

Annahmen treffen

Beispiele:
Annahmen für die strategische Planung - kurzfristig

1. *Es tritt kein weiterer Wettbewerber für Produkt A auf.*
2. *Die Zulassung für Produkt C erfolgt in spätestens sechs Monaten.*
3. *Der Gesamtmarkt wächst um 2,5 %.*

Zwei Monate nach der strategischen Planungsrunde ist aus der Tagespresse zu erfahren, dass ein namhafter ausländischer Hersteller ein Konkurrenzprodukt zu Produkt A mit einer groß angelegten Werbekampagne auf den Markt bringt.
Annahme 1 trifft nicht mehr zu. Die strategische Planung und der Marketing-Mix für Produkt A müssen umgehend angepasst werden.

Annahmen für die strategische Planung - langfristig

1. *Die Rohölpreise steigen in den nächsten fünf Jahren nicht mehr als 3 % pro Jahr.*
2. *Das Mutterunternehmen bleibt in den nächsten Jahren eigenständig.*
3. *Der Markt für das Medikament B wächst in den nächsten fünf Jahren weiter um je 6 %.*

Der Rohölpreis hat sich bereits im ersten Jahr verdoppelt. Das Ende der Preisspirale ist nicht abzusehen. Die erste Annahme ist somit nicht mehr zutreffend. Die Auswirkungen sind zu ermitteln. Die strategische Planung muss angepasst werden.

Vision, Mission, Strategie festlegen

Die Vision ist wie ein langfristiges **übergeordnetes Ziel** zu sehen. Nach ihr sollen sich Strategien und Konzepte ausrichten (siehe auch Abb. 2). Die Mission, der Zweck des Unternehmen wird definiert und dokumentiert. Von besonderer Bedeutung ist die Festlegung der Ziele des Unternehmens. Die strategische Stoßrichtung soll zeigen, mit welchen grundsätzlichen Vorgehensweisen das Unternehmen die gesteckten Ziele umsetzen will. Die strategische Stoßrichtung und die Ziele des Unternehmens bilden die Grundlage für die Planungen in den verschiedenen Unternehmensbereichen (Abb. 23).

Aktivitätenliste

Alle in der Strategieentwicklung definierten Maßnahmen werden in **Aktivitätenlisten** eingetragen (Abb. 19).

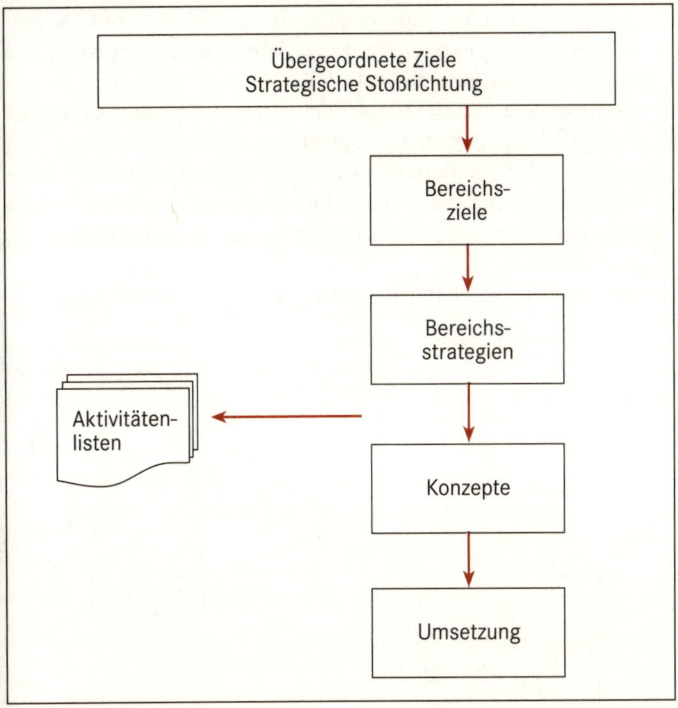

Abb. 23: Die Umsetzung der Strategien und Ziele in den Unternehmensbereichen

3.1 Szenarien

Für eine Planungsperiode von einem Jahr lassen sich Umfeldfaktoren, wie Inflationsrate in Deutschland oder Wechselkurs des US-Dollars, noch mit relativ hoher Sicherheit bestimmen. Wie diese Faktoren in einigen Jahren ausgeprägt sind, kann nicht ohne Weiteres vorhergesagt werden. Je weiter die Vorhersage zeitlich entfernt ist, desto schwieriger ist es, zuverlässige Aussagen zu treffen (Abb. 24).

Fünf Phasen der Szenario-Technik

Mit Hilfe der Szenario-Technik (Abb. 25) können Zukunftsprognosen sicherer gemacht werden. Die Vorgehensweise erfolgt in fünf Phasen:

Von der Vorbereitung zur strategischen Planung

1. In der Vorbereitungphase ist zunächst festzulegen, wofür genau Szenarien gebildet werden sollen (z.B. der Markt für Geländefahrzeuge in der europäischen Gemeinschaft in fünf Jahren ist abzuschätzen).
2. Bei der Szenariofeld-Analyse wird erarbeitet, welche so genannten Schlüsselfaktoren die zukünftige Entwicklung des betrachteten Bereiches beinflussen. Diese Schlüsselfaktoren werden in eine Matrix eingetragen (Abb. 26).
3. Für jeden Schlüsselfaktor werden nun mehrere alternative Entwicklungsmöglichkeiten prognostiziert und dokumentiert.
4. Aus der gefüllten Matrix werden verschiedene, mögliche Szenarien gebildet und beschrieben. Die einzelnen Szenarien können noch mit einer geschätzten **Eintrittswahrscheinlichkeit** versehen werden.
5. Die Szenarien werden in die strategische Planung transferiert.

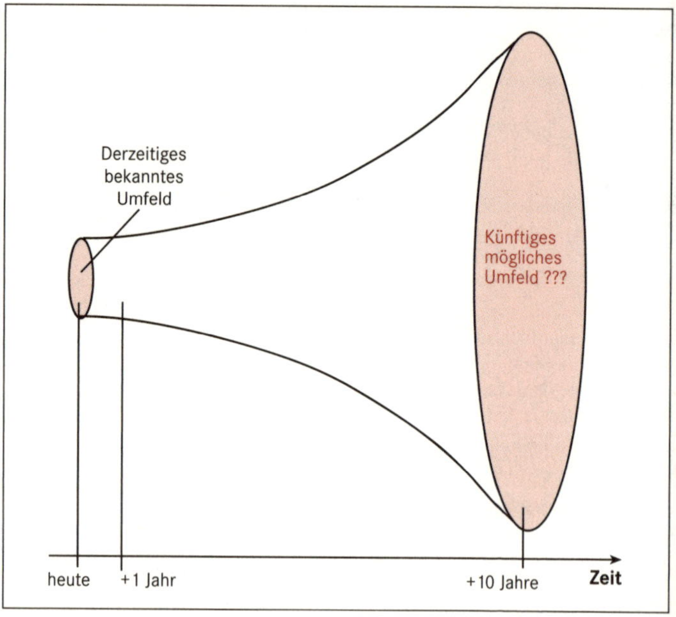

Abb. 24: Der Szenario-Trichter

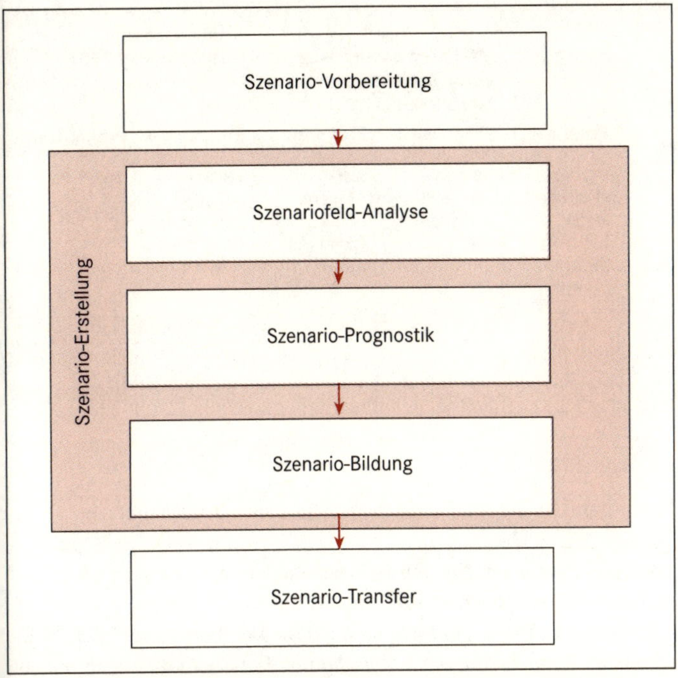

Abb. 25: Die Phasen der Szenario-Technik (Quelle: *Gausemeier/Fink/ Schlake*, Szenario-Management, München 1996, S. 17)

Für die Aufstellung von Szenarien bieten sich Workshops mit Einsatz von Kreativitätstechniken (vgl. Kap. 7.1) an.

Tipp

Szenarioentwicklung		Nr.	5		Strategischer Geschäftsplan 2007	
		Bereich	Markt für Geländewagen europäische Gemeinschaft Jahr 2012			
Nr.	Schlüsselfaktor	Prognose 1	Prognose 2	Prognose 3	Prognose 4	Prognosen
1	Treibstoffpreis (Preis im Jahr 2007 plus x %)	Ölpreis stabilisiert, keine höheren Steuern	moderate höhere Steuern und Ölpreis + 20 %	starke Steuererhöhung und Rohölpreis + + 80 %	Steuererhöhung, Explosion, Rohölpreis + 300 %	usw.
2	Einkommensentwicklung					
3	Zinssatz					
4	Umweltauflagen wie CO_2 Ausstoß, Feinstaub					
5						
6						

Abb. 26: Szenario-Matrix

Im folgenden Beispiel sind zwei Szenarien beschrieben:

Beispiel Szenarien für den Geländewagenmarkt in der europäischen Gemeinschaft im Jahr 2012:
Szenario A (Wahrscheinlichkeit 50 %): *Der Markt entwickelt sich, mit einer Zuwachsrate von 3 % pro Jahr im Durchschnitt, weiter und erreicht im Jahr 2012 ca. 450.000 Einheiten. Die Kraftstoffpreise steigen moderat. Die Kaufkraft entwickelt sich positiv und die Zinsen bleiben konstant.*
Szenario B (Wahrscheinlichkeit 20 %): *Der Markt schrumpft ab 2008 um jährlich 2 % im Durchschnitt und erreicht im Jahr 2012 ca. 400.000 Einheiten. Die Kraftstoffpreise steigen wegen der hohen Nachfrage nach Öl kräftig weiter. Wegen Umweltauflagen (CO_2-Ausstoß) steigt der Preis der Geländewagen und die Nachfrage wird geringer.*

3.2 Vision

Vision schriftlich festlegen

Der ehemalige Vorstandsvorsitzende der deutschen Bank, Alfred Herrhausen, sagte in einem Vortrag einmal: »Jede Strategie beginnt mit einer Vision«. Ein Unternehmen und seine Mitarbeiter brauchen ein langfristiges, richtungsweisendes Ziel, eine Vision, auf die sie hinarbeiten können (siehe auch Abb. 2). Sie soll einerseits herausfordernd und motivierend sein, aber auch realistisch und machbar. Sie soll schriftlich fixiert werden und muss den Mitarbeitern mitgeteilt werden. In manchen Unternehmen ist die Vision für jeden zugänglich auf Plakaten, auf Druckschriften oder im Internet/Intranet zu lesen. Die Vision kann auf verschiedene Weise dargestellt werden. Das folgende Beispiel zeigt die Vision eines Werkzeugherstellers in Form eines Statements. In Abb. 27 ist die Vision eines Anbieters von Freizeitartikeln schriftlich fixiert und graphisch visualisiert.

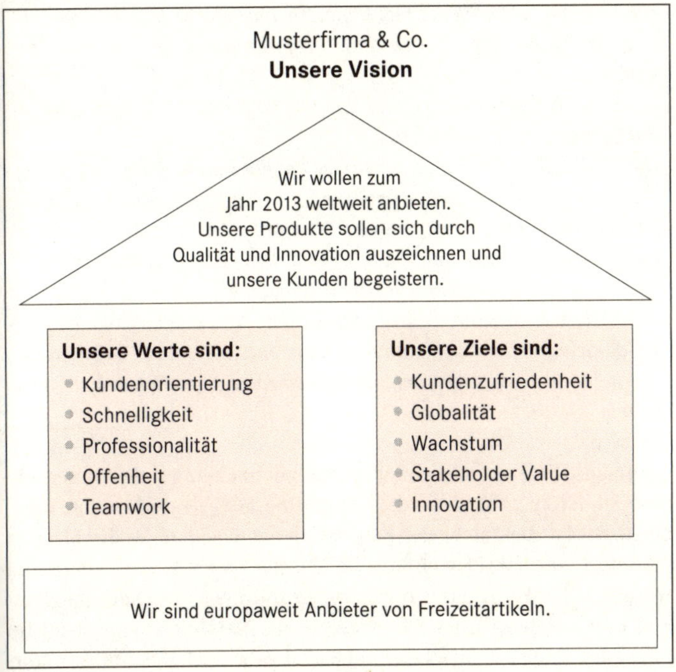

Abb. 27: Vision eines Anbieters von Freizeitartikeln

Beispiel Vision eines Werkzeugherstellers:
Wir sind weltweit Anbieter von Spezialwerkzeugen für die Hersteller, Betreiber und Wartungsbetriebe von Flugzeugen. Wir wollen in fünf Jahren mit diesen Produkten weltweit der Technologie- und Marktführer sein.

3.3 Mission

Mission Statement erstellen

In der Unternehmensmission, auch als **Mission Statement** bezeichnet, werden der Zweck und die Betätigungsfelder des Unternehmens beschrieben. Das Mission Statement wird schriftlich abgefasst und wird Teil des Strategiepapiers. Damit ist der Rahmen vorgegeben, in dem sich das Unternehmen betätigen soll. Im folgenden Beispiel ist ein typisches Mission Statement aufgezeigt. In diesem Fall ist die

Mission mit dem Mutterunternehmen abgesprochen. Die Mission dient hier auch als Handlungsrahmen, dessen Einhaltung bei der jährlichen Revision überprüft wird.

Beispiel Mission Statement des deutschen Tochterunternehmens eines ausländischen Werkzeugherstellers:

Die XY-GmbH vertreibt als Tochterunternehmen eines Muster-Konzerns in ganz Deutschland die gesamte Produktpalette des Mutterunternehmens.

Die XY-GmbH ist in Deutschland Händler der Firma ABC AG für die Produktgruppe Druckluft-Bohrer.

Die XY-GmbH ist Service Center für die Länder Deutschland, Österreich, Niederlande, Belgien und Luxemburg.

Die XY-GmbH entwickelt, produziert und vertreibt weltweit Sondermaschinen, in denen die Produkte der Mutterfirma eingebaut werden, bis zu einem Stückpreis von maximal 100.000 €.

Die XY-GmbH wird stets darauf hinwirken, dass alle Kunden mit den Produkten und Serviceleistungen immer zufrieden sind. Dabei ist die XY-GmbH immer bestrebt, dem Kunden einen größtmöglichen Nutzen zu bieten.

Mission im Geschäftsverlauf überwachen

Kommen Anfragen oder Geschäftsmöglichkeiten auf das Unternehmen zu, ist zu prüfen, ob dies durch die festgelegte Mission abgedeckt ist. Ist dies nicht der Fall, ist zu entscheiden, ob die Mission erweitert werden oder ob auf die Geschäftsmöglichkeit verzichtet werden soll. Wenn das Unternehmen die neue Geschäftsmöglichkeit aufgreifen will, ist die strategische Planung anzupassen. Im folgenden Beispiel wäre bei Angebotsabgabe auch das Mutterunternehmen in den Prozess der Entscheidungsfindung einzubinden.

Beispiel:

Eine Firma fragt drei Sondermaschinen mit einem geschätzten Stückpreis von je 270.000 € an.

Die XY-GmbH entscheidet eigenständig, von einem Angebot Abstand zu nehmen. Man würde hier völliges Neuland betreten. Das Geschäftsrisiko wäre unangemessen hoch.

3.4 Zielesystem

Ziele finden und vereinbaren

Die Festlegung der Unternehmensziele ist von ganz besonderer Wichtigkeit. Die Ziele geben die Richtung vor, in die sich das Unternehmen bewegen soll. Sie sind die Basis für die weitere strategische Planung. Bei der Zielfindung sind die bisherigen Erkenntnisse aus der Umfeldanalyse, die Mission und vor allen Dingen die Vision einzubeziehen.

Ziele können kurzfristig, mittelfristig oder langfristig ausgelegt und von qualitativem oder quantitativem Charakter sein. Ziele sollten herausfordernd aber realistisch und machbar sein. Ziele müssen in jedem Fall klar beschrieben messbar sein und einen zeitlichen Rahmen haben (Zeitraum oder Zeitpunkt). Ziele sollen nicht diktiert, sondern mit den beteiligten Führungskräften und Mitarbeitern abgesprochen und vereinbart werden.

Beispiele:

Qualitative Ziele im Rahmen der strategischen Planung

- *Bis 31.12.2007 soll die Abteilung ABC die Einführung der neuen Betriebssoftware in der XY-GmbH erfolgreich abgeschlossen haben.*
- *Bis 31.07.2007 soll die Abteilung Personalwesen ein Konzept zur Personalentwicklung erstellen.*
- *Bis Ende 2007 soll die XY-GmbH nach DIN EN ISO 9001 zertifiziert sein.*

Quantitative Ziele im Rahmen der strategischen Planung

- *Die Umsatzrendite soll im Geschäftsjahr 2007 mindestens 11 % betragen.*
- *Bis zum Ende der Planungsperiode soll der Deckungsbeitrag für alle Produktgruppen auf mindestens 40 % angehoben werden.*
- *Bis 30.06.2007 soll der Marktanteil von Produktgruppe B von 7,5 % auf 8,0 % gesteigert werden.*

Unzureichende Ziele

- *Die Kapitalrendite soll baldmöglichst auf 12 % angehoben werden: Baldmöglichst ist kein klar definierter Zeitraum.*
- *Der Marktanteil von Produktgruppe A soll bis Ende 2007 gesteigert werden: Das Ziel ist nicht klar und nicht messbar.*
- *Bis 30.06.2007 soll der Marktanteil von Produktgruppe B von 7,5 % auf 35 % gesteigert werden: Die Vorgabe von 35 % ist völlig unrealistisch. Solche Zielsetzungen können demotivieren.*

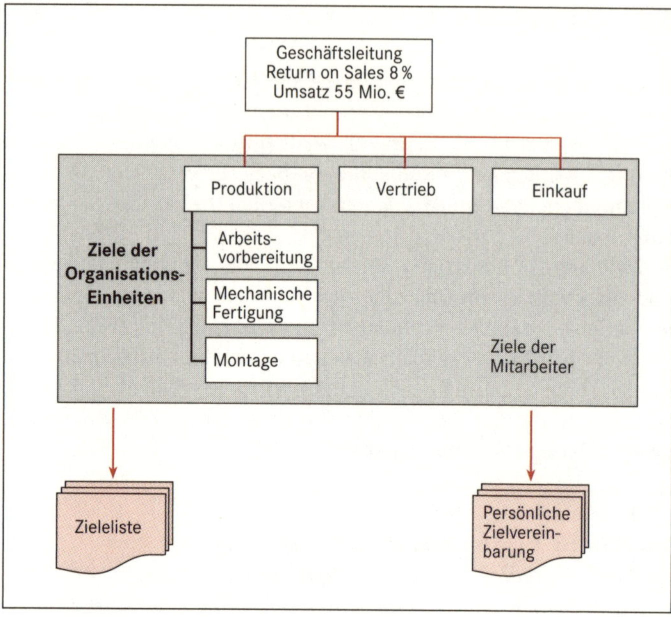

Abb. 28: Das Zielesystem

Ziele unterteilen und in Listen eintragen

Es reicht nicht aus, wenn sich ein Unternehmen ein Renditeziel setzt und es dabei belässt. Zielsetzungen für das Unternehmen sind in **Unterziele** für alle Organisationseinheiten und auch in persönliche Ziele für Führungskräfte und Mitarbeiter zu unterteilen (Abb. 28). Die Zielsetzungen für die Organisationseinheiten werden in **Zielelisten** (Abb. 29), die persönlichen Ziele in so genannte Zielvereinbarungen (siehe Kap. 5) aufgenommen.

An erster Stelle stehen bei einem Unternehmen in der Regel ein Umsatz- und Renditeziel sowie einige qualitative Ziele. Soll der Umsatz in der Planungsperiode von 50 auf 55 Mio. € gesteigert werden, ist anzugeben, welche Produktlinien dazu den entsprechenden Anteil zu leisten haben. Setzt sich die Geschäftsleitung das Ziel, den Return on Sales (Umsatzrendite) von 6 % auf 8 % im Planungszeitraum zu erhöhen, gibt es zahlreiche Möglichkeiten, dieses Ziel zu erreichen. So sind z. B. die Herstellkosten für eine bestimmte Produktgruppe zu senken, es können die Preise angehoben, die Bestände reduziert oder die Personalkosten im Einkauf durch Rationalisierung halbiert werden. In der Gesamtsumme muss sich durch die Erreichung aller Unterziele die Umsatzrendite auf die geplanten 8 % erhöhen lassen.

Zieleliste		
Unternehmensziele 2007:	Umsatz von 50 auf 55 Mio. € (+ 5 Mio. €) Umsatzrendite von 6 % auf 8 % (ROS +2 %)	
Bereich, Unterziel	**Beitrag Umsatz + 5 Mio. €**	**Beitrag Return on Sales (ROS) +2 %**
Vertrieb:		
Umsatz Produktgruppe A um 4 % steigern	1,2	
Preiserhöhung im Schnitt 2 % (Beitrag bereinigt um Preiserhöhungen auf der Beschaffungsseite)		0,25
Produktion:		
Herstellkosten über alle Produktgruppen um 3 % im Schnitt senken		0,35
usw.		
Summe	5,1	2,05

Abb. 29: Zieleliste

3.5 Strategische Stoßrichtung

Strategische Stoßrichtung aufzeigen

Nach Festlegung der Unternehmensziele sind Überlegungen anzustellen, mit welchen Strategien oder generellen Vorgehensweisen diese erreicht werden können. Zunächst ist noch einmal anhand der Liste der Erfolgsfaktoren aus Kundensicht, die in Kap. 2.1.6 erarbeitet wurde, zu betrachten und zu prüfen, wie das Unternehmen diesbezüglich abschneidet. Ist es dominierend oder schwach in einem Bereich, den die Kunden für sehr wichtig halten? Hat sich das Unternehmen auf einen Erfolgsfaktor fokussiert, den die Kunden für weniger wichtig halten? Wo steht der Hauptwettbewerber, ist er bedeutend besser oder schlechter als das eigene Unternehmen? Auf welchen Erfolgsfaktor soll sich das Unternehmen künftig fokussieren, soll es hervorragend, besser als der Wettbewerber sein und Profil zeigen? Vielleicht gelingt es sogar, in zwei Erfolgsfaktoren besser zu sein als der Wettbewerber, aber das ist eher die Ausnahme. Ein Unternehmen, das auf Kundennutzen (Qualität, Produkteigenschaften, Beratung, etc.) setzt und dessen Kunden dies besonders schätzen, muss nicht auch noch billiger sein als alle Wettbewerber.

Fokus festlegen

Den Fokusbereich, z. B. den Erfolgsfaktor Nutzen, nennt man strategische Erfolgsposition. Die dazugehörigen Teilbereiche, z. B. Innovationen oder Qualität, nennt man Erfolgsparameter (Abb. 30).

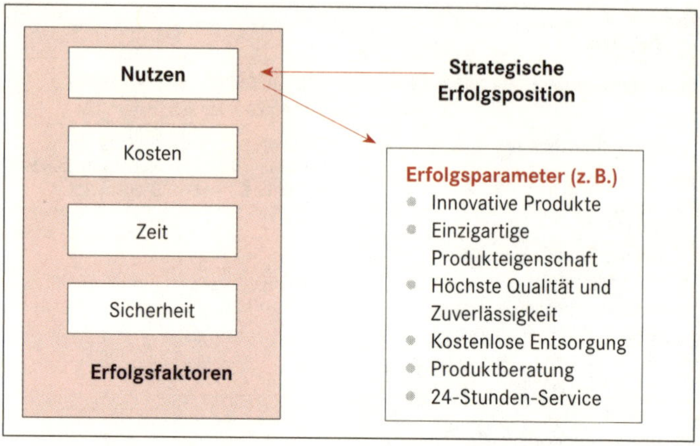

Abb. 30: Strategische Erfolgsposition und Erfolgsparameter

Für die weitere strategische Stoßrichtung des Unternehmens bieten sich verschiedene Modelle an. Drei Modelle, die sich in einzelnen Bereichen etwas überschneiden, werden hier aufgezeigt, das **Wachstums**-, das **Kooperations**- und das **Produkt-Markt-Modell**.

Hauptrichtung festlegen

Im Wachstums-Modell sind drei Hauptrichtungen möglich:

1. **Expandieren:** Das Unternehmen soll wachsen. Dies ist auf verschiedene Weise möglich. Neue Produkte werden entwickelt und vermarktet. Eine Marketing-Offensive verschafft größere Marktanteile oder die Märkte werden geographisch ausgeweitet. Diese Varianten des Wachstums, die zeitlich nicht so schnell zu bewältigen sind, bezeichnet man als internes Wachstum. Durch so genanntes externes Wachstum, z.B. den Kauf eines anderen Unternehmens, lässt sich Wachstum sehr schnell bewerkstelligen. Bei Expansionsstrategien treten Rentabilitätsziele etwas in den Hintergrund. Man will zunächst wachsen, die Rendite steht später auf der Tagesordung.
2. **Konsolidieren:** Nach erfolgtem Wachstum wird eine Konsolidierungsphase beschritten. Dabei sind z.B. die neuen Märkte abzusichern oder die gekaufte Firma zu integrieren. Außerdem steht nun die Rendite des Unternehmens wieder im Vordergrund.
3. **Kontrahieren:** Ist das Ende der Lebensdauer einer Produktlinie abzusehen und man will in eine bestimmte Technologie nicht weiter investieren, kann der schnelle Ausstieg aus der Produktlinie erforderlich sein. Kann oder soll die freie Kapazität nicht anderweitig eingesetzt werden, muss das Unternehmen verkleinert und im Rahmen einer Neustrukturierung den neuen Gegebenheiten angepasst werden. Auch der Verkauf eines Unternehmensbereiches z.B. an Mitarbeiter (Management-Buy-out) kann eine Kontraktionsalternative sein.

Möglichkeit von Partnerschaften prüfen

Ein Unternehmen kann sich dazu entschließen, völlig unabhängig zu bleiben oder - in welcher Form auch immer - Partnerschaften einzugehen. Solche Partnerschaften werden auch als strategische Allianzen bezeichnet. Die Euphorie bezüglich strategischer Allianzen Anfang der 90er-Jahre war sehr groß. Mittlerweile, nach zahlreichen Fehlschlägen, ist Ernüchterung eingetreten. Ein Wettbewerber bleibt ein Wettbewerber, auch wenn man mit ihm eine Partnerschaft eingeht. Allianzen mit sich ergänzenden Unternehmen funktionieren in der Regel besser. Wichtig ist vor allen Dingen die sorgfältige Partnerwahl und eine klare Basis in Form einer schriftlichen Vereinbarung oder eines Vertrages und ein gemeinsam getragenes und gelebtes Verständnis. Die Motivation, eine Partnerschaft einzugehen, kann sehr unterschiedlich sein: Etwa weil ein Unternehmen die Kosten für die Entwicklung eines Produktes nicht allein tragen kann oder, um sich die Aufgaben im Markt aufzuteilen. So könnte in der Logistikbranche z.B. das eine Unternehmen die Streckenlogistik und das Partnerunternehmen die Feinverteilung übernehmen. Dabei können **Synergieeffekte** genutzt und Kosten eingespart werden. Das Kooperationsmodell beschreibt drei grundsätzliche Alternativen:

Synergieeffekte durch Kooperation

1. **Kooperation:** Diese Variante basiert auf einer Kooperationsvereinbarung oder einem Kooperationsvertrag. Die Partnerschaft kann mit einem oder mehreren Unternehmen erfolgen.
2. **Partizipation:** Hier beteiligt sich das eine Unternehmen an dem anderen oder es erfolgt eine gegenseitige Beteiligung, um die Partnerschaft zu stärken und abzusichern.
3. **Virtuelles Unternehmen:** Derartige Unternehmens- oder Partnerschaftsformen gibt es seit Mitte der 90er-Jahre. Hierbei schließen sich mehrere Firmen zusammen, um gemeinsam im Markt aufzutreten (Abb. 31). Diese Entwicklung wird durch die Internet-Technologie gefördert. Auch hier ist eine Rechtsgrundlage in Form eines Vertrages dringend zu empfehlen.

Virtuelles Unternehmen

Beispiel Virtuelles Unternehmen in der Baubranche:
Vierzig regionale und überregional tätige Handwerksbetriebe schließen sich zu einem virtuellen Unternehmen mit dem Namen »Erste BVU« zusammen. Ein Koordinationsbüro wird in Fulda eingerichtet. Es hat die Aufgabe, in der gesamten Bundesrepublik Hochbauaufträge zu akquirieren, die Aufträge an Partnerunternehmen weiterzugeben, zu fakturieren und gemeinsam mit dem Bauherren oder Architekten die Bauüberwachung durchzuführen. Das Koordinationsbüro finanziert sich aus einer Umsatzbeteiligung. Das virtuelle Unternehmen ist offen für weitere Partner.

Marktstrategie beschreiben

Mit dem Produkt-Markt-Modell lassen sich Marktstrategien beschreiben. Es gibt hierbei vier Möglichkeiten:

1. **Marktpenetration:** Die derzeitigen Märkte werden mit dem vorhandenen Produktportfolio und einem verbesserten **Marketing-Mix** stärker durchdrungen. Es soll erreicht werden, die eigenen Marktanteile in den derzeitigen Märkten zu steigern. Dies ist in der Regel die preisgünstigste Möglichkeit des Wachstums.
2. **Produktentwicklung:** In den derzeitigen Marktsegmenten oder in den geographischen Märkten werden neue Produkte eingeführt. Dieser Weg ist grundsätzlich zu beschreiten, denn ein Unternehmen, das keine Innovationen mehr hervorbringt, wird früher oder später vom Markt verschwinden. Es kann sein, dass im Hinblick auf das geplante Unternehmenswachstum sogar eine Innovationsoffensive erforderlich ist.
3. **Marktentwicklung:** Mit den vorhandenen Produktlinien werden neue Märkte erschlossen. Dies können neue Benutzergruppen oder geographische Bereiche sein. Die Marktentwicklung kann sehr teuer sein.

Diversifikation ist riskant

4. **Diversifikation:** In neuen Märkten sollen neue Produkte verkauft werden. Mitte bis Ende der 70er-Jahre, als die Unternehmen ihre Waren noch »verteilten« und nicht »verkaufen« mussten (Verkäufermarkt), gab es eine Welle von Diversifikationen. Die Firmenkassen waren gefüllt und man wollte sich weitere Standbeine aufbauen. Firmen, die Bauteile für die Automobilindustrie herstellten, boten plötzlich auch Messgeräte für die Atomindustrie an. In vielen Fällen gingen aber die Diversifikationen daneben. Einige Firmen hat das die Existenz gekostet. Ende der 90er-Jahre war dann wieder die »Konzentration auf das Kerngeschäft« angesagt und viele Firmen haben ihre Diversifikationstöchter wieder abgestoßen. Diversifikation muss nicht ausgeschlossen werden, aber sie ist in der Regel teuer und riskant.

Die grau unterlegten Flächen in Abb. 32 zeigen als Beispiel die Stoßrichtung des Unternehmens. Der Markt soll z.B. mit einem überarbeiteten Marketing-Mix besser durchdrungen und es sollen neue Produkte entwickelt und angeboten werden.

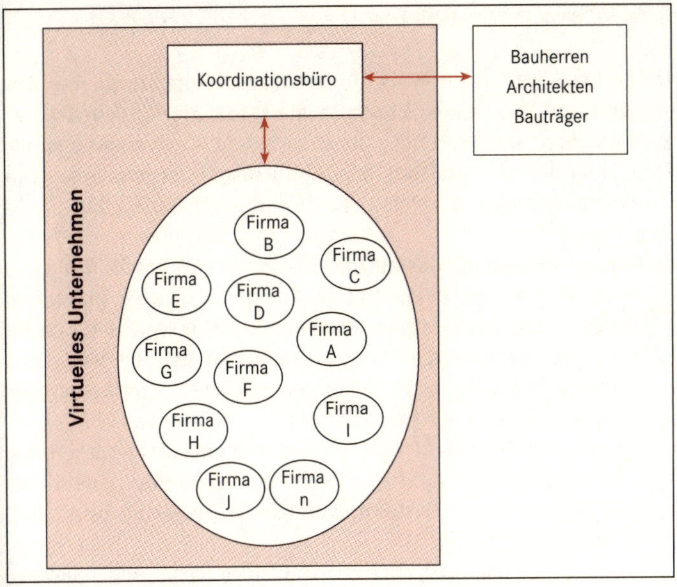

Abb. 31: Virtuelles Unternehmen

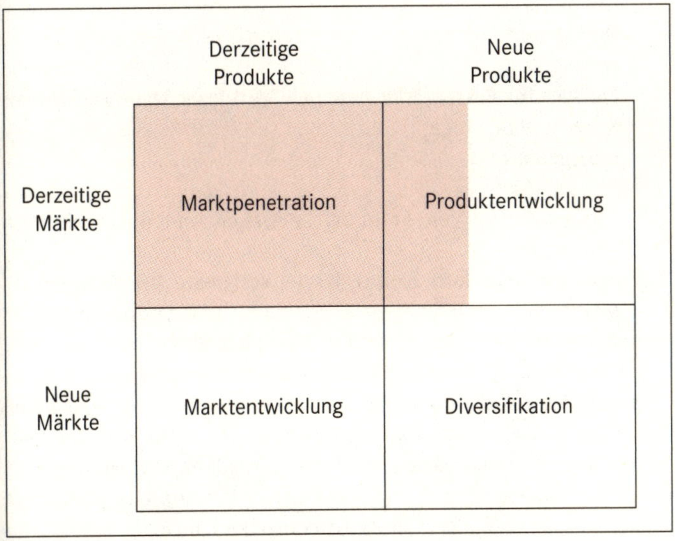

Abb. 32: Das Produkt-Markt-Modell

3.6 Corporate Identity

Corporate Identity

Unter Corporate Identity ist nicht nur die Gestaltung des Erscheinungsbildes eines Unternehmens für die Außenwirkung zu verstehen, sondern auch die Ausprägung von Verhaltensmustern, also der Stil und das Wertebild des Unternehmens. Man unterscheidet drei Bereiche der Unternehmensidentität (siehe Abb. 33):

Corporate Design einheitlich gestalten

1. **Corporate Design**, Gestaltung: Dieser Bereich steckt das visuelle Erscheinungsbild des Unternehmens nach außen und innen ab. Das Unternehmen soll als Einheit positiv von der Umwelt wahrgenommen werden, denn es macht keinen überzeugenden Eindruck, wenn Firmenlogos in verschiedenen Variationen verwendet werden, jeder Prospekt anders aussieht und jede Abteilung die Briefe anders formatiert. Um hier eine einheitliche Linie zu erzeugen, haben zahlreiche Firmen so genannte Handbücher oder Richtlinien der Gestaltung erstellt die Folgendes beinhalten können:
   - genaue Vorlagen für das Firmenlogo in Farbe und schwarz/weiß und in verschiedenen Größen,
   - zu verwendende Schriftarten,
   - Geschäftspapiere,
   - Prospekte,
   - Anzeigen,
   - Formate für Präsentationsmappen, Aufkleber, Overhead-Folien, Schrifttafeln, etc.,
   - Internetauftritt,
   - Messeauftritt,
   - Ausgestaltung von Empfangsbereichen und Besprechungszimmern.

Leitlinien sind vorzuleben

2. **Corporate Behaviour**, Kultur, Werte, Verhalten, Stil: Darunter ist das Verhalten der Führungskräfte und Mitarbeiter untereinander und nach außen, gegenüber Kunden, Lieferanten, Partnern, etc. zu verstehen. Oft werden die angestrebten Verhaltensweisen in so genannten **Leitlinien** niedergeschrieben. Anfang der 90er-Jahre war dies große Mode. Die schönsten Leitlinien in Hochglanzpapier nützen jedoch nichts, wenn deren Inhalt nicht aktiv vorgelebt wird. Wenn ein offener und kooperativer Führungsstil propagiert wird, darf es nicht sein, dass sich einzelne Führungskräfte ihren Mitarbeitern gegenüber wie Patriarchen verhalten. Die Leitlinien sollten deshalb nur das beinhalten, was das Unternehmen und seine Mitarbeiter auch wirklich einhalten können und wollen. Im Bereich Corporate Behaviour unterscheidet man weiter nach:

- instrumentalem Verhalten wie Führungsstil, Geschäftsethik, Preispolitik,
- Personenverhalten wie Umgangston und -stil, Kleiderordnung auf Messen,
- Medienverhalten wie Stil der Öffentlichkeitsarbeit, Umgang mit Medienvertretern, Werbestil.

3. **Corporate Communication**, Kommunikation: In diesem Bereich werden interne und externe Kommunikationsaktivitäten beschrieben wie:
   - Empfehlungen zur Regelkommunikation im Unternehmen,
   - Mitarbeiterzeitschrift,
   - Kundenzeitschriften,
   - Öffentlichkeitsarbeit wie Presseveröffentlichungen, Fachartikel.

Regelkommunikation empfehlen

Tipp

> Die Akzeptanz von Visionen, Zielen und Strategien im Unternehmen lässt sich durch die Einbeziehung und Information der Mitarbeiter deutlich steigern.

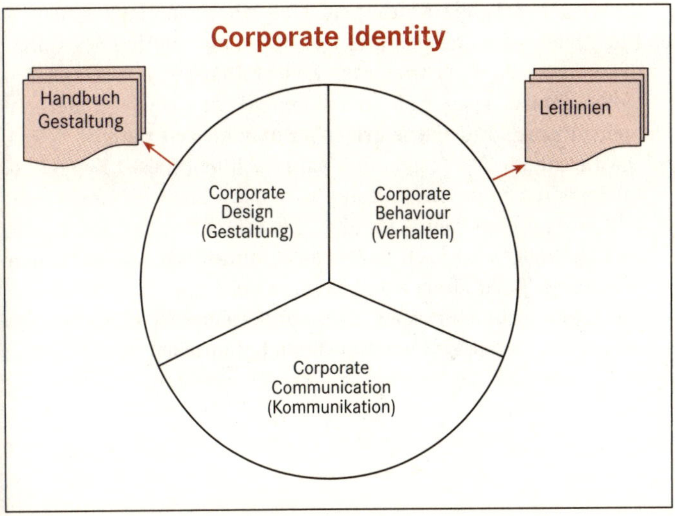

Abb. 33: Die Unternehmensidentität, Corporate Identity

3.7 Zusammenfassung

Strategie

1. Die Strategie, die Ausrichtung des Unternehmens, wird auf der Grundlage der Ergebnisse der Situationsanalyse entwickelt. Dabei sollten die strategischen Planungen nicht nur für ein Geschäftsjahr, sondern langfristig angelegt sein. Es sind verschiedene Annahmen und Hypothesen zu treffen, für die, wenn sie über den Jahreshorizont hinausgehen, so genannte Szenarien aufgestellt werden können.

Vision

2. Zunächst wird die Vision des Unternehmens aufgestellt. Sie ist das langfristige, richtungsweisende Ziel, auf das die Mitarbeiter des Unternehmens hinarbeiten. Die Vision sollte schriftlich festgelegt und den Mitarbeitern des Unternehmens mitgeteilt werden.

Mission

3. Die Mission, oder das Mission Statement des Unternehmens steckt den Handlungsrahmen des Unternehmens ab. Sie soll verhindern, dass sich das Unternehmen verzettelt.

Ziele

4. Die Festlegung der Ziele ist von besonderer Bedeutung. Ziele sollen klar beschrieben sein, herausfordern aber auch realistisch sein. Die Unternehmensziele sind kaskadenartig auf Abteilungs- und Gruppenebene sowie auf einzelne Mitarbeiter aufzuteilen.

Strategische Stoßrichtung

5. Die strategische Stoßrichtung legt die Hauptrichtung des Unternehmens, z. B. Wachstum oder Kooperation mit einem anderen Unternehmen, fest. In diesem Rahmen soll sich das Unternehmen auf eine strategische Erfolgsposition konzentrieren.

Corporate Identity

6. Die Definition der Corporate Identity schließt dieses Kapitel ab. Im Teilbereich Corporate Design wird das visuelle Erscheinungsbild des Unternehmens gestaltet. Das Verhalten der Mitarbeiter untereinander und nach außen wird unter Corporate Behaviour beleuchtet. Dazu können so genannte Leitlinien erstellt werden. Die internen und externen Kommunikationsaktivitäten werden im Bereich Corporate Communication beschrieben.

4 Organisation und Betrieb

Bereichsstrategie auf strategische Stoßrichtung und Vision ausrichten

Dieses Kapitel widmet sich dem Management des Betriebes. Zunächst ist zu überlegen, welche Strategie in diesem Bereich zu wählen ist. Die Strategie des Bereiches Organisation und Betrieb und die entsprechenden Konzepte sind auf jeden Fall auf die strategische Stoßrichtung und die Vision auszurichten (siehe hierzu Beispiel in Abb. 34). Hier, wie bei der gesamten Unternehmensplanung muss der rote Faden durchweg zu erkennen sein. Wenn sich das Unternehmen in seiner Vision beispielsweise in fünf Jahren als der Technologieführer sieht, sollte sich das auch in der Betriebsstrategie niederschlagen. Beispiele möglicher Bereichsstrategien sind:

- Modernisierung und Umstrukturierung der Produktion,
- Ausbau des Qualitätssicherungssystems auf das **EFQM-Modell** (European Federation for Quality Management),
- Einführung eines Kaizen- oder Six-Sigma-Programmes,

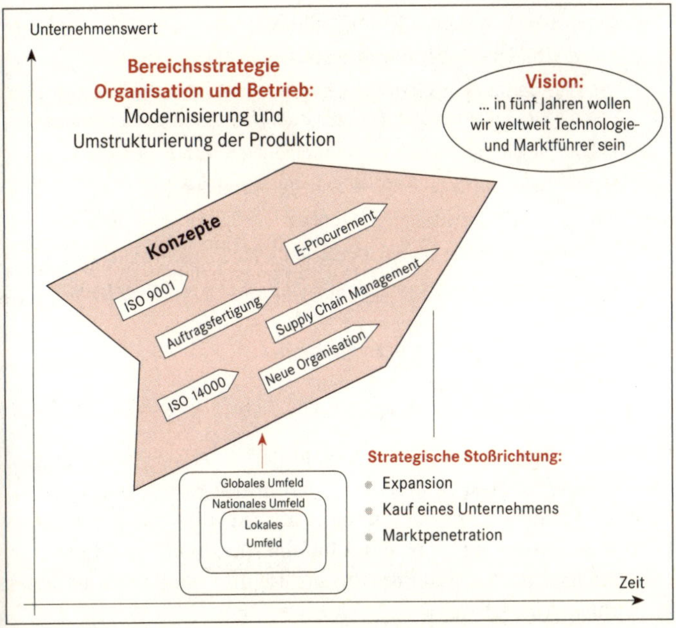

Abb. 34: Bereichsstrategie Organisation und Betrieb

- Einführung einer integrierten Betriebssoftware zu Steigerung der Effizienz,
- Reduzierung der Fertigungstiefe.

Für die Umsetzung der Bereichsstrategie werden entsprechende Konzepte erstellt und Aktivitäten festgelegt.

4.1 Aufbauorganisation

Struktur des Unternehmens

Die Aufbauorganisation gibt dem Unternehmen eine Struktur, die zur Erfüllung der vielfältigen Aufgaben erforderlich ist. Im Detail sind darunter folgende Elemente zu verstehen:
- Organigramm,
- AKV-Matrix (Aufgaben, Kompetenzen, Verantwortung),
- Stellenbeschreibung.

Die Betriebsgröße und -art bestimmen weitgehend die Form der Aufbauorganisation.

Checkliste

Bei der Entwicklung oder Neugestaltung der Organisation ist auf Folgendes zu achten:

- ✔ Organisation so einfach wie möglich gestalten!
- ✔ Auf vollständige Abdeckung der Struktur achten!
- ✔ Die Erfordernisse des Betriebes bestimmen die Struktur und die Organisation und nicht die Bedürfnisse einzelner Personen!
- ✔ Möglichst geringe Anzahl an Hierarchieebenen vorsehen!
- ✔ Möglichst wenig Organisationseinheiten vorsehen!
- ✔ Auf optimale Führungsspanne achten!
- ✔ Zuständigkeiten klar regeln, Doppelunterstellungen vermeiden!
- ✔ Kontinuität! Die Organisation nur ändern, wenn wichtiger Bedarf besteht!
- ✔ Organisation im Betrieb bekannt machen!
- ✔ Organisationsstrukturen beachten!

Führungsspanne möglichst hoch ansetzen

Die Führungsspanne, d.h. die Anzahl der untergeordneten Stellen oder Personen, ist auch abhängig vom praktizierten Führungsstil und der Qualifikation der Führungskräfte. Eine möglichst hohe **Führungsspanne** ist im Hinblick auf die Anzahl der benötigten Organisationseinheiten und Führungskräfte und somit die Kosten der Führung anzustreben.

Linienorganisation

Die einfache **Linienorganisation** (Abb. 35) hat sich trotz aller modernen Organisationsformen noch am besten bewährt und sie ist am weitesten verbreitet. Sie legt die Hierarchieordnung fest, wobei die Linien als Delegationswege zu verstehen sind. Sie zeigt die Kompetenzen und Verantwortungsbereiche klar auf und bietet eine gewisse Sicherheit bei Vorgesetzten und Mitarbeitern. Bei übertriebener Betonung der Hierarchiestufen und unflexibler Einhaltung von Dienstwegen kann diese Organisationsform jedoch in Bürokratisierung und Schwerfällkeit ausarten.

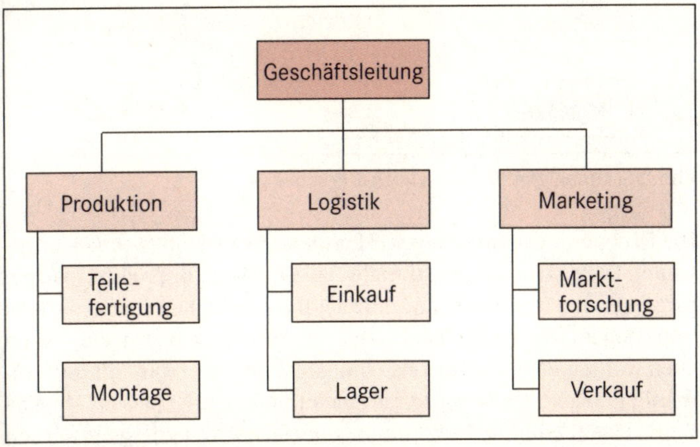

Abb. 35: Organigramm Linienorganisation

Organisation mit Stabstellen

Die **Stab-Linien-Organisation** wählt man, wenn zu den Organisationseinheiten der Linienorganisation noch Stabstellen oder Sonderfunktionen hinzu genommen werden sollen, die jedoch keine Weisungsbefugnis in der Linie ausüben (Abb. 36).

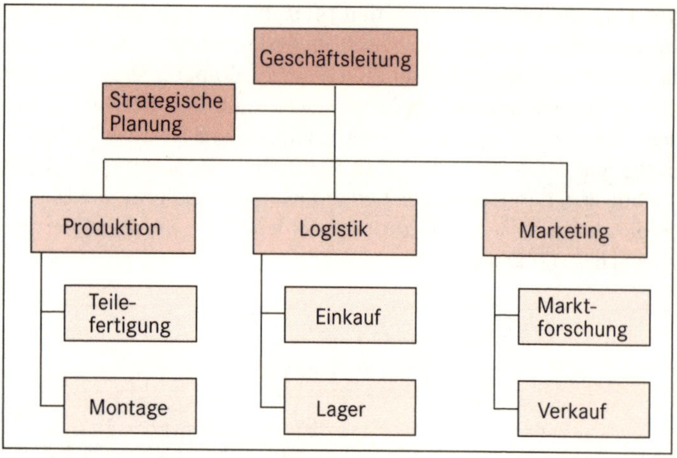

Abb. 36: Organigramm Stab-Linien-Organisation

Divisionalorganisation für größere Unternehmen

Die **Divisionalorganisation** wird oft bei großen Unternehmen angewandt. Divisionen, d.h. bestimmte Teilbereiche, z.B. Produktsparten, fungieren darin wie eigene Unternehmen. Lediglich übergeordnete Funktionen, wie die Personalwirtschaft, werden von zentralen Bereichen wahrgenommen. Die Gesamtorganisation ist zwar klar und eindeutig geregelt, sie ist jedoch oftmals unnötig aufgeblasen. Manche Funktionen, wie Einkauf, gibt es mehrfach und Synergien werden nicht genutzt (Abb. 37).

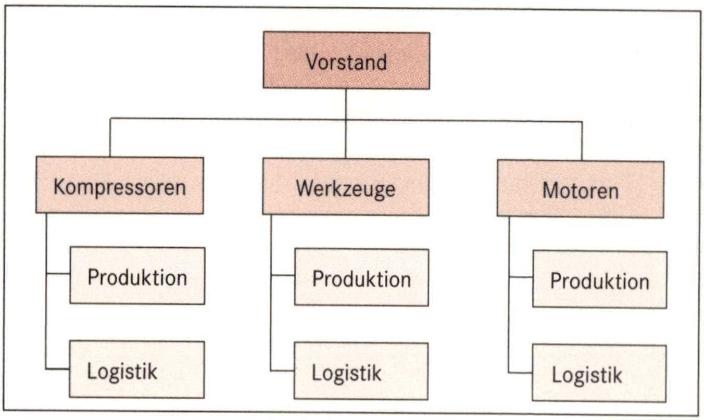

Abb. 37: Organigramm Divisionalorganisation

Die Matrixorganisation stärkt Teamfunktionen

Die **Matrixorganisation** ist eine ebenso weit verbreitete Organisationsform. Sie ist im Gegensatz zur Divisionalorganisation weniger aufwendig, da sie den mehrfachen Aufbau von Funktionen im Unternehmen unterbindet und Teamfunktionen stärkt. Allerdings sind die

Kompetenzabgrenzungen aufwendig und der Kommunikationsaufwand höher. Es besteht auch die Gefahr, dass sich einzelne Mitarbeiter mit weniger guten Konzepten durchzusetzen versuchen oder schlechte Kompromisse getroffen werden (Abb. 38).

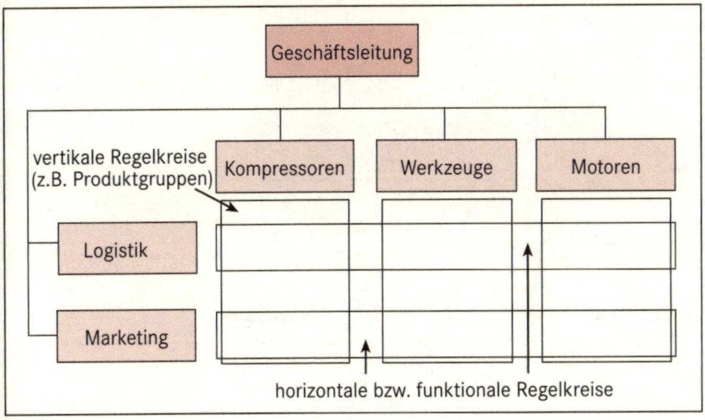

Abb. 38: Organigramm Matrixorganisation

Eine weitere, weniger verbreitete Organisationsform ist die **Tensororganisation**. Hier handelt es sich um eine mehrdimensionale Matrixorganisation. Zum Beispiel könnte der in Abb. 38 dargestellten Matrixorganisation noch eine geographische Dimension hinzugefügt werden.

Fraktale Organisation

Eine neue Organisationsform ist die **fraktale Organisation**. Ein Fraktal (Begriff aus der Mathematik/Chaos-Theorie) ist eine selbständig agierende Unternehmenseinheit, deren Ziele, Aufgaben und Leistungen eindeutig beschrieben werden können und die mit einem Höchstmaß an Eigenverantwortung ausgestattet ist. Jedes Fraktal arbeitet in einer Teamstruktur und ist mit den anderen Fraktalen durch Dienstleistungsvereinbarungen verknüpft (Abb. 39). Jedes Fraktal muss sich im Rahmen seines Aufgabengebietes selbst organisieren. Es ist darauf zu achten, dass die Fraktale kein Eigenleben führen, sondern, dass sie sich ganzheitlich verhalten. Die Voraussetzungen zur Einführung dieser Organisationsform sind:

- ein hohes Maß an Flexibilität und eine hohe Enwicklungsstufe des Managements und der Mitarbeiter,
- eine hohe Entwicklungsstufe der Aufbau- und Ablauforganisation,
- Teamorientierung,
- Mitarbeiterorientierung,
- Prozessorientierung,
- die Begleitung der Umstrukturierung durch ein Change-Management-Programm.

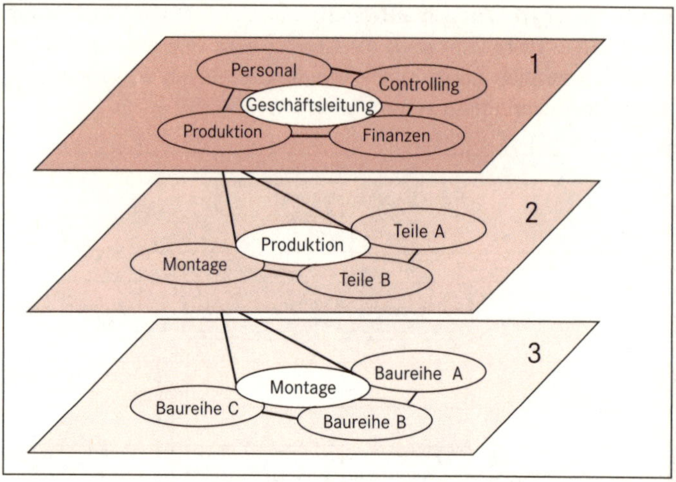

Abb. 39: Fraktale Organisation

Aufgaben, Kompetenzen und Verantwortung zuordnen

In der AKV-Matrix werden Aufgaben, Kompetenzen und Verantwortung der einzelnen Organisations- oder Funktionseinheiten aufgelistet. Die Organisation wird dadurch transparent gestaltet und es wird bekannt gemacht, was die jeweiligen Stellen zu tun haben. Aus dieser Matrix lassen sich die individuellen Stellenbeschreibungen ableiten. Die Abb. 40 zeigt die Struktur einer AKV-Matrix.

AKV-Matrix (Aufgaben, Kompetenzen, Verantwortung)			
Stand:			
Organisations-/ Funktionseinheit	**Aufgaben**	**Kompetenzen**	**Veranwortung**
Vertrieb:			
Region A	• Vertrieb aller Produktgruppen im Gebiet Bayern • Betreuung der Key Accounts Müller und Maier • usw.	• Gesamtprokura • Betriebsausgaben/ Investitionen bis 2.500 € • usw.	• Ergebnis des Profit-Centers 4711 • usw.

Abb. 40: AKV-Matrix

Stellenbeschreibung für jeden Mitarbeiter

Der dritte Baustein der Aufbauorganisation sind die individuellen Beschreibungen der Stellen für Führungskräfte und Mitarbeiter im Unternehmen. Diese **Stellenbeschreibungen** sollten bereits bei Einstellungsgesprächen vorgezeigt werden. Sie werden allen Führungskräften und Mitarbeitern zur Verfügung gestellt, werden in der Personalakte abgelegt und sind bei Bedarf anzupassen. Die folgenden Bestandteile sind in die Stellenbeschreibung aufzunehmen:

- genaue Bezeichnung der Stelle, Titel,
- die Organisationseinheit, in der die Stelle eingebunden ist,
- die vorgesetzte Stelle,
- die Stellen, die an diesen Stelleninhaber berichten,
- erforderliche Qualifikationen,
- Vollmachten,
- die Stelle(n), die der Stelleninhaber vertritt,
- die Stelle, die den Stelleninhaber vertritt,
- die Haupttätigkeiten und Verantwortung.

4.2 Ablauforganisation

Geschäftsprozesse beschreiben

Die Ablauforganisation regelt die verschiedenen **Arbeits- oder Geschäftsprozesse** im Unternehmen inhaltlich und zeitlich. Man kann die Geschäftsprozesse in **Kernprozesse** und **Nebenprozesse** gliedern. Kernprozesse sind z.B. die Produktionsabwicklung, Auftragsabwicklung oder die Einkaufsabwicklung. Sie stellen, wie der Begriff schon aussagt, den Kern der Unternehmensabläufe, oder die für die Unternehmensmission relevanten, unverzichtbaren Prozesse dar. Nebenprozesse sind Abläufe im Unternehmen, die im Rahmen der Administration, z.B. Abwicklung der Personalrekrutierung, notwendig sind.

Checkliste

Bei der Neugestaltung oder Optimierung aller Prozesse im Unternehmen sind folgende Punkte zu beachten

- ✔ Geschäftsprozesse schriftlich dokumentieren!
- ✔ Mitarbeiter auf Einhaltung der Abläufe verpflichten!
- ✔ Abläufe klar strukturieren!
- ✔ Abläufe so einfach wie möglich gestalten!
- ✔ Unnötige Schleifen im Ablauf vermeiden!
- ✔ Abläufe ständig optimieren!
- ✔ Abläufe soweit wie möglich automatisieren und in IT-Systemen abbilden!

Für die Gestaltung, Optimierung, Darstellung und Dokumentation von Arbeitsabläufen gibt es eine Reihe von Werkzeugen, von denen hier einige vorgestellt werden.

Arbeitsablaufplan für einfache Darstellung

Der Arbeitsablaufplan ist eine einfache Darstellung der notwendigen Arbeitsschritte und der beteiligten Stellen in einer Matrix. Der Ablauf ist graphisch gekennzeichnet (Abb. 41).

Arbeitsablaufplan							
Prozess: Beschaffung **Stand:**							
Kriterium	Lieferant	Arbeitsvorbereitung	Einkäufer	Buchhaltung	Registratur	Wareneingang	Lager
1. Bedarfsermittlung		*					
2. Bedarfsmeldung		*					
3. Mit Lieferanten verhandeln			*				
4. Bestellung			*				
5.							

Abb. 41: Der Arbeitsablaufplan

Datenflussdiagramm für Darstellung mit Verzweigung und Schnittstellen

Eine weitere Darstellungsform ist das Ablaufdiagramm oder **Datenflussdiagramm** mit Symbolen wie in Abb. 42 dargestellt. Hierbei sind unter anderem auch Verzweigungen und Schnittstellen darstellbar. Die Verfahren und die Symbole sind in der DIN-Norm 66001 beschrieben.

Insbesondere für die Einführung eines EDV-Systems ist die detaillierte Darstellung und Beschreibung der Unternehmensprozesse erforderlich.

Weitere Werkzeuge der Ablauforganisation von Projekten werden in Kap. 7.3 vorgestellt.

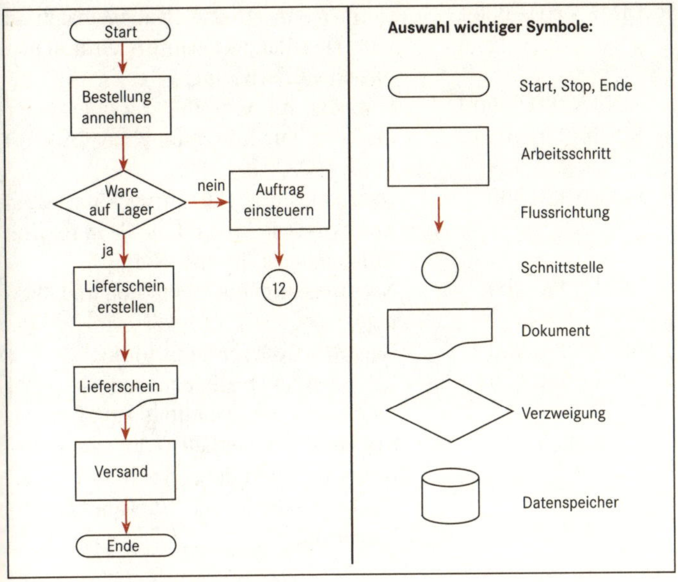

Abb. 42: Das Ablaufdiagramm

Tipp

Für die Entwicklung und Darstellung von Arbeitsabläufen kann man auf eine Reihe von arbeitserleichternden Softwareprogrammen wie z. B. Micrografx FlowCharter oder das ARIS-Toolset für die Modellierung von komplexen Prozessen zurückgreifen.

4.3 Qualitätsmanagement

Standard ist die ISO 9000 ff. Normenreihe

Qualitätsmanagement-Systeme und die entsprechenden Normen gibt es seit geraumer Zeit. Die älteste Norm dürfte die MIL-Q-9858, Quality Program Requirements, sein. Sie wurde vom US-Verteidigungsministerium in den 50er-Jahren erstmals herausgegeben. In Anlehnung an diese Norm wurde in den 60er-Jahren die AQAP-1 (Allied Quality Assurance Publication), die Quality Control Systems Requirements for Industry der NATO ins Leben gerufen. Die beiden Normen wurden von zahlreichen Firmen aufgegriffen und es wurden hauseigene Vorschriften für die Qualitätssicherung erstellt. Ende der 70er-Jahre kam die **ISO 9000 ff. Normenreihe**, die sich als Standard durchgesetzt hat. Es handelt sich dabei um die folgenden Normen:

- DIN EN ISO 9000 f. — Normen zum Qualitätsmanagement un zur Qualitätssicherung/Qualitätsma nagement-Darlegung,
- DIN EN ISO 9000-1 — Leitfaden zur Auswahl/Anwendung,
- DIN EN ISO 9000-2 — Leitfaden zur Anwendung der DIN IS 9001, 9002, 9003,
- DIN EN ISO 9001 — Nachweisstufe für Entwicklung un Konstruktion, Produktion, Montage un Kundendienst (höchste Stufe),
- DIN EN ISO 9002 — Nachweisstufe für Produktion und Mon tage,
- DIN EN ISO 9003 — Nachweisstufe für Endprüfung,
- DIN EN ISO 9004-1 bis 4 — Leitfaden für Qualitätsmanagement un Elemente eines Qualitätsmanagement Systems, mit Leitfäden für Dienstleis tungsunternehmen, verfahrenstech nische Produkte und für Qualitätsver besserungen.

Weitere Normen zur Qualitätssicherung sind:

- DIN ISO 2859 — Stichprobensysteme,
- DIN EN ISO 8402 — Qualitätsmanagement-Begriffe,
- DIN ISO 10011 — Leitfaden für das Audit von Qualitäts sicherungs-Systemen,
- DIN ISO 10012 — Forderungen an die Qualitätssicherung von Messmitteln,
- DIN ISO 10013 — Leitfaden für die Erstellung von Quali tätsmanagement-Handbüchern,
- DIN ISO 10014 — Qualitätsmanagementsysteme, Leitfa den zur Erzielung finanziellen und wirt schaftlichen Nutzens.

Grundgedanke ist die Fehlervermeidung

Hinter allen Normen steht der Grundgedanke, dass man Qualitä nicht in die Produkte hinein prüfen kann. Es sind vielmehr in allen Unternehmensbereichen und auf allen Funktionsebenen Vorkehrungen zu treffen, die Fehler von Anfang an verhindern. In der Zulieferbranche wird heute vorausgesetzt, dass Unternehmen ein Qualitätsmanagement-System nach DIN EN ISO 9000 ff. betreiben und danach zertifiziert sind. Viele Unternehmer sehen eine Zertifizierung auch als eine Art Gütesiegel für ihr Unternehmen.

Die Einführung eines **Qualitätsmanagement-Systems** ist in der Regel mit hohen Aufwendungen verbunden. Mittel- und langfristig rentiert sich die Investition auf jeden Fall. So lassen sich z. B. die Kosten für Ausschuss, Nacharbeit und Reklamationen nachhaltig senken. Dies trägt dazu bei, den Unternehmenserfolg langfristig zu sichern.

Argumente für die Einführung eines Qualitätsmanagement-Systems

Checkliste

- ✔ Kunden wünschen oder fordern die Einführung
- ✔ Erhöhung des Qualitätsbewusstseins im Unternehmen
- ✔ Verbesserung der Qualität von Produkten und Dienstleistungen
- ✔ Verringerung der Kosten für Ausschuss, Nacharbeit und Reklamationen
- ✔ Schaffung von Transparenz im Unternehmen
- ✔ Verbesserung der Prozesse
- ✔ Verbesserung der Ausgangsposition bei Produkthaftungsfragen
- ✔ Nachhaltige Ertragssicherung
- ✔ Verbesserung der Wettbewerbsfähigkeit
- ✔ Höheres Ansehen in der Branche, Image

Die Überprüfung und Zertifizierung von Qualitätsmanagement-Systemen führen unter anderem die DQS Deutsche Gesellschaft zur Zertfizierung von Managementsystemen, die DEKRA und der TÜV durch. Die Checkliste oben zeigt Argumente für die Einführung eines Qualitätsmanagement-Systems auf.

Handbuch des Qualitätsmanagements erstellen

Die Dokumente des Qualitätsmanagement-Systemes gliedern sich in drei Ebenen (Abb. 43). Das Handbuch des Qualitätsmanagements ist allen Dokumenten übergeordnet. Darunter sind die so genannten Verfahrensanweisungen eingeordnet, die die Umsetzung der Elemente der DIN EN ISO 9000 ff. regeln.

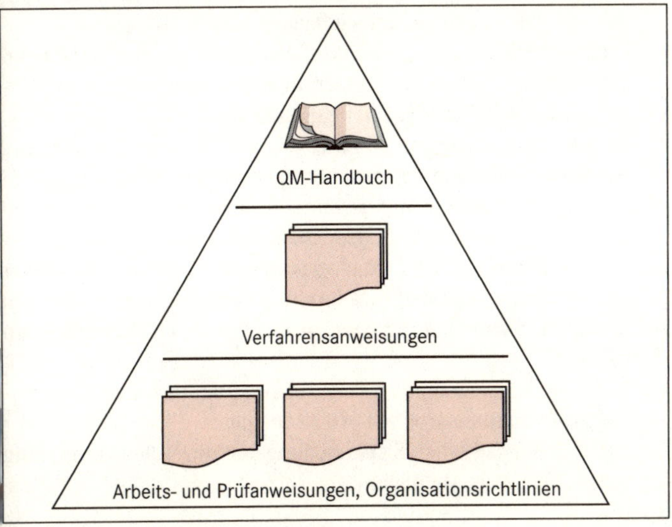

Abb. 43: (QM-) Qualitätsmanagement-Dokumente

Die Arbeits- und Prüfanweisungen geben im Detail Auskunft über Arbeitsabläufe und durchzuführende Prüfungen. Administrative Regelungen können in den Organisationsrichtlinien beschrieben werden.

DIN ISO 9001 zur Qualitätssicherung

Die DIN EN ISO 9001 regelt die Sicherung der Qualität in 20 Punkten:

1. Verantwortung der Leitung; Qualität als Führungsaufgabe verstehen;
2. Qualitätsmanagement-System; Aufbau, Unterhaltung und Dokumentation des Systems;
3. Vertragsprüfung; Anforderungen der Kunden richtig verstehen und vollständig umsetzen;
4. Designlenkung; Sicherung der festgelegten Entwurfsqualität;
5. Lenkung der Dokumente und Daten; rechtzeitige Bereitstellung von gültigen Unterlagen;
6. Beschaffung; Qualität von Zulieferungen sicherstellen;
7. Lenkung der vom Kunden beigestellten Produkte; Maßnahmen zur Sicherstellung der Qualität;
8. Kennzeichnung und Rückverfolgbarkeit von Produkten; System zur Dokumentation;
9. Prozesslenkung; Sicherstellung der Qualität in Produktion/Montage durch beherrschte Prozesse;
10. Prüfungen; Erfüllung vorgegebener Forderungen durch dokumentierte Prüfverfahren;
11. Prüfmittelüberwachung; Sicherstellung der Tauglichkeit von Prüfmitteln;
12. Prüfstatus; Sicherstellung, dass nur Produkte ausgeliefert werden, die Prüfungen bestanden haben;
13. Lenkung fehlerhafter Produkte; Verhinderung der versehentlichen Weiterverwendung fehlerhafter Produkte;
14. Korrektur- und Vorbeugemaßnahmen;
15. Handhabung, Lagerung, Verpackung und Versand; Vermeidung von Beeinträchtigung, Beschädigung oder Verwechslung;
16. Lenkung der Qualitätsaufzeichungen; Sicherstellung, Pflege und Aufbewahrung von Qualitätsaufzeichnungen;
17. interne Qualitätsaudits; Nachweis der Wirksamkeit des Qualitätsmanagement-Systems und weitere Verbesserung;
18. Schulung; Sicherstellung einer bedarfsgerechten Personalqualifikation;
19. Wartung, Kundendienst; Sicherstellung und Nachweis, dass vereinbarte Wartungsarbeiten erfüllt wurden;
20. statistische Methoden; Sicherstellung der korrekten Anwendung von statistischen Methoden.

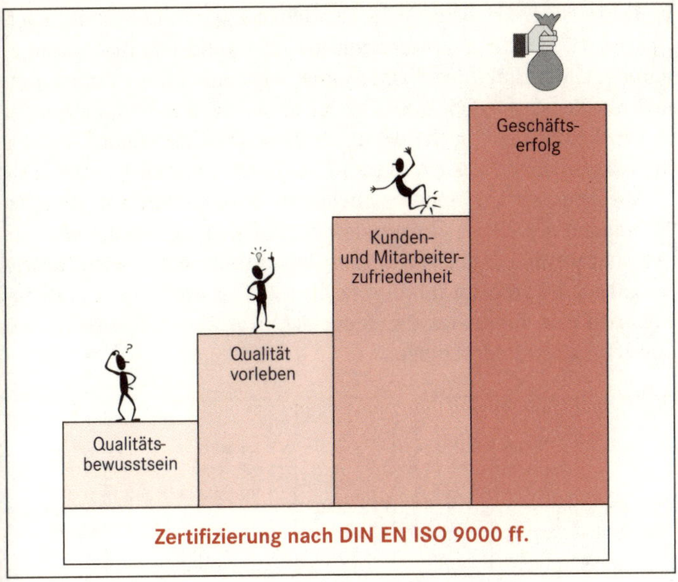

Abb. 44: Der Weg zum Total Quality Management System (TQM)

QM-Handbuch um weitere Elemente ergänzen

In vielen Unternehmen werden die zwanzig Elemente ergänzt um weitere wie Wirtschaftlichkeit, Umweltschutz, Arbeitssicherheit, Datenschutz, Produktsicherheit und -haftung.

Im Dezember 2000 wurde die DIN EN ISO 9000 novelliert und durch die DIN EN ISO 9000:2000 Normenreihe ersetzt. Diese Normenreihe enthält fünf Hauptnormen:

1. DIN EN ISO 9000 Qualitätsmanagement-Systeme, Konzepte und Begriffe (Ersatz für DIN EN ISO 8402),
2. DIN EN ISO 9001 Qualitätsmanagement-Systeme, Forderungen,
3. DIN EN ISO 9002 Qualitätsmanagement-Systeme, Leitfaden,
4. DIN EN ISO 9004 Nachweisstufe für Endprüfung,
5. DIN ISO 19011 Leitfaden für Umwelt- und Qualitätsmanagement-Audits (Ersatz für DIN ISO 10011).

Die DIN EN ISO 9000:2000 unterstützt den Aufbau einer prozessorientierten Dokumentation und beinhaltet auch Managementprinzipien wie Kundenorientierung, Führung, Einbeziehung von Mitarbeitern, ständige Verbesserung und Lieferantenbeziehungen zum gegenseitigen Nutzen.

Ende 2005 wurde eine neue Revision der DIN EN ISO 9000, die DIN EN ISO 9000:2005 veröffentlicht. Diese beinhaltet keine wesentlichen Änderungen. Es sind lediglich neue Begriffe und ergänzende Formulierungen hinzugekommen.

QM-System zu TQM weiterentwickeln

In der Zwischenzeit wurden die Qualitätsmanagement-Systeme nach DIN EN ISO 9000 ff. weiterentwickelt zum **Total Quality Management (TQM).** Unter dem TQM-System wird eine unternehmensweite Strategie verstanden. Ziel ist es, nicht nur die Kundenforderungen zu erfüllen, sondern auch über die Zufriedenheit der Kunden und der Mitarbeiter langfristig den Unternehmenserfolg zu sichern (Abb. 44).

Mit dem **EFQM**-Modell **(European Foundation for Quality Management)** soll der Erfolg des Qualitätsmanagements messbar gemacht werden (Abb. 45). Dieses Bewertungsmodell wird für die Vergabe des European Quality Award (EQA) sowie für den **Ludwig-Erhard-Preis** eingesetzt. Es eignet sich jedoch auch für die Selbstbewertung im Unternehmen.

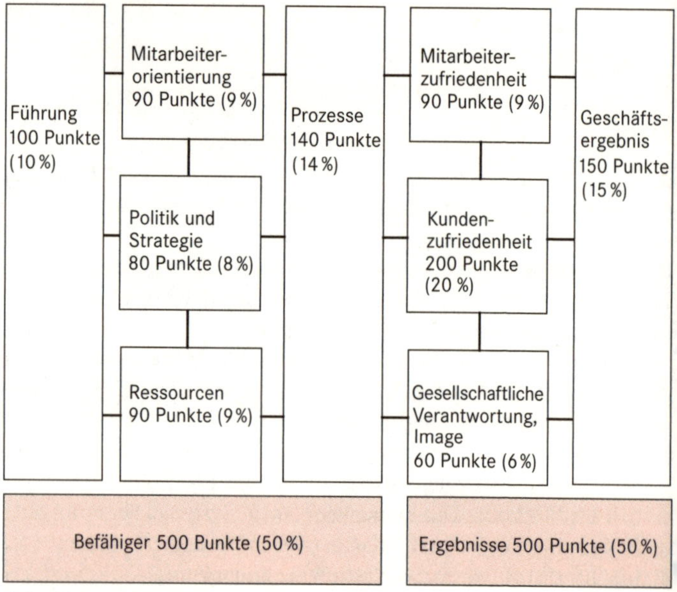

Abb. 45: Das EFQM-Bewertungsmodell (European Foundation for Quality Management)

4.4 Risikomanagement

Mögliche Risiken auflisten

Unternehmen stehen täglich neuen Herausforderungen gegenüber und sind mehr oder weniger großen Risiken ausgesetzt. Im Risikomanagement geht es deshalb nicht um die üblichen kleinen täglichen Risiken, mit denen Unternehmen, Führungskräfte und Mitarbeiter zu tun haben, sondern um die großen Risiken, die ein Unternehmen an den Rand des Ruins führen kön-

Handbuch der Geschäftsrisiken

nen. Solche Risiken sind in jedem Unternehmen zu erfassen und schriftlich aufzuzeichnen. Zu jedem identifizierten Einzelrisiko sind die Eintrittswahrscheinlichkeit in Prozent zu schätzen und Absicherungsmaßnahmen, **Notfallpläne** oder Organisationsanweisungen zu definieren und zu erstellen. Hierbei bietet sich die Erstellung eines Handbuches der Geschäftsrisiken an, in dem alle relevanten Dokumente abgelegt werden. Das Handbuch sollte regelmäßig aktualisiert und den entsprechenden Führungskräften und Mitarbeitern zur Verfügung gestellt werden (Abb. 46).

Hauptbereiche der Unternehmensrisiken

Man kann die Unternehmensrisiken in vier Hauptbereiche aufteilen:

1. **Marktrisiken**
   - Absturz der Preise für Produkte auf Lager,
   - Produkten wird die Zulassung entzogen,
   - Produkt-Flop,
   - häufige Produktausfälle, notwendige Rückrufaktionen,
   - Markt bricht weg,
   - Image-Verlust,
2. **Kreditrisiken**
   - Zahlungsausfall durch Konkurs eines Schlüsselkunden,
   - Häufung von Zahlungsausfällen bei Konjunktureinbrüchen,
   - Exportgeschäfte,
   - Betrug,
3. **Betriebsrisiken**
   - Naturkatastrophen wie Hochwasser, Erdbeben, Sturm,
   - Feuer,
   - Austritt von gefährlichen Stoffen in die Umwelt,
   - Arbeitsunfälle,
   - längerer Produktionsausfall,
   - Wegfall von Schlüsselpersonen,
   - Diebstahl,
   - Betrug,
   - Sabotage,
4. **Rechtsrisiken**
   - Produkthaftung,
   - neue Gesetze und Auflagen,
   - Verträge,
   - Patente,
   - Klagen (z.B. Dumping, Wettbewerbsrecht, Umwelt).

Tipp

Für Versicherungen, die zur Minimierung verschiedener Geschäftsrisiken gedacht sind, sollten mehrere Angeboten eingeholt werden. Oder man lässt sich von einem unabhängigen Versicherungsberater die günstigsten Angebote aussuchen. Die Preisunterschiede können enorm sein.

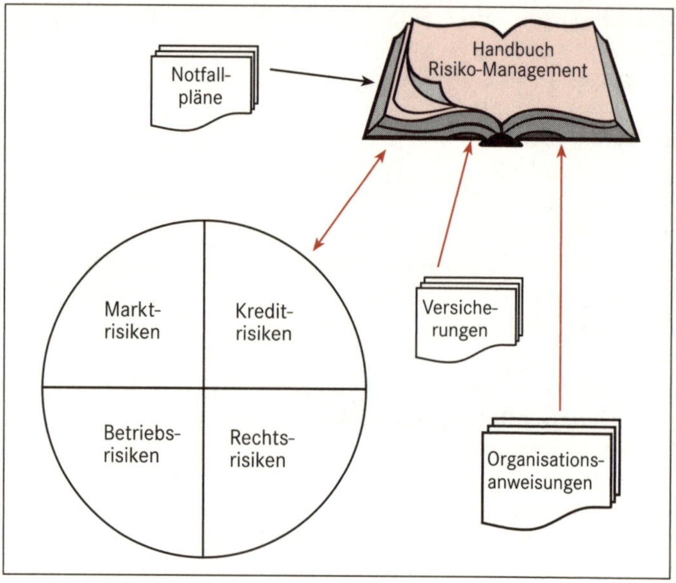

Abb. 46: Risiko-Management im Unternehmen

4.5 Umweltschutz

Über Umweltschutzbestimmungen informieren

Ein aktiv praktizierter Umweltschutz sollte heute in allen Unternehmen selbstverständlich sein. Von ganz besonderer Bedeutung ist der Umweltschutz jedoch in produzierenden Unternehmen, die Stoffe verwenden, die die Umwelt in irgendeiner Form beeinträchtigen können. Wird hier fahrlässig gehandelt, kann dies im Schadensfall auch zur persönlichen Haftung von Führungskräften kommen.

Es gibt mittlerweile zahlreiche Gesetze und Verordnungen, die den Umweltschutz regeln und neue kommen hinzu. Es ist deshalb notwendig, sich im Umweltschutz auf dem Laufenden zu halten und die neuen Regelungen entsprechend umzusetzen. Die folgenden Informationsquellen bieten sich an:

- Bundesministerium für Umwelt, Naturschutz und Reaktorsicherheit, www.bmu.de,
- Bundesverband der Deutschen Industrie, www.bdi-online.de,
- Deutsche Akkreditierungs- und Zulassungsgesellschaft für Umweltgutachter, DAU, www.dau-bonn-gmbh.de,
- Deutscher Industrie- und Handelskammertag, DIHT, www.diht.de,
- Industrie- und Handelskammern,
- Verband für nachhaltiges Umweltmanagement, VNU, www.vnu-ev.de,
- Umweltbundesamt, www.umweltbundesamt.de,
- Verband der Betriebsbeauftragten für Umweltschutz, VBU, 45130 Essen, www.vbu-ev.de,
- Zentralverband des Deutschen Handwerkes, ZDH, www.zdh.de.

Umwelt-management-System aufbauen

Für die Umsetzung des Umweltschutzes im Unternehmen ist ein **Umweltmanagement-System** aufzubauen (Abb. 47). Dies ist in der **DIN ISO 14001 Norm** für Umweltmanagement-Systeme, deren Spezifikationen und Leitlinien zur Anwendung, geregelt. Das Modell in dieser Norm sieht die folgenden Elemente vor:

- Umweltpolitik des Unternehmens,
- Planung:
  - Umweltaspekte,
  - Gesetzliche und andere Forderungen,
  - Zielsetzungen,
- Durchführung:
  - Organisation und Verantwortung,
  - Schulung und Bewusstseinsbildung,
  - Kommunikation,
  - Dokumentation,
  - Lenkung der Dokumente,
  - Ablauflenkung,
  - Notfallvorsorge und Maßnahmenplanung,
- Überwachung und Korrekturmaßnahmen:
  - Überwachung und Messung,
  - Abweichungen, Korrektur- und Vorsorgemaßnahmen,
  - Aufzeichnungen,
- Bewertung durch die Unternehmensleitung,
- kontinuierliche Verbesserungen.

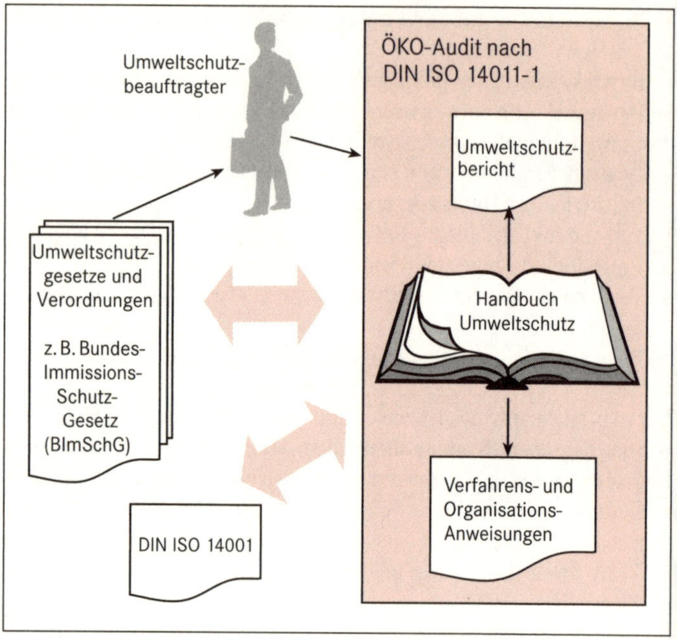

Abb. 47: Regelung des Umweltschutzes im Unternehmen

Umweltschutz-beauftragten benennen

Für die Koordination aller Maßnahmen des Umweltschutzes im Unternehmen ist ein **Umweltschutzbeauftragter oder -bevollmächtigter** zu benennen. Diese Person soll entsprechend ausgebildet sein und sich stets weiterbilden.

Zur Überprüfung der Wirksamkeit aller Umweltschutzmaßnahmen im Unternehmen soll in regelmäßigen Abständen von unabhängiger Stelle ein so genanntes **Umweltaudit** durchgeführt werden. Die Verfahren dieser Audits sind in der DIN ISO 19011, Leitfaden für Umwelt- und Qualitätsmanagement-Audits, geregelt.

4.6 Supply Chain Management

Unter dem Begriff Supply Chain versteht man die gesamte **Wertschöpfungskette** eines Unternehmens (Abb. 48).

Supply Chain = Wertschöpfungskette

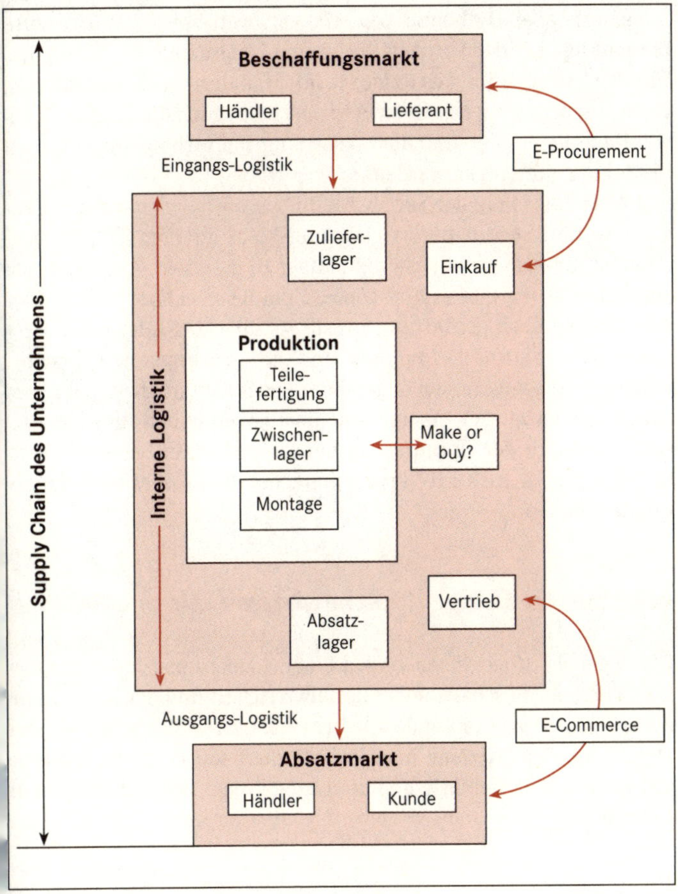

Abb. 48: Die Supply Chain des Unternehmens

Sie hat ihren Anfang im Beschaffungsmarkt. Dort sind die Lieferanten und Händler, die ihre Waren und Leistungen anbieten. Der Bereich Einkauf oder Beschaffung handelt die Preise und Lieferdaten aus. Die zugekauften Waren werden in das Unternehmen transportiert (Eingangs- oder Inbound-Logistik) und dort nach der Eingangsprüfung direkt in die Produktion oder in ein Zulieferlager gebracht. Der innerbetriebliche Transport sorgt für die Bereitstellung der Waren an den Maschinen und entsorgt halbfertige oder fertige Produkte in ein Zwischenlager oder in das Absatz- oder Fertigwarenlager. In der Produktion erfolgt die Steuerung der Aufträge oder Fertigungslose über Plantafeln von Hand oder durch ein **PPS-System** (Produktionsplanungs- und Steuerungssystem). Aus dem Absatzlager oder direkt von der Produktion wird der Absatzmarkt über die Ausgangs- oder Outbound Logistik versorgt. Spiegelbildlich zum Einkauf handelt der Vertrieb Preise und Lieferdaten der Waren und Dienstleistungen im Absatzmarkt mit Händlern oder Kunden aus. In die Supply Chain des Unternehmens kann auch die Supply Chain von Hauptlieferanten und die Entsorgung von verbrauchten eigenen Produkten einbezogen werden.

E-Procurement kann Kosten einsparen

Das Management der Supply Chain beschäftigt sich mit der ständigen Optimierung der Wertschöpfungskette, mit dem Ziel, diese effizienter, schneller und kostengünstiger zu gestalten. Ansatzpunkte zur Optimierung gibt es hier genug. Zum Beispiel lässt sich mit der Abwicklung des Beschaffungsprozesses über das Internet (**E-Procurement**) Zeit und Geld einsparen. Verbesserungs- und Einsparmöglichkeiten sind in den folgenden Kapiteln aufgeführt. In einigen Unternehmen gibt es eigene Organisationseinheiten die sich ausschließlich mit der Optimierung der Supply Chain befassen. Mittlerweile gibt es auch EDV-Programme, die die Prozesse der Supply Chain abbilden.

4.7 Beschaffung, Materialwirtschaft, Logistik

Checklisten zur Effizienzsteigerung einsetzen

Die folgenden Checklisten zeigen Möglichkeiten und Ideen zur Optimierung der Beschaffung, Materialwirtschaft und der Logistik innerhalb der Supply Chain des Unternehmens. Die Möglichkeiten zur Steigerung der Effizienz und Schnelligkeit sowie zur Einsparung von Kosten sind vielfältig und die Listen lassen sich sicher noch erweitern.

Checkliste

Beschaffung

- ✔ Einkaufsmitarbeiter in Verhandlungstechniken und neuen Möglichkeiten des Einkaufs schulen!
- ✔ Richtlinien für Einkäufer erstellen (Annahme von Geschenken, Unbestechlichkeit, Unterschriftsregelung)!
- ✔ Einkaufsbedingungen schriftlich festlegen und in den Bestellungen verankern!
- ✔ Interne Beschaffungsaudits durchführen; eventuelle Missstände aufdecken!

- ✔ Geschäftsprozessoptimierung im Einkauf durchführen!
- ✔ Einkauf mit anderem Bereich (z. B. Arbeitsvorbereitung) zusammenlegen!
- ✔ Für Büromaterial und Ähnliches Händler mit guten Konditionen vorsehen, die bei Bedarf oder zu regelmäßigen Zeiten nach Telefon, Fax oder E-Mail Abruf anliefern und monatliche Abrechnung vorlegen; keine Einzelbeschaffung!
- ✔ Regelmäßige Preisverhandlungen führen; Ziel ist es, die Preise zu senken!
- ✔ Liefer- und Zahlungsbedingungen überprüfen und neu aushandeln (z. B. Lieferung frei Haus anstatt ab Werk)!
- ✔ Preissenkungsziele mit den Lieferanten vereinbaren!
- ✔ Regelmäßig Angebote von anderen Anbietern einholen!
- ✔ Marktforschung im Beschaffungsmarkt betreiben!
- ✔ Partnerschaft mit Lieferanten eingehen!
- ✔ Global einkaufen und Angebote von ausländischen Anbietern einholen!
- ✔ Variantenvielfalt im Bereich Hilfs- und Betriebsstoffe, Büromaterial, etc. reduzieren!
- ✔ Variantenvielfalt für Zulieferteile reduzieren; beginnt bereits bei der Konstruktion der eigenen Produkte; Gespräche mit der Konstruktion führen!
- ✔ Die ganzheitlichen Beschaffungskosten betrachten und nicht den Einkaufspreis. Der billige Anbieter mit der schlechten Qualität kann teurer sein!
- ✔ Einkaufskooperationen nutzen!
- ✔ Erfahrungsaustausch mit befreundeten Firmen durchführen!
- ✔ Internet-Martkplätze nutzen!
- ✔ Preisagenturen nutzen! Es gibt zahlreiche Internet-Preisagenturen.
- ✔ Bestimmte Produkte über Internet-Auktionen kaufen! Es gibt zahlreiche Internet-Auktionshäuser.
- ✔ Langfristige Lieferverträge mit Preisgleitklauseln vereinbaren!
- ✔ Lieferanten auswählen und zulassen!
- ✔ Lieferantenaudits und -bewertung durchführen!
- ✔ Verbesserungen, z. B. DIN EN ISO 9000 ff., beim Lieferanten durchsetzen!
- ✔ Lieferanten auf Kosteneinsparungsmöglichkeiten hinweisen oder gemeinsame Wertanalysen (siehe Kap. 7.2) durchführen und einen Teil davon als Preisnachlass verlangen!
- ✔ Einkaufsabwicklung über EDI (Elektronischer Datenaustausch) oder Internet vereinbaren!

- ✔ Kosten für Nacharbeit, Umpacken, etc. an den Lieferanten berechnen!
- ✔ Rechnungen nur einmal im Monat bezahlen!
- ✔ Kennzahlen für den Einkauf definieren (siehe Kap. 9.2) und Führung nach Kennzahlen!

Checkliste

Materialwirtschaft

- ✔ Lieferantenausgangsprüfung mit Bescheinigung vereinbaren anstatt selbst Wareneingangsprüfung durchzuführen!
- ✔ Auf Ordnung, Sauberkeit und kostenbewusstem Umgang im Lager achten!
- ✔ Regelmäßige Begehungen im Lager durchführen!
- ✔ Regelmäßige Audits in der Materialwirtschaft durchführen!
- ✔ Elektronische Lagerführung einführen!
- ✔ Ware vor Diebstahl sichern!
- ✔ Bestände vor Umwelteinflüssen wie Luftfeuchtigkeit, ungeeigneten Temperaturen schützen!
- ✔ Bestände so gering wie möglich halten; Kapitalbindung!
- ✔ Sicherheitsbestände optimal bemessen; Puffer und Notreserven minimieren!
- ✔ Saisonale Schwankungen berücksichtigen!
- ✔ Verdorbene oder nicht mehr brauchbare Bestände vernichten!
- ✔ Lagerraum durch entsprechende Lagersysteme optimal nutzen!
- ✔ Bestimmte Lager wenn möglich zusammen legen!
- ✔ Variantenvielfalt reduzieren!
- ✔ Auf Auftragsfertigung umstellen und Absatzlager abschaffen!
- ✔ Bestände beleuchten und wenn möglich abbauen; Rückkauf durch Lieferanten, Verkauf an Dritte!
- ✔ Lagerhaltung von Zulieferteilen wo möglich auf Lieferanten verlagern; Lieferung auf Abruf!
- ✔ Keine Lagerhaltung mehr für bestimmte Hilfs- und Betriebsstoffe, Büromaterial!
- ✔ Für die Lagerkosten Transparenz schaffen!
- ✔ Kennzahlen für die Materialwirtschaft definieren (siehe Kap. 9.2) und Führung nach Kennzahlen!

Checkliste

Logistik

- ✔ Für die Kosten des eigenen Fuhrparks (inklusive innerbetrieblicher Transport) Transparenz schaffen!
- ✔ Größe des Fuhrparks optimal bemessen!
- ✔ Fahrtwege optimieren!
- ✔ Leerfahrten durch Transport fremder Güter verhindern!
- ✔ Fuhrpark auf dem neuesten Stand halten und Fahrzeuge optimal warten und pflegen!
- ✔ Einsparungsprogramm für die laufenden Kosten wie Versicherungen, Betriebsstoffe beachten!
- ✔ Transportbehälter in einwandfreien Zustand halten!
- ✔ Auf optimalen Schutz der Waren in den Transportbehältern achten!
- ✔ Nach besseren Transportbehältern auf dem Markt Ausschau halten!
- ✔ Regelmäßige Fahrerschulungen durchführen!
- ✔ Prüfung, ob Eingangs- und Ausgangslogistik und eventuell auch die Zuliefer- und Absatzlagerei von einem Dienstleister preisgünstiger angeboten werden!
- ✔ Gegebenenfalls Eingangs- und Ausgangslogistik, Zuliefer- und Absatzlagerei outsourcen!
- ✔ Regelmäßig Angebote von verschiedenen Logistik-Dienstleistern einholen!
- ✔ Preise mit Logistik-Dienstleistern verhandeln und falls sinnvoll Langfristverträge vorsehen!
- ✔ Kennzahlen für die Logistik definieren und Führung nach Kennzahlen!
- ✔ Innerbetriebliche Transportwege möglichst kurz halten!
- ✔ Innerbetrieblichen Transport rationalisieren oder automatisieren (z. B. Barcode-System, Rohrpost)!

Tipp

Ein Effizienz-Workshop mit einer Auswahl von Mitarbeitern kann eine enormes Einsparungspotenzial zu Tage bringen. Dabei können Kreativitätstechniken eingesetzt werden, die in Kap. 7.1 beschrieben sind.

4.8 Outsourcing

Prüfen, ob untergeordnete Dienstleistungen »outgesourced« werden können

Unter Outsourcing versteht man die Vergabe von bisher im eigenen Unternehmen selbst erbrachten Dienst- oder Fertigungsleistungen an Dritte. Beim Insourcing, dem Gegenteil von Outsourcing, werden bisher von Dritten erbrachte Dienst- oder Fertigungsleistungen künftig selbst im eigenen Unternehmen erbracht. **Make-or-Buy** ist ein Verfahren zur Entscheidungsfindung, ob eine Dienst- oder Fertigungsleistung im eigenen Haus zu erbringen ist oder ob sie an Dritte vergeben werden soll.

Gegen Ende der 80er-Jahre kam das Outsourcing ins Gespräch und es fand seinen Höhepunkt Mitte der 90er-Jahre. Dabei war das Bestreben der Unternehmen, sich auf die Kernprozesse zurückzuziehen und untergeordnete Prozesse auf externe Dienstleister zu verlagern. Oft waren erforderliche Unternehmens-Sanierungen der Auslöser. Eine Grundannahme war dabei häufig anzutreffen, dass externe Anbieter einfach kostengünstiger arbeiten und die Leistungen für das Unternehmen durch die Vergabe an Externe billiger sind.

In der Zwischenzeit haben viele Unternehmen erkannt, dass man in manchen Bereichen über das Ziel hinausgeschossen ist. Die »outgesourcten« Leistungen waren qualitativ schlechter, die Preise wurden mehrfach angehoben oder das Unternehmen ist in eine unglückliche Abhängigkeit geraten. Gegen Ende der 90er-Jahre konnte man die ersten Berichte über Insourcing lesen. Outsourcing-Konzepte wurden mit hohem finanziellen Aufwand wieder rückgängig gemacht.

Checkliste

Aus diesen Gründen sollten Sie sich für das Outsourcing entscheiden:

- ✔ Eigene Maschinen und Anlagen sind ungeeignet.
- ✔ Die Fertigungskapazität ist nicht ausreichend.
- ✔ Finanzieller Vorteil: Der Zukauf der Dienst- oder Fertigungsleistungen ist kostengünstiger.
- ✔ Investitionsmittel fehlen.
- ✔ Das Unternehmen soll sich auf Kernprozesse konzentrieren.
- ✔ Es gibt Liquiditätsengpässe.
- ✔ Die personelle Kapazität ist nicht ausreichend, oder es fehlen Qualifikationen.
- ✔ Die Fertigungstiefe soll reduziert und die Flexibilität erhöht werden.
- ✔ Es gibt Leidensdruck durch ein Sanierungskonzept.

Ein Beispiel ist das Outsourcing der EDV oder IT (elektronische Datenverarbeitung, Information Technology). Einige Firmen haben die strategische Bedeutung der IT verkannt und diesen Bereich komplett an Dritte vergeben. Mittlerweile haben diese Firmen kaum noch IT-Experten und sind völlig abhängig von ihrem Dienstleister. Der lässt sich seine Dienstleistungen in der Regel sehr gut bezahlen und hat eine Reihe von Firmen als Kunden. Strategisch, zur Nutzung von Wettbewerbsvorteilen, lässt sich die IT somit kaum noch einsetzen.

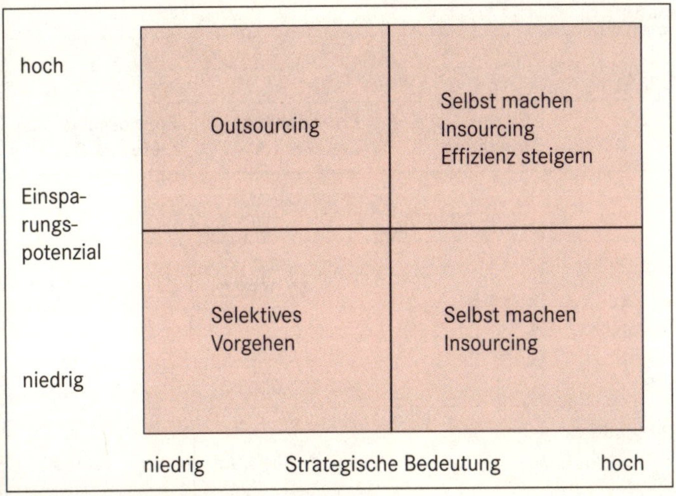

Abb. 49: Entscheidungsmatrix Make or Buy

Make-or-Buy-Betrachtung durchführen

Bei der Make-or-Buy-Entscheidung ist grundsätzlich zu überlegen, ob eine Dienst- oder Fertigungsleistung für das Unternehmen von strategischer Bedeutung oder sogar lebenswichtig ist (Abb. 49). Weiterhin ist zu prüfen, ob eine Dienst- oder Fertigungsleistung von Dritten preisgünstiger erbracht werden kann. Hierzu sind entsprechende Angebote einzuholen und die Preise mit den eigenen Kosten zu vergleichen. Wichtig dabei ist, dass man alle Haupt- und Nebenkosten, z. B. für den dann notwendigen Beschaffungsaufwand, in Betracht zieht und gegenüber stellt.

Ist eine Dienst- oder Fertigungsleistung von strategischer Bedeutung und sind die möglichen Einsparungen gering, kommt die Fremdvergabe nicht in Frage. Es sei denn, man hat aufgrund der Firmengröße oder der begrenzten Ressourcen keine andere Wahl.

Fährt man bei der Fremdvergabe deutlich preisgünstiger und ist die Dienst- oder Fertigungsleistung für das Unternehmen nur von untergeordneter Bedeutung, steht dem Outsourcing im Prinzip nichts im Wege.

Würde man preisgünstiger bei der Fremdvergabe fahren, aber man ist der Meinung, dass die Dienst- oder Fertigungsleistung strategisch von Bedeutung für das Unternehmen ist, lässt man diesen Bereich im Hause oder führt ein Insourcing durch. Dann ist jedoch auf jeden Fall zu überlegen, wie die Kosten im eigenen Haus dafür

Make-or-Buy-Berechnung			
Bauteil: XYZ			
Bedarf pro Jahr: 50.000 Stück			
Rechengrößen	**Eigen-fertigung**	**Fremdbezug Lieferant A**	**Fremdbezug Lieferant B**
Herstellkosten 2,98 € pro Stück x 50.000 Stück	149.000,00		
Einmalige Kosten für Zulassung des Lieferanten		40.000,00	30.000,00
Einkaufspreis für 50.000 Stück 2,10 €/Stück Lieferant A 2,31 €/Stück Lieferant B		105.000,00	115.500,00
Transportkosten für 50.000 Stück 5 % Lieferant A 2 % Lieferant B		2.500,00	1.000,00
Administrationskosten (Einkauf, Lieferantenbetreuung, etc.) per anno		10.000,00	4.000,00
Kosten per anno	149.000,00	117.500,00	120.500,00
Tatsächliche Kosten pro Stück (Summe variable Kosten/Jahres-Stück)		2,35	2,41
Einsparung per anno	0,00	31.500,00	28.500,00
Break-Even-Stückzahl (fixe Kosten/Unterschied Stückpreis)		63.492,00	52.632,00
Entspricht Jahre		1,30	1,10
Unterschied Einmalkosten A zu B per anno		10.000,00	
Break-Even-Stückzahl A zu B per anno (fixe Kosten/Unterschied Stückpreis)		166.667,00	
Entspricht Jahre		3,30	

Abb. 50: Make-or-Buy-Berechnung

gesenkt werden können. Eine Wertanalyse oder **Geschäftsprozessoptimierung** kann dabei behilflich sein.

Wertanalyse zur Kostensenkung

Sind die betrachteten Dienst- oder Fertigungsleistungen von untergeortneter Bedeutung und eine Fremdvergabe bringt nur relativ geringe Einsparungen, kann man selektiv vorgehen. Ist man z. B. bei einem Bauteil, das man selbst herstellt an der Kapazitätsobergrenze, so kann die Fremdbeschaffung auch ohne große Einsparungen sinnvoll sein. Durch die Vergabe an einen Lohnfertiger kann man sich z. B. den Kauf einer weiteren Werkzeugmaschine ersparen.

Beispiel Make-or-Buy-Berechnung:
Ein produzierender Betrieb prüft, ob sich die Lohnfertigung für ein einfaches Bauteil rechnet. Dabei hat er zwei Angebote vorliegen. Lieferant A ist weiter entfernt und die einmaligen Kosten für die Zulassung liegen bei ihm höher. Lieferant B hat einen höheren Stückpreis, auch nach der Hinzurechnung der weiteren variablen Kosten. Bei der Break-Even-Berechnung zeigt sich, dass sich der Einkauf bei Lieferant A in 1,3 Jahren und bei Lieferant B in 1,1 Jahren rechnet. Es liegt nun nahe, sich für den Lieferanten B zu entscheiden. Betrachtet man die beiden Lieferanten jedoch genauer, so ergibt sich, dass man mit dem Lieferanten A über einen längeren Zeitraum (hier 3,3 Jahre) besser fährt. Nachdem langfristig geplant wird, entscheidet sich das Unternehmen für den Lieferanten A.

Checkliste

Outsourcing, was man an Dritte vergeben kann

- ✔ Buchhaltung
- ✔ Dienststelle für Geschäftsreisen
- ✔ Eingangs- und Ausgangslogistik
- ✔ Einzelne Aufgaben der Entwicklung
- ✔ Einzelne Bereiche des Marketings wie Öffentlichkeitsarbeit, Gestaltung von Drucksachen, Marktforschung, Mailing-Aktionen
- ✔ Fertigung von untergeordneten Teilen, Komponenten und Aggregaten
- ✔ Haustechnik
- ✔ Kantinenbetrieb und Verwaltung
- ✔ Lagerhaltung
- ✔ Personalverwaltung, Entgeltabrechnung
- ✔ Reinigungsdienste
- ✔ Reparatur- und Wartungsarbeiten
- ✔ Schulung und Weiterbildung
- ✔ Sicherheitsdienste

Checkliste

Insourcing, was man selbst machen sollte

- ✔ Controlling
- ✔ Fertigung von wichtigen Teilen, Komponenten und Aggregaten
- ✔ IT-Strategie
- ✔ Wichtige F&E-Projekte
- ✔ Wichtige Produktionsbereiche
- ✔ Gesamter Vertrieb
- ✔ Ideenmanagement
- ✔ Kundenbetreuung
- ✔ Marketing-Strategie und -Mix (ggfs. mit fremder Hilfe)
- ✔ Personalführung

Mittlerweile gibt es auch Konzepte für das Rightsourcing, Nearshoring and Offshoring. Beim Rightsourcing werden nur bestimmte Funktionen, z.B. Hotline für Bestellungen, zu einem externen Dienstleister verlagert. Nearshoring bezeichnet man das Auslagern von Funktionen in das nahe gelegene Ausland. So gibt es z.B. Anbieter für Buchhaltungsaufgaben in osteuropäischen Staaten. Beim Offshoring werden z.B. IT-Programmierarbeiten in ferne Länder wie Indien verlagert.

4.9 Produktion

Neue Konzepte mit Augenmaß einsetzen

Für die Produktion, die die Bereiche **Arbeitsvorbereitung und -planung, Arbeitssteuerung** und **Fertigung** umfasst, gibt es zahlreiche Strategien und Konzepte. Von der Frühzeit der Industrialisierung bis in die 70er-Jahre hinein beschäftigten sich die Management-Strategien und Konzepte fast ausschließlich mit der Produktion (siehe Abb. 1). Auch die neueren Management-Methoden sind meist produktionsrelvant. Beispiele sind das **CIM-Konzept, Just-in-Time-Konzept, Kanban, Lean Production, Gruppenarbeit, Fraktale Fabrik, Kaizen, Six Sigma und Reengineering**. Die Vorstellung der einzelnen Konzepte würde den Rahmen dieses Buches sprengen. Zu den verschiedenen Konzepten steht umfangreiche Literatur zur Verfügung. Im Literaturverzeichnis sind einige Titel aufgeführt.

Bei der Beleuchtung und eventuellen Umgestaltung der Produktion sollte man sich nicht von der äußeren Schönheit neuer Konzepte blenden lassen und deren Einführung ohne ganzheitliche Betrachtung betreiben. Wie eingangs erwähnt, sollen Strategie und Konzepte der Produktion auf die Gesamtstrategie und die Vision des Unternehmens ausgerichtet sein. Wenn man auf diesem Wege ein neues Management-Konzept oder Ansätze daraus einbezieht, steht dem nichts entgegen.

Kopflastigkeit im Unternehmen verhindern

Ein weiterer Aspekt ist die »Kopflastigkeit« von Unternehmen. Über Jahre hinweg wurde in der Produktion durch alle möglichen Rationalisierungs- und Reengineering-Programme jeder Cent herausgequetscht. Aber auf der anderen Seite, im Administrationsbereich, bildeten sich nach und nach »Wasserköpfe« und die Fixkosten stiegen überproportional an. Bei Konjunktureinbrüchen und stark sinkendem Bedarf, wie z.B. im Jahr 1993, hat das manches Unternehmen die Existenz gekostet.

Viele Firmen haben in den vergangenen Jahren in nicht ausreichendem Umfang in neue Produktionsprozesse und -ausrüstungen investiert. Die Kosten für Abschreibungen konnten damit zwar verringert und das Betriebsergebnis verbessert werden, aber mittelfristig können diese Unternehmen im Wettbewerb nicht mehr mithalten. Denn nicht nur der Preis ist für die Auftragsvergabe maßgebend, sondern in zunehmendem Maße auch Schnelligkeit und Flexibilität. Dies gilt auch im Hinblick auf länderspezifische Besonderheiten (»Denke global und agiere lokal!«). Ist die Produktion auf hohe Stückzahlen ausgerichtet, tut man sich in der Regel schwer mit Flexibilität. Sich ändernde Kundenwünsche oder Ländervarianten sind nur schwer und langsam zu realisieren.

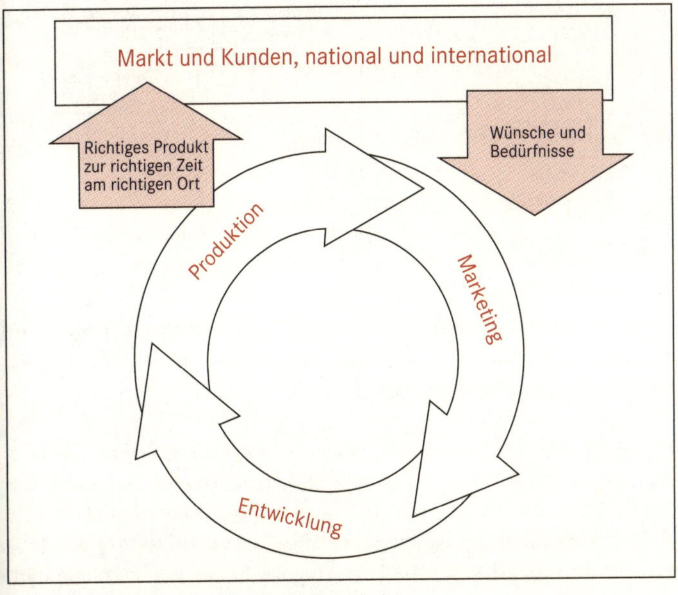

Abb. 51: Marktorientierung in der Produktion

Der Markt ist das Maß aller Dinge

Der Markt, also der Kunde, ist letztendlich das Maß der Dinge, auch in der Produktion (Abb. 51). Es ist keine Seltenheit, dass Unternehmen völlig am Markt vorbei entwickeln und produzieren, nach dem Motto, es ist Aufgabe des Vertriebes, die Produkte, so wie sie eben sind, zu verkaufen. Man nennt dies **Produktorientierung** (versus Marktorientierung). Ein frühes Beispiel gab Henry Ford, der einmal sagte: »Sie können jedes Auto von mir haben, solange es in schwarzer Farbe ist.« Diese Philosophie funktioniert in einem Verkäufermarkt, wenn die Nachfrage größer als das Angebot ist, oder wenn man Monopolist ist. Aber wer ist schon Monopolist und reine Verkäufermärkte sind selten geworden. Vielmehr geben der Markt und die Kunden mit ihren Wünschen und Bedürfnissen die Vorgaben für das Marketing, den Bereich F&E und die Produktion. Eine enge Zusammenarbeit in diesen Bereichen ist dabei unerlässlich.

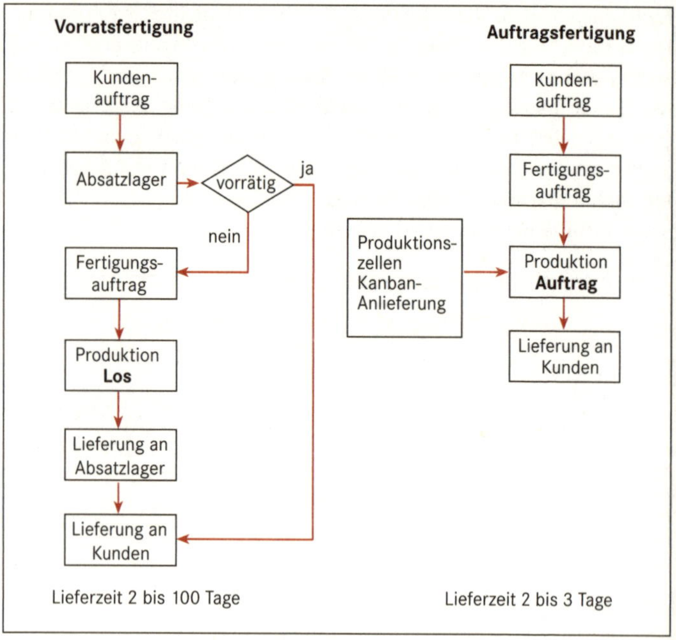

Abb. 52: Vorrats- versus Auftragsfertigung

Vorratsfertigung versus Auftragsfertigung

Einen wesentlichen Innovationsschub in der Produktion, verbunden mit besserer Lieferfähigkeit und geringeren Kosten, kann die Umstellung von Vorrats- auf Auftragsfertigung bedeuten (Abb. 52). Bei der **Vorratsfertigung** erfolgt die Produktion in bestimmten Losgrößen. Die Impulse für die Fertigungsaufträge kommen aus dem

Absatzlager, in dem die Fertigwaren gelagert sind und zwar sobald eine bestimmte Menge unterschritten wird. Kommen unerwartete größere Aufträge, ist man unter Umständen für längere Zeit nicht lieferfähig und Kunden kaufen woanders. Bei der Auftragsfertigung geht der Kundenauftrag sofort in die Produktion und nach wenigen Tagen kann die Ware an den Kunden geliefert werden.

Einsparung durch Kanban

Bei der Umstellung ist in der Regel auch die Produktion neu zu organisieren. So kann es erforderlich sein, die Fertigungslinien in flexible Fertigungszellen umzuwandeln und auf **Kanban-Steuerung** (Bedarfssteuerung) umzustellen. Dabei kann auf das Zulieferlager oft weitgehend verzichtet werden, indem drei Kanban-Mengen mit einer Reichweite von z. B. je einer Woche definiert werden. Eine **Kanban-Menge** befindet sich in der Fertigungszelle, eine weitere im Bereitstellungsraum und die dritte beim Lieferanten. Der Lieferant bleibt Eigentümer der Zulieferteile, bis die Montage und Auslieferung des fertigen Produktes erfolgt sind. Dann erhält er auch die Gutschrift für die entsprechende Komponente. Genormte Kleinteile werden, wenn möglich, in den Fertigungszellen gelagert. Die Fertigungszellen stehen im direkten Kontakt mit dem Zulieferer, der eine neue Kanban-Menge anliefert, sobald die in der Fertigungzelle aufgebraucht ist. Auf ein Absatzlager kann meist vollständig verzichtet werden, was eine enorme Einsparung bedeutet.

Checkliste

Weitere Anregungen für Verbesserungen und Einsparungen in der Produktion:

- ✔ Die Herstellkosten reduzieren im Vergleich zum Branchendurchschnitt oder zum Hauptwettbewerber!
- ✔ Die Lieferzeiten im Vergleich zum Hauptwettbewerber verkürzen!
- ✔ Die Liefertreue erhöhen!
- ✔ Die Kapazitätsauslastung steigern!
- ✔ Die Losgrößen optimieren!
- ✔ Das Durchschnittsalter der Maschinen und Anlagen im Vergleich zum Branchendurchschnitt durch Modernisierung verringern!
- ✔ Maschinen und Anlagen, die kaum noch oder nicht mehr gebraucht werden ausmustern und verkaufen!
- ✔ Ausreichend Investitionsmittel für Ersatz und Modernisierung zur Verfügung stellen!
- ✔ Einen Investitionsplan aufstellen!
- ✔ Die Investitionen auf Wirtschaftlichkeit prüfen!
- ✔ Die Werkzeuge optimal nutzen und pfleglich behandeln!
- ✔ Die Produktivität kontinuierlich steigern!

- ✔ Die Rüstzeiten, wenn möglich, verkürzen!
- ✔ Die Liegezeiten, wenn möglich, verkürzen!
- ✔ Arbeitsprozesse zusammen fassen!
- ✔ Produktionsausfälle auf Grund fehlender Bauteile, Werkzeuge, etc. vermeiden!
- ✔ Das Verhältnis zu den Kollegen in der Entwicklung und im Marketing verbessern!
- ✔ Ausschuss und Nacharbeit kontinuierlich senken!
- ✔ Die Maschinen und Anlagen in einwandfreiem Zustand halten!
- ✔ Regelmäßig vorbeugende Wartungsarbeiten durchführen!
- ✔ Den Produktionsbereich sauber und aufgeräumt halten nach dem 5-S-Prinzip (Seri = Schaffe Ordnung, Seiton = Stelle alles an seinen richtigen Platz, Seiso = Sinn für Sauberkeit, Seiketsu = Sorge um persönlichen Ordnungssinn, Shitsuke = Selbstdiziplin)!
- ✔ Die Unfallverhütungsvorschriften der Berufsgenossenschaft strikt einhalten!
- ✔ Sicherheitsbeauftrage ausbilden und benennen!
- ✔ Ersthelfer bei eventuellen Unfällen ausbilden und benennen!
- ✔ Die Mitarbeiter ausreichend qualifizieren und regelmäßig schulen!
- ✔ Auf die Einhaltung der Vorschriften und Anweisungen durch die Mitarbeiter achten!
- ✔ Arbeitspläne, Arbeitsanweisungen und Zeichnungen stets auf dem neuesten Stand halten!
- ✔ Von Stunden- auf Leistungslohn gehen!
- ✔ Auf eine ausreichende Anzahl von Verbesserungsvorschlägen aus der Produktion achten!

4.10 Informationssysteme

Wettbewerbsvorteile durch innovatives IT-System

Die EDV (elektronische Datenverarbeitung) oder **IT-Systeme** (Information Technology) haben mittlerweile in allen Unternehmensbereichen Einzug gefunden. Um so mehr ist der optimale, innovative Einsatz dieser Systeme auch zu einem strategischen, wettbewerbsrelevanten Faktor geworden. Firmen, die hervorragend mit diesen Systemen umgehen können, und in diesem Bereich über erstklassige Mitarbeiter verfügen, können sich in der digitalisierten Welt schnell Informations- und Wettbewerbvorteile erarbeiten. Man denke hier nur an die Chancen, die sich durch das E-Business über das Internet aufgetan haben.

Die Innovationsgeschwindigkeit bei den IT-Systemen ist enorm. Der IT-Bereich ist damit auch zu einem bedeutenden Kostenfaktor im Unternehmen geworden. Wer up to date sein will, muss dafür viel Geld investieren, auch wenn einzelne Komponenten, wie PCs, recht preisgünstig geworden sind. Eine entsprechende IT-Planung sowie IT-Controlling sind daher besonders wichtig.

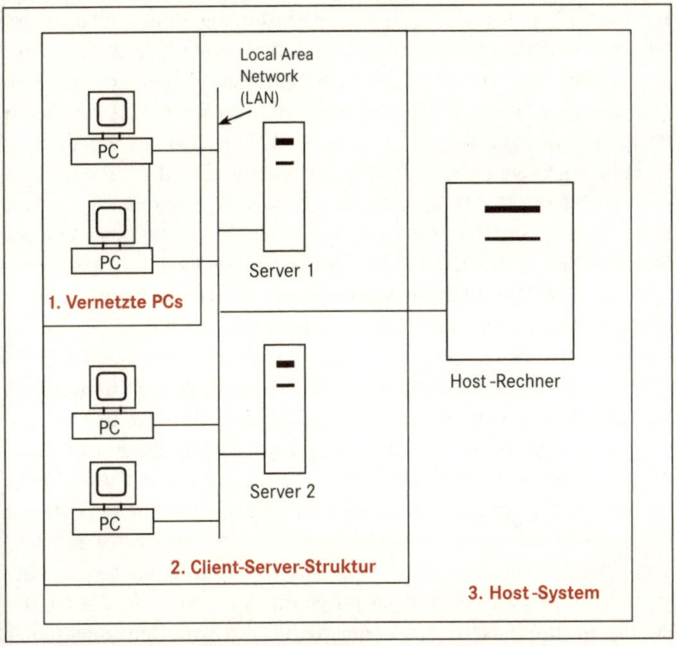

Abb. 53: Struktur der betrieblichen EDV

IT-Systeme je nach Betriebsgröße und Mission

Die IT-Systeme sind der Betriebsgröße und Unternehmensmission anzupassen und müssen für das Unternehmen sinnvoll und bezahlbar sein (Abb. 53). In Kleinbetrieben reicht oft ein PC mit der notwendigen Standard-Software, mit Anbindung ans Telefonnetz für **E-Mails** und den Internet-Zutritt. Zwei oder drei PCs können mit einem Netzkabel und Netzwerk-Karte verbunden werden, so dass ein gegenseitiger Datenaustausch über das Netz möglich ist und die PC-Nutzer miteinander kommunizieren können.

Eine größere Anzahl PCs (Clients) kann über ein **LAN** (Local Area Network, ein Spezialkabel) vernetzt und mit einem oder mehreren Servern verbunden werden. Man nennt dies eine **Client-Server-Struktur**. Der Server nimmt Speicher-, Mail- und weitere Funktionen wahr. Über ihn können Software verteilt oder gewartet und Daten an jeden PC im Netz verteilt werden.

In größeren Firmen gibt es in der dritten Ausbaustufe noch mehr oder weniger große **Host-Rechner** (»Gastgeber«-Rechner), auf denen

z. B. PPS-Programme (Produktionsplanung und -Steuerung) laufen und große Datenmengen verarbeitet und gespeichert werden. Von den PCs kann über die Server auf Daten im Host zugegriffen werden oder es werden Daten in den Host geladen.

Spezielle Software-Programme entwickelt heute selbst ein großer Konzern nicht mehr selbst. Heute werden die Standard Software-Pakete von den großen, weltweit tätigen Anbietern (z. B. SAP), mit entsprechenden Anpassungen (Customizing) eingesetzt. Die Programme der großen Anbieter bieten zahlreiche Module an, mit denen praktisch alle Prozesse im Unternehmen abgedeckt werden können.

Entschließt sich ein Mittelständler für die Einführung einer solchen integrierten, durchgängigen Software, so sollte auf jeden Fall eine Vorstudie durchgeführt werden. In dieser Vorstudie werden die **Machbarkeit** geprüft, der finanzielle und personelle Aufwand festgestellt, eine **Meilensteinplanung** und eine **Wirtschaftlichkeitsbetrachtung** angefertigt. Beim Letzteren sind auch die Folgekosten für die Software-Wartung einzubeziehen. Entschließt man sich für die Einführung, so ist auf jeden Fall ein detailliertes **Pflichtenheft** mit dem Softwareanbieter auszuarbeiten, in dem die genauen Leistungsdaten der Software, die zeitlichen Aspekte der Einführung, die Schulung und die Unterstützung beim Start beschrieben sind. Bei der Einführung ist ein Projekt mit einem Projektleiter und mit Projektmitarbeitern aus den verschiedenen Unternehmensbereichen und Vertretern des Software-Hauses aufzusetzen. Ein Lenkungsausschuss, der sich aus Führungskräften und Vertretern der Geschäftsleitung zusammensetzt, wacht über den Fortschritt. Der Projektleiter berichtet dem Lenkungsausschuss in regelmäßigen Abständen. Die Aktivitäten bei der Einführung werden dokumentiert. Bei der Umstellung der Daten vom alten auf das neue System (Datenmigration) sind Vorkehrungen (z. B. Integrations-Tests in einer Testumgebung, mehrfache Abspeicherung der Daten) zu treffen, damit kein Datenverlust auftritt und die Daten richtig verarbeitet werden.

Auf Datensicherheit achten

Eine wichtige Rolle spielt die Sicherheit der Datenverarbeitung. Der Verlust von Unternehmensdaten kann erhebliche Kosten verursachen und im Extremfall ein Unternehmen ruinieren. Die folgende Checkliste zeigt beispielhaft auf, was zu berücksichtigen ist.

Checkliste

Datensicherheit

- ✔ Mitarbeiter regelmäßig schulen; insbesondere Mitarbeiter, die Netzwerke und PCs betreuen!
- ✔ Betreuungsstelle und Hotline für PC-Anwender einrichten!
- ✔ Schutzprogramme (Firewall) für Server, die an externe Netze angeschlossen sind installieren!
- ✔ Virenschutzprogramme regelmäßig aktualisieren!
- ✔ Bei Virenbefall sofort alle Nutzer informieren und Abhilfe schaffen!
- ✔ Wichtige Dateien beim Versand über das Internet verschlüsseln!
- ✔ Keine Computerspiele oder private Software auf den Firmen-PCs erlauben. Dies und weitere Aspekte sollten in einer Organisations-Anweisung oder Betriebsvereinbarung geregelt werden!
- ✔ Die Beschaffung von Software und Hardware von der EDV-Abteilung koordinieren lassen!
- ✔ Regelmäßig Daten sichern und eine Kopie der Datenträger im Panzerschrank und eine weitere an sicherer Stelle außerhalb des Unternehmens (z. B. Banksafe) aufbewahren!
- ✔ Die Lizenzvereinbarungen mit den Software-Herstellern einhalten!

4.11 Zusammenfassung

1. Für den Bereich Betrieb wird zunächst die Strategie festgelegt. Sie soll auf die Vision und die strategische Stoßrichtung des Unternehmens ausgerichtet sein. **Strategie**
2. Die Aufbauorganisation stellt die Struktur des Unternehmens dar. Hierbei ist auf die Übersichtlichkeit und klare Zuordnung von Aufgaben Kompetenzen und Verantwortung zu achten. Im Organigramm wird der hierarchische Aufbau beschrieben und in den Stellenbeschreibungen die einzelnen personenbezogenen Funktionen. **Aufbauorganisation**
3. In der Ablauforganisation werden die Arbeits- und Geschäftsprozesse im Unternehmen beschrieben. Für die Darstellung und Optimierung stehen verschiedene Instrumente zur Verfügung. **Ablauforganisation**
4. Der Aufbau und die Unterhaltung eines Qualitätsmanagement-Systems wird heute insbesondere in der Zulieferbranche als selbstverständlich vorausgesetzt. Die sogenannte Zertifizierung des Qualitätsmanagement-Systems kann nach den Normen DIN EN ISO 9000 ff. erfolgen. Unternehmen, die bereits zertifiziert sind, können ihr Qualitätsmanagement-Systems zu einem sogenannten TQM-System (Total Quality Management) ausbauen. **Qualitätsmanagement-System**

Hierbei spielen die Zufriedenheit der Kunden und Mitarbeiter eine besondere Rolle.

Risikomanagement

5. Im Risikomanagement werden Unternehmensrisiken, die den Lebensnerv eines Unternehmens treffen können, erfasst. Durch Absicherungen, Notfallpläne und Organisationsanweisungen können Risiken verhindert oder minimiert werden.

Umweltschutz

6. Ein aktiv praktizierter Umweltschutz sollte heute selbstverständlich in jedem Unternehmen sein. Für die praktische Umsetzung im Unternehmen sollte ein Umweltschutzbeauftragter benannt und ein Umweltmanagement-System aufgebaut werden.

Supply Chain Management

7. Die gesamte Wertschöpfungskette des Unternehmens, vom Beschaffungs- bis zum Absatzmarkt, ist im Rahmen eines Supply Chain Management Programmes zu beleuchten und zu optimieren. Neue Systeme wie E-Procurement (elektronische Beschaffung) können dabei eingesetzt werden.

Workshops

8. Workshops mit einer Auswahl von Mitarbeitern können zur Optimierung der Bereiche Beschaffung, Materialwirtschaft und Logistik durchgeführt werden. Oft treten dabei enorme Einsparungspotenziale zu Tage.

Outsourcing

9. In einer Make-or-Buy-Betrachtung kann geprüft werden, ob und welche Dienst- und Fertigungsleistungen von Dritten wirtschaftlicher erbracht werden können. Das Outsourcing von Bereichen mit strategischer Bedeutung, z.B. Entwicklung von Schlüsselprodukten oder die IT, sollte jedoch vermieden werden.

Produktion

10. Für die Produktion mit ihren Teilbereichen Arbeitsvorbereitung und -planung, Arbeitssteuerung und Fertigung gibt es verschieden Strategien und Konzepte. Durch die Umstellung von Vorratsfertigung auf Auftragsfertigung lassen sich die Lieferzeiten verkürzen und Bestände abbauen. Letzeres kann erhebliche Kosteneinsparungen bedeuten.

EDV

11. Die elektronische Datenverarbeitung ist mittlerweile zu einem strategisch wichtigen Bereich aufgestiegen. Umso mehr ist der effiziente und effektive Einsatz der Informationssysteme von Bedeutung für das Unternehmen.

5 Personalwirtschaft

Personalstrategie auf strategische Stoßrichtung und Vision ausrichten

In diesem Kapitel werden verschiedene personalwirtschaftliche Instrumente vorgestellt, die für die strategische und operative Führung des Unternehmens erforderlich sind. Auch die **Personalstrategie**, die es zunächst festzulegen gilt, ist in Einklang zu bringen mit der strategischen Stoßrichtung und der Vision des Unternehmens (Abb. 54). Zum Beispiel könnten bei einer Vision, bei der das Unternehmen in fünf Jahren weltweit Technologie- und Marktführer sein will, folgende Personalstrategien gewählt werden:

- Qualifikation und Entwicklung des Personals, fit für die Zukunft,
- neue Führungskultur, Führungskräfteentwicklung,
- Nachwuchsprogramm für Führungskräfte, Einstellung von Nachwuchskräften mit hohem Potenzial.

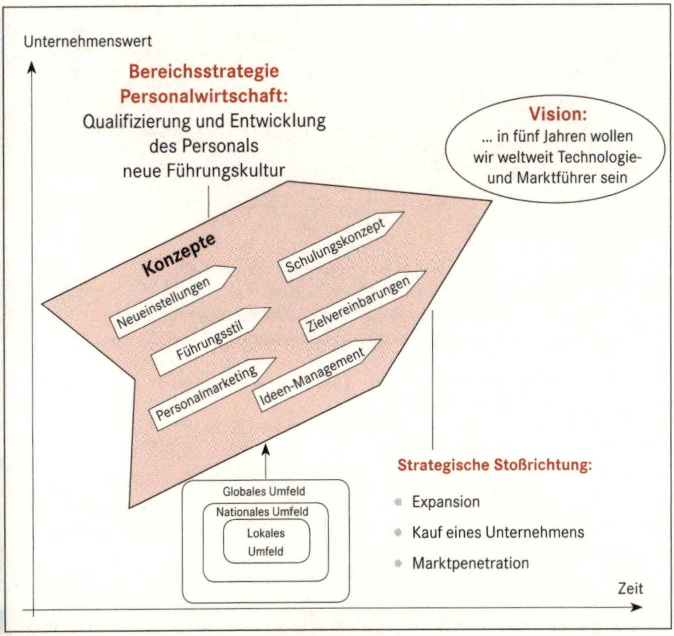

Abb. 54: Bereichsstrategie Personalwirtschaft

5.1 Personalführung

Führung heißt auch Vorbildfunktion

Management könnte man generell als den organisierten Einsatz und die Optimierung der Ressourcen eines Unternehmens (Menschen, Maschinen, Systeme, etc.) bezeichnen. Die Betonung liegt hierbei mehr auf dem Ausüben von Druck und der vom Manager eingebrachten Dynamik (push). **Führung** dagegen optimiert dadurch, dass man die Menschen, die man führt, in die Lage versetzt, gesteckte Ziele zu erreichen. Man schafft ein Umfeld, in dem sich die Mitarbeiter wohl fühlen und sich entfalten können. Die Betonung liegt hier mehr auf der Sogwirkung und der Eigendynamik (pull). Führung ist lernbar und weitgehend eine Frage des Verhaltens und Führung muss man vorleben (**Vorbildfunktion**). Etwas natürliches Charisma hilft der Führungskraft dabei.

Eine wichtige Rolle spielt der Umgang mit den Mitarbeitern und der Delegationsstil (Abb. 55). Beides kann in die Leitlinien des Unternehmens oder in spezielle Führungsleitlinien aufgenommen werden (siehe hierzu auch Kap. 3.6).

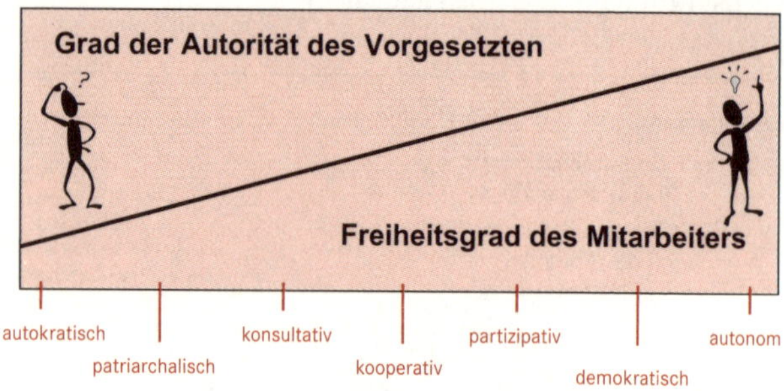

autokratisch:	Vorgesetzter trifft Entscheidung und gibt diese bekannt
patriarchalisch:	Vorgesetzter »verkauft« Entscheidung
konsultativ:	Vorgesetzter präsentiert Ideen und erbittet Fragen
kooperativ:	Vorgesetzter präsentiert vorläufige Entscheidung und ermöglicht Änderungen
partizipativ:	Vorgesetzter präsentiert Problem, erhält Vorschläge und trifft Entscheidung
demokratisch:	Vorgesetzter definiert Grenzen und bittet Mitarbeiter, Entscheidung zu treffen
autonom:	Vorgesetzter erlaubt Mitarbeitern, innerhalb seines Verantwortungsbereiches zu wirken

Abb. 55: Führungs- und Delegationsstil (Quelle: In Anlehnung an Harvard Business Review, Leadership Part 3, S. 111)

Delegationsstil überdenken und anpassen

Die Werte in der Gesellschaft und die Erwartungen der Menschen haben sich in den letzten Jahren geändert. Dem ist auch im Führungs- und **Delegationsstil** Rechnung zu tragen. Eine autokratische

Führung, bei der z.B. Mitarbeiter vor Kollegen gemaßregelt werden, kann man heute nicht mehr ruhigen Gewissens praktizieren. Es gibt sie aber leider immer noch, mit dem Resultat, dass die Fluktuation im Unternehmen sehr hoch ist und sich nur noch Mitarbeiter bewerben, die sonst keinen besseren Job bekommen. Die Mitarbeiter haben innerlich gekündigt. Das bedeutet, dass sie im Unternehmen bleiben, aber nur noch Dienst nach Vorschrift machen. In autokratisch geführten Unternehmen zeigen die Mitarbeiter kaum Eigeninitiative, machen keine Verbesserungsvorschläge und verhalten sich unauffällig.

Innere Kündigung durch autokratischen Stil

Erfolgreiche Unternehmen praktizieren einen Führungsstil, der den Mitarbeitern einen größtmöglichen Spielraum erlaubt. Es gibt Ziele, ein Budget und einen Handlungsrahmen, der möglichst groß gesteckt ist und darin bewegen, entscheiden und entfalten sich die Mitarbeiter.

Eine Änderung des Führungs- und Delegationsstils im Unternehmen ist oft nur dann möglich, wenn der autokratisch agierende Vorgesetzte sich zurückzieht. Dann wird es ein bis zwei Jahre dauern, bis die Mitarbeiter mit dem neuen Stil etwas anfangen können, Eigeninitiative zeigen und auch Verantwortung tragen möchten. Das heisst, der praktizierte Führungsstil muss der Organisation und den Mitarbeitern angepasst werden.

Mitarbeiter, die wegen guter Leistungen in eine Führungsposition befördert werden, sind nicht unbedingt sofort auch gute Führungskräfte. Bevor man sie auf die Mitarbeiter loslässt, sind sie gründlich auf die Führungsaufgabe vorzubereiten.

5.2 Personalmarketing

Fähige Mitarbeiter anziehen und halten

Der Wettbewerb um hoch qualifizierte Fach- und Führungskräfte hat sich in den letzten Jahren trotz hoher Arbeitslosenrate spürbar verschärft. Insbesondere in den Branchen neuer Technologien, wie z.B. Internet und Software, werden Fachkräfte, wie Informatiker und Ingenieure, händeringend gesucht. Denn ohne die erforderlichen personellen Ressourcen lassen sich die Ziele, die sich das Unternehmen gesetzt hat, nicht realisieren. So wie im Vertrieb um die Gunst der Kunden gekämpft wird, umschwärmen heute Personalabteilungen die gesuchten Fach- und Führungskräfte. Im Vertrieb bedient man sich der Funktionen des Marketing-Konzeptes und des Marketing-Mix. Die Aktivitäten werden auf die Wünsche und Bedürfnisse der Kunden ausgerichtet, mit dem Ziel, einen möglichst hohen Umsatz, Marktanteil und Deckungsbeitrag zu erlangen. Diese Konzepte lassen sich auch auf die Personalwirtschaft übertragen. Hier kann man mithilfe eines Personal-Marketing-Konzeptes Fach- und Führungskräfte suchen, anziehen und für das Unternehmen gewinnen, sowie die vorhandenen guten Mitarbeiter im Unternehmen halten. Insbesondere das Halten von guten Mitarbeitern im Unternehmen ist von Bedeutung. Was nützt es, wenn man die besten Leute mit hervorragendem Entwicklungspotenzial (High Potentials) gewinnt, und diese nach kurzer Zeit dem Unternehmen wieder den Rücken kehren. Um gute Mitarbeiter anzuziehen und zu halten, muss das ganze Umfeld im Unternehmen stimmen, vom Firmenimage über den Führungsstil bis zum Firmenerfolg.

Personalmarketing auf internen und externen Arbeitsmarkt ausrichten

Das **Personal-Marketing-Konzept** (Abb. 56) setzt sich wie der Marketing-Mix (Produkte, Preise, Promotion, Distribution) im Marketing-Konzept aus vier Bereichen zusammen. Die Konzepte und Aktivitäten werden auf den externen und internen Arbeitsmarkt ausgerichtet.

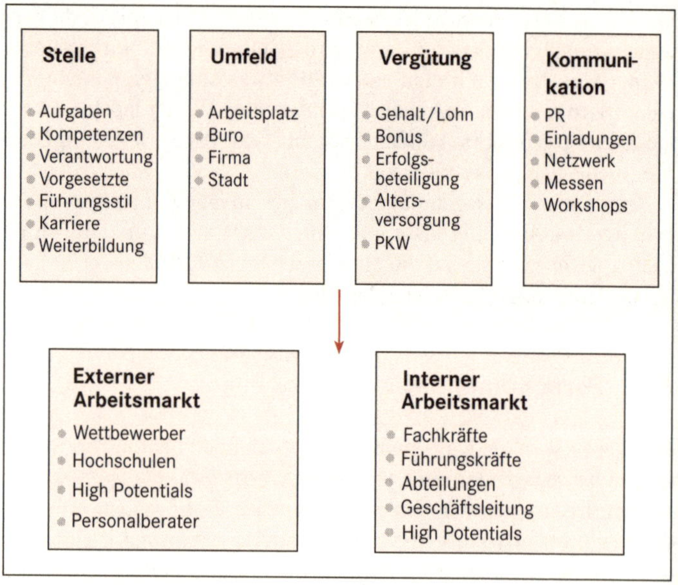

Abb. 56: Das Personal-Marketing-Konzept

Die Stelle soll attraktiv gestaltet sein und dem Mitarbeiter einen größtmöglichen Spielraum bieten. Die Entwicklungs- und Weiterbildungsmöglichkeiten, die mit dieser Stelle verbunden sind, werden bereits in den Stellenanzeigen aufgezeigt.

Arbeitsplatz optimal gestalten

Zum Umfeld des Mitarbeiters gehören Arbeitsplatz und Büro, die ansprechend gestaltet sind und die erforderliche Infrastruktur wie Telefon, PC, etc. beinhalten sollen. Ein sauberer und aufgeräumter

Betrieb rundet dies ab. Auch auf die Möglichkeit, im ausländischen Tochterunternehmen tätig zu sein, sollte hingewiesen werden. Die Freizeitmöglichkeiten oder die schulischen Einrichtungen vor Ort oder im Umland sollten bei Gesprächen mit neuen, potenziellen Mitarbeitern nicht unerwähnt bleiben und, wenn die Möglichkeit besteht, können auch Freizeitprogramme für alle Mitarbeiter angeboten werden.

Flexible Vergütung

Die Vergütung ist wichtig, aber nicht unbedingt ausschlaggebend. Es gibt viele Fälle, in denen Mitarbeiter zu einem neuen Arbeitgeber wechseln und dort zwar weniger Gehalt bekommen, aber sich wohler fühlen, weil im neuen Unternehmen ein besserer Führungsstil praktiziert wird. Eine leistungs- und erfolgsorientierte Entlohnung und eigene Gestaltungsmöglichkeiten, wie die Wahl eines Firmenwagens oder eine mögliche Altersvorsorge durch Gehaltsumwandlung, werden geschätzt.

Die Vorteile des eigenen Unternehmens und der Region gegenüber konkurrierenden Betrieben und Regionen sind über die Öffentlichkeitsarbeit (PR, Public Relations) auf den Arbeitsmärkten publik zu machen. Auch die Einladung von Schulabsolventen in das Unternehmen, Workshops auf Messen oder ein Tag der offenen Tür sind mögliche Aktionen einer Kommunikation nach außen.

5.3 Personalplanung

Personalplanung regelmäßig durchführen

Die Aufgabe der Personalplanung (Abb. 57) ist es, ausgehend von der Umsatz-, Produktions- und Investitionsplanung, den **Personalbedarf** abzuleiten und alle notwendigen Schritte zu veranlassen. Das zur Planerfüllung erforderliche Personal soll in der gewünschten Qualifikation, der entsprechenden Anzahl, zum richtigen Zeitpunkt und am richten Ort zur Verfügung stehen.

Bei der Ableitung des Personalbedarfs sind geplante Produktivitätsfortschritte oder Rationalisierungsmaßnahmen zu berücksichtigen. Der Zusatzbedarf kann geschätzt, durch Hochrechnung oder über Kennzahlen ermittelt werden. Wächst das Unternehmen, ist ein **Personalbeschaffungsplan**, gibt es einen Minderbedarf, ein **Personalabbauplan** zu erstellen. Die zusätzlichen oder reduzierten Personalkosten sind zu ermitteln und in das Budget aufzunehmen.

Die Personalplanung kann dezentral, von den jeweiligen Bereichen, durchgeführt werden. Die Abteilung Personalwesen sollte hier jedoch koordinierend und beratend mitwirken.

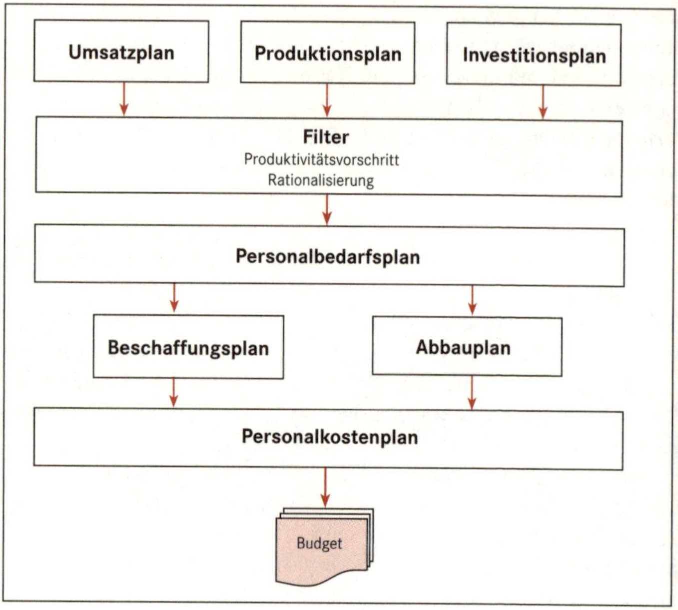

Abb. 57: Die Personalplanung

Manager auf Zeit für vorübergehende Führungsaufgaben

Oft lassen sich offene Stellen für Führungs- und Sachaufgaben nicht in der gewünschten Zeit besetzen. Für den kurzfristigen, vorübergehenden Einsatz von Führungskräften bieten sich Agenturen an, die über einen Pool von zahlreichen freiberuflichen Führungskräften verfügen. Diese so genannten Interimsmanager oder Manager auf Zeit werden nach Tagessätzen bezahlt. Sie können mit ihren langjährigen Erfahrungen in Führungspositionen und Branchen schnell eine Lücke schließen. Im Sachbearbeiterbereich oder im gewerblichen Bereich bieten zahlreiche Zeitarbeitsfirmen ihre Dienste an.

Arbeitswertanalyse für die Nulldimensionierung einsetzen

Da sich Arbeitsinhalte ändern oder entfallen, ist insbesondere im adminstrativen Bereich ab und zu eine **Nulldimensionierung** (Zero Base Dimensioning) in Form einer **Arbeitswertanalyse** (Abb. 58) zu empfehlen. In einer Matrix werden für jede betrachtete Organisationseinheit die jeweiligen Tätigkeiten aufgelistet. In die einzelnen Spalten werden die Namen der Mitarbeiter des Bereiches eingetragen. Bei der Erhebung vor Ort werden, im Rahmen von Interviews, die Anteile eines jeden Mitarbeiters an der jeweiligen Tätigkeit eingetragen. So bedeutet z.B. der Wert 0,1, dass der Mitarbeiter mit 10 % seiner Arbeitszeit im Durchschnitt mit einer bestimmten Aufgabe beschäftigt ist. Ist die Matrix, die man am besten in eine Tabellenkalkulation aufnimmt, komplett ausgefüllt, kann man erkennen, wie viel Personentage für eine bestimmte Tätigkeit aufgewendet werden und wie die tatsächlichen Tätigkeitsprofile der Mitarbeiter aussehen. Bei der Auswertung dieser Matrix lassen sich Schieflagen oder Ansatzpunkte für Rationalisierungen erkennen.

Arbeitswertanalyse							
Abteilung: Einkauf	**Datum:**						
Tätigkeit	A. Müller, Abteilungsleiter	B. Schmitt, Einkäufer	C. Maier, Hilfskraft				Summe
1. Mitarbeiterführung	0,2						
2. An Besprechungen teilnehmen	0,2	0,1	0,1				
3. Mit Lieferanten verhandeln	0,1	0,3					
4. usw.							
Summe							

Abb. 58: Die Arbeitswertanalyse

5.4 Personalrekrutierung

Sorgfältig bei Personalrekrutierung vorgehen

Bei der Personalbeschaffung oder -rekrutierung ist eine anforderungsgerechte Besetzung von Führungs- und Fachpositionen das Ziel. Ist ein Kandidat unterqualifiziert, kann er die Anforderungen der zu besetzenden Stelle nicht erfüllen. Wenn dies sinnvoll erscheint, kann er trotzdem eingestellt und zuerst ausgebildet werden. Ist er überqualifiziert, kann es sein, dass ihn die Aufgaben nicht herausfordern und auslasten und er schließlich das Handtuch wirft. Fehlbesetzungen sind eine unangenehme Sache sowohl für den Mitarbeiter als auch für das Unternehmen. Sie sind sehr kostenaufwendig und werfen das Unternehmen zeitlich zurück. In diesem Bereich des Personalwesens ist äußerstes Fingerspitzengefühl angebracht.

Innerbetriebliche Stellenausschreibung nutzen

Bei der Rekrutierung von Personal sollte man zunächst prüfen, ob sich im internen Arbeitsmarkt ein qualifizierter Mitarbeiter anbietet. Durch eine innerbetriebliche Stellenausschreibung lässt sich dies leicht feststellen. Im Rahmen der Personalentwicklung ist darauf zu achten, dass Nachwuchsführungskräfte ausreichend qualifiziert und ausgebildet werden. Seiteneinsteiger, also Führungskräfte aus dem externen Arbeitsmarkt sind in einem vernünftigen Verhältnis in Betracht zu ziehen. Sie bringen neue Impulse und Ideen mit.

Die folgende Checkliste zeigt, auf welchem Weg neue Mitarbeiter von außerhalb rekrutiert werden können.

Checkliste

An diese Stellen können Sie sich bei der Rekrutierung von neuen Mitarbeitern wenden:

- ✔ Arbeitsamt
- ✔ Fachverbände; haben z.T. eigene Stellenbörsen
- ✔ Head Hunter, der gezielt abwirbt
- ✔ Homepage des eigenen Unternehmens (Seite mit offenen Stellen einrichten)!
- ✔ Internet Jobbörsen
- ✔ Messen; Kontakte zu potenziellen Mitarbeitern suchen!
- ✔ Persönliche Kontakte und Netzwerk
- ✔ Schulen und Hochschulen; Aushänge, Einladungen
- ✔ Stellenanzeigen in regionalen oder überregionalen Zeitungen, Fachzeitschriften; direkt oder über eine Personalberatung

Bei der Auswahl von Führungskräften bietet sich eine Vorgehensweise an, wie sie in Abb. 59 dargestellt ist. Für andere Positionen kann das Verfahren, je nach Anforderung, verkürzt werden.

Bei der Bewerberauswahl strukturiert vorgehen

Nach der Personalsuche, z.B. über ein Inserat, sichtet man die eingehenden Bewerbungen, die meistens innerhalb von zwei Wochen nach Erscheinung des Inserates eintreffen. Um keine Zeit zu verlieren, beginnt man sofort nach Eingang der ersten Bewerbungen mit der Auswertung. Dabei bildet man drei Stapel. Der erste Stapel ist für Bewerber, die in die engere Auswahl kommen. Stapel zwei ist für Bewerber, die als Ersatzleute oder für andere offene Positionen in Frage kommen und Stapel drei für solche, die man auf keinen Fall berücksichtigen wird. Anhand der geforderten Qualifikationen, gemäß Stellenbeschreibung, und weiterer persönlicher Merkmale, kann eine Tabelle erstellt werden. In diese Tabelle werden die Bewerber der »ersten Wahl« eingetragen. Nach Abwägung, kann die Rangfolge für die einzelnen Bewerber getroffen werden, nach der diese dann auch zu den Vorstellungsgesprächen eingeladen werden.

Innerhalb einer Woche nach Erscheinen des Inserates sollten die ersten Telefonkontakte aufgenommen und Vorstellungsgespräche vereinbart werden. Zum ersten Vorstellungsgespräch kann man, je nach Anzahl der Bewerbungen, drei bis fünf Kandidaten einladen. Für die Gespräche, von etwa sechzig bis neunzig Minuten pro Bewerber, sind entsprechende Vorbereitungen zu treffen. Dazu gehören Unterlagen wie Stellenbeschreibung, Firmenprospekte und eine Liste mit möglichen Fragen an den Bewerber (siehe Checkliste unten).

Ein vorbildlich hergerichteter Besprechungsraum mit Getränken versteht sich von selbst. Schließlich bewirbt sich das Unternehmen auch bei dem potenziellen Mitarbeiter. Nach dem **»Vier-Augen-Prinzip«** sollten bei allen Vorstellungsgesprächen zwei Firmenvertreter zugegen sein, die bei der Auswahl behilflich sind. Es macht wenig Sinn bei einem Bewerber, gleichsam mit der rosaroten Brille, Eigenschaften zu suchen, die seine Einstellung rechtfertigen, das würde sich früher oder später rächen. Vielmehr ist es angebracht, kritisch jene Faktoren zu beleuchten, die ihn ungeeignet erscheinen lassen. Kleine Kompromisse wird man jedoch meist eingehen müssen. Den gut aussehenden, dynamischen, 25-jährigen Diplomingenieur mit Promotion und fünf Jahren Berufserfahrung gibt es nicht.

Vier-Augen-Prinzip bei Vorstellungsgesprächen

Psychologische Tests oder graphologische Gutachten sind denkbar, aber deren Nützlichkeit ist umstritten.

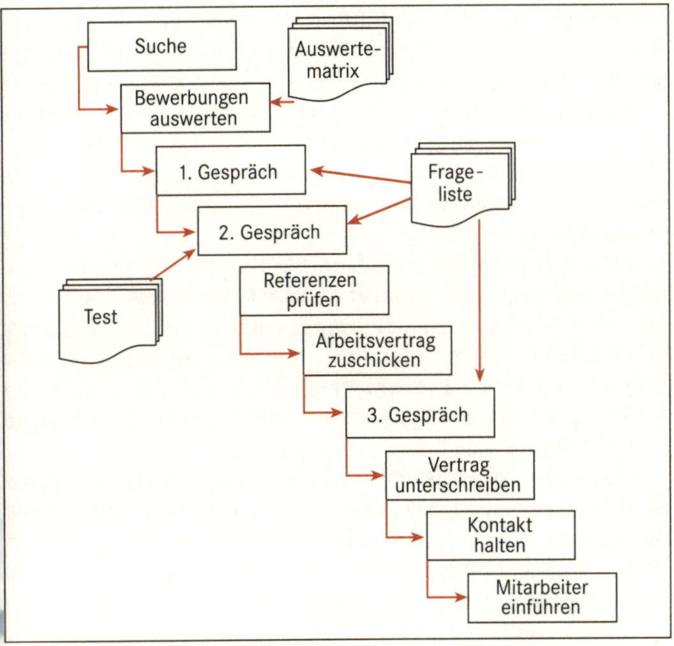

Abb. 59: Vorgehensweise bei der Personalauswahl

In der ersten Runde der Vorstellungsgespräche stehen die charakterlichen Eigenschaften, Verhalten, Eindrücke und der Lebenslauf des Kandidaten im Vordergrund. In der zweiten Runde geht es etwas tiefer, in fachliche Qualifikationen und man prüft, ob die Eindrücke des ersten Gespräches noch zutreffen. Weiterhin werden vertragliche Dinge abgeklärt. Eine Besichtigung des Unternehmens und Fachgespräche mit anderen Führungskräften sind denkbar. Alle Vorstellungsgespräche sollten in einer angenehmen Atmosphäre stattfinden. In eine Stresssituation darf man den Kandidaten aber schon einmal bringen, um zu sehen wie er darauf reagiert.

Referenzen einholen

Bevor ein Kandidat zum dritten Gespräch eingeladen wird, können Referenzen eingeholt werden und ein Vertragsentwurf wird ihm zugeschickt. Beim dritten Gespräch, zu dem man auch den Ehepartner einladen kann, erfolgt, eventuell nach kleinen Abänderungen, die Unterzeichnung des Vertrages. Anschließend bietet sich ein gemeinsames Essen an, bei dem man sich schon näher kennen lernen kann. Allen anderen Kandidaten sagt man dann höflich ab und bedankt sich für das Interesse am Unternehmen. Idealerweise ist das Auswahlverfahren innerhalb von drei Wochen nach Erscheinen des Inserates abgeschlossen.

Kontakt mit dem künftigen Mitarbeiter halten

Da oft Monate zwischen Vertragsunterzeichnung und Arbeitsantritt liegen, ist mit dem künftigen Mitarbeiter Kontakt zu halten. Man sollte ihn regelmäßig anrufen, ihm neue Prospekte, Zeitungsberichte über das Unternehmen, die Werkszeitschrift oder, wenn er es wünscht, auch schon Akten zuschicken. Das vermittelt ihm das Gefühl, dass man sich auf ihn freut und er hat dann schon etwas »Stallgeruch«, wenn er zum ersten Arbeitstag antritt. Auch die Hilfe beim Umzug und der Regelung aller Formalitäten sollte selbstverständlich sein.

Neuen Mitarbeiter herzlich empfangen und vorstellen

Am ersten Arbeitstag wird der neue Mitarbeiter freundlich empfangen und vorgestellt. Er findet ein vorbildlich ausgestattetes Büro vor. Schön wäre es, wenn auf dem Schreibtisch ein Strauß frischer Blumen und ein Schild »Herzlich willkommen in unserem Team« stünde. Dann wird der Einarbeitungsplan gemeinsam erstellt und der Mitarbeiter erhält alle erforderlichen Dokumente, die er bis dato noch nicht bekommen hat.

Assessments als Möglichkeit der Personalauswahl

Eine weitere Möglichkeit der Personalauswahl bietet das **Assessment-Center**. Bei diesem Verfahren werden mehrere Bewerber eingeladen und gleichzeitig verschiedenen Situationen, wie sie üblicherweise im Betrieb auftreten, ausgesetzt. Beobachter prüfen Verhalten und Teamfähigkeit der Kandidaten und geben in einem Bewertungsbogen ihr Urteil ab. Der oder die besten Kandidaten werden in die engste Auswahl genommen. Es gibt auch **Einzel-Assessments**, in denen Kandidaten einzeln eingehend getestet werden, dadurch besonders gefordert sind und sich »in die Mangel genommen« fühlen. Nicht jeder lässt eine solche Prozedur über sich ergehen. Letztendlich gilt auch hier das Gesetz von Angebot und Nachfrage.

Checkliste

Fragen an die Bewerber beim ersten Bewerbungsgespräch

- ✔ Aus welchen Gründen wollen Sie sich beruflich verändern?
- ✔ Was hat Ihnen bei Ihrer bisherigen Firma nicht gefallen?
- ✔ Wie ist Ihr Verhältnis zu Ihren derzeitigen Vorgesetzten?
- ✔ Wie ist Ihr Verhältnis zu Ihren derzeitigen Mitarbeitern?
- ✔ Warum haben Sie sich bei uns beworben?
- ✔ Was wissen Sie über unser Unternehmen?
- ✔ Was war Ihr größter beruflicher Erfolg?
- ✔ Was war Ihre größte Niederlage?
- ✔ Wie reagieren Sie auf Stress?
- ✔ Welche Stärken und Schwächen haben Sie?
- ✔ Was zeichnet einen idealen Vorgesetzten aus?
- ✔ Was zeichnet einen idealen Mitarbeiter aus?
- ✔ Wie haben Sie bisher Ihre Mitarbeiter motiviert?
- ✔ Was haben Sie bisher für Ihre Weiterbildung getan?
- ✔ Was sind Ihre weiteren beruflichen Ziele?

Checkliste

Diese Checkliste zeigt mögliche Attribute, die bei der Bewerbereinstufung denkbar sind.

- ✔ Möglicher Eintrittstermin
- ✔ Gehaltsvorstellungen
- ✔ Einschränkungen wie Ablehnung eines Umzuges
- ✔ Lebenslauf (Job Hopper)
- ✔ Grund für den Stellenwechsel
- ✔ Studienabschlüsse, Benotung
- ✔ Zusatzstudium, Promotion
- ✔ Weiterbildungsmaßnahmen
- ✔ Führungserfahrungen
- ✔ Führungsstil
- ✔ Branchenerfahrungen
- ✔ Fachliche Erfahrungen
- ✔ Fachwissen
- ✔ Konzeptuelle Fähigkeiten
- ✔ Analytische Fähigkeiten
- ✔ Auffassungsgabe
- ✔ Dynamik

- ✔ Persönliches Erscheinungsbild
- ✔ Gestik
- ✔ Manieren
- ✔ Kommunikative Fähigkeiten in Wort und Schrift (Bewerbungsunterlagen)
- ✔ Kontaktfreudigkeit (introvertiert oder extrovertiert)
- ✔ Teamfähigkeit
- ✔ Verantwortungsbewusstsein
- ✔ Durchsetzungsfähigkeit
- ✔ Entscheidungsfreudigkeit
- ✔ Loyalität
- ✔ Fähigkeit zur Selbstmotivation
- ✔ Positive Referenzen
- ✔ Betätigung in der Freizeit

5.5 Zielvereinbarungen

Zielvereinbarung als Führungsinstrument einsetzen

Zielvereinbarungen sind ein wesentlicher Bestandteil der Unternehmens- und Personalführung eines Unternehmens, um die gesteckten Unternehmensziele umzusetzen. Das funktioniert nur, wenn man wie in Kap. 3.4 beschrieben, die Unternehmensziele in Abteilungsziele und persönliche Ziele für Führungskräfte und Mitarbeiter aufteilt. Für den Mitarbeiter stellen die Zielvereinbarungen eine Orientierung dar, bei der Bewältigung der gemeinsamen Aufgaben, und sie verhelfen ihm zu Wertschätzung, Lob und Anerkennung und ermöglichen ihm, seine Fähigkeiten und Leistungen besser einzuschätzen und zu verbessern.

Jährliches Zielvereinbarungsgespräch

Ziele werden zwischen dem Mitarbeiter und dem Vorgesetzten in der Regel einmal pro Jahr im Rahmen eines so genannten **Zielvereinbarungsgespräches** vereinbart und protokolliert. Das Protokoll wird dann gemeinsam unterschrieben. Eine Kopie des Protokolls erhält der Mitarbeiter, eine der Vorgesetzte und eine weitere Kopie wird in der Personalakte abgelegt. Das Protokoll der Zielvereinbarung sollte die folgenden Inhalte aufweisen:

1. Allgemeiner Teil
   - Name und Organisationseinheit des Mitarbeiters,
   - Name und Organisationseinheit des Vorgesetzten,
   - Ort und Datum,
   - Unterschrift des Mitarbeiters und des Vorgesetzten,

2. Beurteilung für den abgelaufenen Zeitraum
   - Grad der Zielerreichung,
   - Kommentare, warum Ziele nicht erreicht wurden oder Würdigung besonderer Leistungen,
3. Neue Zielsetzungen
   - qualitative Ziele, z.B. Seminar abhalten,
   - quantitative Ziele, z.B. 10 neue Kunden,
   - Verhaltensweisen, z.B. Führungsstil, Kundenorientierung, Teamfähigkeit,
   - Vereinbarung der Beurteilungskriterien bei Berücksichtigung des vorgegebenen Rahmens (z.B. maximaler Bonus 30% auf das Basisgehalt),
4. Weitere Entwicklung des Mitarbeiters
   - Unterstützung durch den Vorgesetzten,
   - Schulungen, Seminare,
   - nächster Karriereschritt,
   - Neigungen und Interessen des Mitarbeiters,
   - Flexibilität und Mobilität des Mitarbeiters,
5. Bemerkungen des Mitarbeiters und Vorgesetzten

Zielvereinbarungsgespräche rechtzeitig vereinbaren

Zielvereinbarungsgespräche sind rechtzeitig zu avisieren und es sind ein bis zwei Stunden pro Gespräch einzuplanen. Sie finden unter vier Augen statt und sollen in einer angenehmen und konstruktiven Atmosphäre geführt werden. Es gibt Schulungen für Führungskräfte zur Einübung von Zielvereinbarungsgesprächen. Der Ablauf und die Inhalte können wie folgt gestaltet werden:

1. Vorbereitung
   - etwa drei bis vier Wochen vor dem Gespräch Information mit der Bitte um Vorbereitung,
   - ca. fünf bis acht Arbeitstage vor dem Gespräch konkrete Terminvereinbarung,
   - Besprechungszimmer organisieren mit Flip Chart und Getränken,
2. Gespräch
   - durch ein paar allgemeine Fragen das Gespräch eröffnen und das Eis brechen,
   - kurzer Überblick über die Inhalte des Gespräches,
   - Feststellung des Grades der Zielerreichung in der abgelaufenen Periode,
   - Würdigung und Anerkennung des Erreichten,
   - Fragen nach den Gründen für nicht erreichte Ziele,
   - konstruktive Kritik und Hilfestellungen,
   - Entwicklungsmaßnahmen vereinbaren, z.B. Seminarbesuch,
   - gemeinsam neue Ziele vereinbaren,

- Fragen nach den weiteren Karriereplanungen, Neigungen und Interessen des Mitarbeiters,
- Fragen nach der Flexibilität (z.B. anderer Arbeitsplatz) und Mobilität (z.B. Auslandseinsatz),
- kurze Zusammenfassung des Gespräches,
- eventuell Protokollierung von Hand (oder am besten in vorbereitete Formblätter am PC und Ausdruck) und Unterschrift,

3. Nachbereitung
   - gegebenenfalls ins Reine schreiben und unterzeichnen,
   - Protokoll verteilen,
   - in regelmäßigen Abständen (z.B. alle zwei Monate) hinterfragen, wie der Mitarbeiter mit der Erfüllung der Ziele zurecht kommt.

Checkliste

Diese Kriterien sind bei der Festlegung von Zielen zu beachten:

✔ Es muss Konsens bestehen.

✔ Die Ziele sind verständlich formuliert.

✔ Eindeutigkeit der Ziele: Wer tut was, mit welchem Ergebnis, wann?

✔ Die Ziele müssen realistisch und erreichbar sein, aber auch schon herausfordernd.

✔ Die Ziele sind vom Mitarbeiter auch wirklich beeinflussbar.

✔ Das Erreichen der Ziele ist überprüfbar und nachvollziehbar.

✔ Es besteht kein Widerspruch von einzelnen Zielen.

5.6 Leistungsbeurteilung

Beurteilungssysteme sollen transparent sein

Die Beurteilung der Leistungen eines Mitarbeiters ist ein wichtiges, aber bei den Führungskräften auch ein wenig geliebtes Führungsinstrument. Oft erwarten Mitarbeiter grundsätzlich eine jährliche Höherstufung. Die gängigen Punktebewertungen werden untereinander ausgetauscht und alle glauben, dass sie unterbewertet sind. Es gibt Frust und Ärger und man erreicht damit das Gegenteil von dem, was man eigentlich bewirken wollte, nämlich eine Motivation des Mitarbeiters. Führungskräfte sind entmutigt und bekommen Magenschmerzen, wenn sie an die nächste Beurteilungsrunde denken. Starre Beurteilungssysteme, die über Jahre hinweg nach dem gleichen Schema ablaufen und mit denen die Hilfskraft im Einkauf und der hoch qualifizierte Informatiker gleichermaßen beurteilt werden, sowie Managementvorgaben über Punktzahlobergrenzen, bilden den Nährboden für ein solches Szenario.

Besser ist eine Beurteilung des Mitarbeiters nach dem System der Zielvereinbarungen und damit verbunden ein klares, nachvollziehbares **Punkte- oder Bonussystem**. Dabei sind Skalierungen (siehe Beispiel) zu empfehlen um eine schwarz-weiß Beurteilung auszuschließen. Das Verfahren ist flexibel und die Beurteilungskriterien werden gemeinsam festgelegt und individuell abgestimmt, so kann der Dynamik in den Märkten und bei der Mitarbeiterentwicklung Rechnung getragen werden.

Beispiel Skalierung für Punkte- oder Bonussystem:
- *Durchschnittliche Zielerreichung bis zu 75 %: kein Bonus*
- *Durchschnittliche Zielerreichung bis zu 100 %: 20 % Bonus*
- *Durchschnittliche Zielerreichung bis zu 150 %: 30 % Bonus*
- *Dazwischen wird jeweils interpoliert.*

Beurteilungen von Führungskräften durch Mitarbeiter sind ratsam

Eine regelmäßige Beurteilung von Vorgesetzten durch ihre Mitarbeiter ist durchaus in Betracht zu ziehen. Das öffnet manchem Manager die Augen und die Führung wird insgesamt qualitativ verbessert. Beurteilt werden können Kriterien wie:
- Führungs- und Delegationsstil, Führungsverhalten: Kann sich der Mitarbeiter entfalten, erhält er ausreichend Unterstützung, wird er gefördert?
- Informationsverhalten: Fühlt sich der Mitarbeiter ausreichend informiert?
- Kommunikationsverhalten: Freundlichkeit, Offenheit, Teamverhalten, Umgangston.

5.7 Vergütungssystem

Vergütungssystem flexibel gestalten

Die Vergütung von gewerblichen Mitarbeitern und Angestellten ist in vielen Branchen durch Tarifverträge geregelt, wobei eine gewisse Flexibilität bei der Einstufung der Mitarbeiter in Gehalts- oder Lohnklassen möglich ist, sowie bei dem leistungsbezogenen Entgeltanteil und sonstigen, tariflich nicht geregelten Zuwendungen.

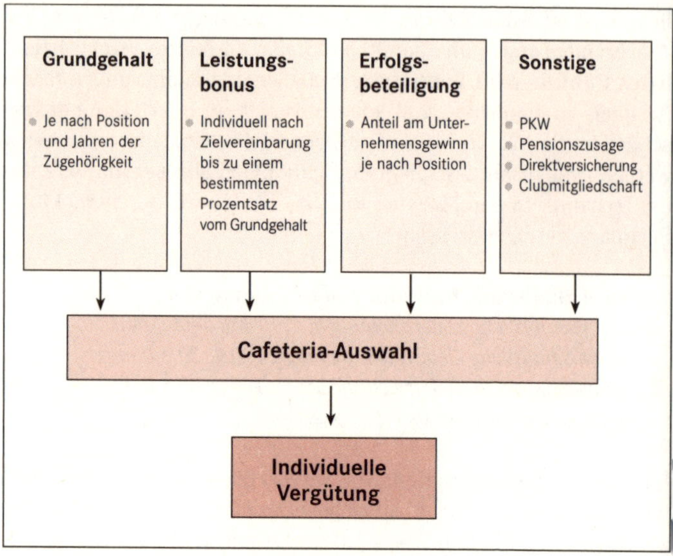

Abb. 60: Bestandteile des Vergütungssystems

Im außertariflichen Bereich kann man sich nach Vergütungstabellen richten, die branchenspezifisch und nach Position aufgebaut sind und von verschiedenen Instituten angeboten werden. Diesen Tabellen kann man auch die fixen und variablen Gehaltsanteile und die branchenüblichen sonstigen Vergütungsbestandteile (Fringe Benefits) wie PKW, Altersversorgung entnehmen.

Vergütungssystem regelmäßig überprüfen

Das Vergütungssystem (Abb. 60) eines Unternehmens muss wettbewerbsfähig ausgerichtet sein und turnusmäßig einer Überprüfung und gegebenenfalls Anpassungen unterzogen werden. Geld alleine macht die Mitarbeiter bekanntermaßen nicht glücklich, es muss das ganze Umfeld im Unternehmen stimmen. Aber ein Unternehmen, das leistungsorientiert und modern vergütet, hat mehr Chancen im Arbeitsmarkt. Das Vergütungssystem besteht aus vier Hauptbestandteilen, nämlich dem Grundgehalt, einem **Leistungsbonus** nach der individuellen Zielvereinbarung, einer **Erfolgsbeteiligung** und sonstigen Zuwendungen.

Steuerliche Aspekte berücksichtigen

Geschätzt wird von den Mitarbeitern ein so genanntes **Cafeteria-Vergütungssystem**, in dem man sich die Bestandteile der Vergütung in gewissem Umfang und eventuell in Verbindung mit einer Umwandlung bestimmter Anteile des Grundgehaltes, selbst auswählen kann. Dabei sind allerdings die sich ständig ändernden steuerlichen Aspekte (z. B. geldwerter Vorteil) zu berücksichtigen.

Checkliste

Mögliche sonstige Vergütungsbestandteile:

- ✔ Beihilfen bei familiären Ereignissen wie Heirat, Geburt
- ✔ Bildungsurlaub
- ✔ Bücher
- ✔ Bürgschaft
- ✔ Clubmitgliedschaft
- ✔ Dienstwohnung
- ✔ Direktversicherung
- ✔ Firmenwagen
- ✔ Kredit
- ✔ Mobiltelefon
- ✔ Pensionszusagen
- ✔ Privattelefon
- ✔ Produkte des Unternehmens
- ✔ Reisegepäckversicherung
- ✔ Seminare
- ✔ Sonderurlaub
- ✔ Unfallversicherung
- ✔ Vergütung für Patente und Erfindungen
- ✔ Vermögensberatung
- ✔ Vorträge und Veröffentlichungen
- ✔ Weiterbildungskosten

5.8 Personalverwaltung

Personalverwaltung als interner Dienstleister

Die moderne Personalverwaltung versteht sich als interner Dienstleister für die Führungskräfte und Mitarbeiter im Unternehmen. Die Hauptaufgaben der Personalverwaltung sind vielseitig und lassen sich wie folgt darstellen:

1. Personaldokumente
   - Führung der Personalakten,
   - Aufbau und Unterhaltung einer Personaldatenbank (Personal-Informations-System),
   - Erstellung von Arbeitsverträgen,
   - Aufstellung und Aktualisierung einer Arbeitsordnung,
   - Abwicklung des Schriftverkehrs mit externen Stellen und mit den Mitarbeitern,
   - Mitwirkung bei der Erstellung von Betriebsvereinbarungen,

2. Zeitabrechnung
   - Auswertung der Stechkarten,
   - Führung und Auswertung der Gleitzeitkonten,
3. Entgeltabrechnung
   - Erstellung und Verteilung der Abrechnungen,
   - Erstellung von Zahlungsträgern und Veranlassung der Zahlungen,
   - Abführung aller Beiträge zu Sozialversicherungen und der Steuer,
4. Unterstützung bei rechtlichen Fragen (eigener oder externer Rechtsanwalt)
   - Disziplinarmaßnahmen,
   - Kündigungen,
   - Vertretung vor dem Arbeitsgericht,
   - Benennung von Datenschutzbeauftragten,
   - Verifizierung der Einhaltung des Bundesdatenschutzgesetzes im Unternehmen,
5. Personaldienste
   - Ausbau und Verbesserung der personalwirtschaftlichen Instrumente,
   - Unterstützung bei oder Abwicklung der Personalrekrutierung,
   - Unterstützung beim **Skill-Management** (Skills = Wissen und Können),
   - Koordination der Personalentwicklungsmaßnahmen,
   - Betreuung des Ideen-Managements (betriebliches Vorschlagswesen),
   - Betrieb und Verwaltung der Kantine,
   - Koordination oder Betreuung von Getränkeautomaten und ähnlichen Einrichtungen,
   - Betreuung von Sporteinrichtungen.

EDV-Unterstützung

Für die EDV-Unterstützung der Personalverwaltung gibt es zahlreiche Software-Pakete – von der integrierten umfangreichen Lösung bis zu Programmen für einzelne Funktionen.

Tipp

Für kleine Unternehmen bieten sich für Funktionen, wie die komplette Entgeltabrechnung, externe Dienstleiter an.

5.9 Personalentwicklung

Die Personalentwicklung (Abb. 61) ist nicht nur als Weiterbildung zu verstehen, sondern sie hat vor allem strategische Bedeutung. Denn Unternehmensziele und Konzepte lassen sich nur mit qualifizierten Mitarbeitern umsetzen. Die erforderlichen Qualifikationen und Skills (Wissen und Können) sind jedoch nicht immer im Unternehmen in dem Umfang vorhanden, in dem man sie gerne hätte. Um die gewünschten Skills zu erreichen, bedient man sich der Methoden der Personalentwicklung.

Personalentwicklung ist von strategischer Bedeutung

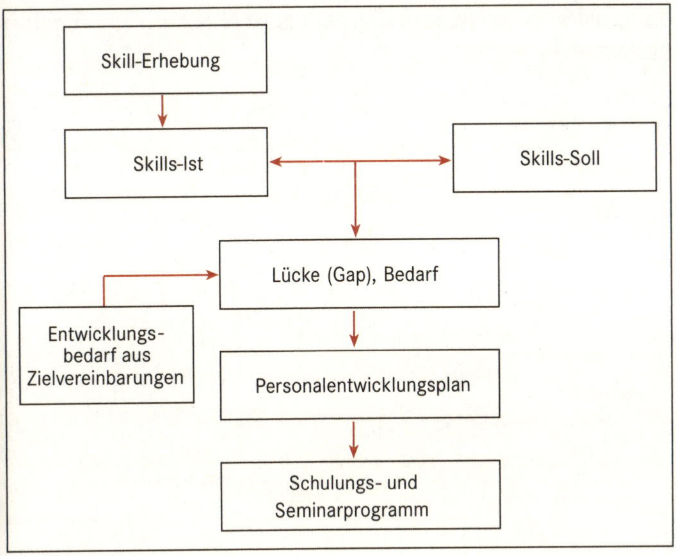

Abb. 61: Personalentwicklung

Grundlage für die Personalentwicklung ist die Bedarfsermittlung. Dazu muss man zunächst zwei Kriterien kennen, den Ist-Stand der Qualifikationen und der Skills der Mitarbeiter im Unternehmen und den Soll-Stand der Skills. Die Soll-Skills sind mit Hilfe der Personalplanung und weiteren Parametern wie Zielsetzungen und Strategien des Unternehmens abzuleiten und in eine Matrix (Abb. 62) einzutragen. Die Skills sind dabei nach Themen oder Funktionen zu ordnen. Dies kann, je nach Betriebsgröße, bereichs- oder unternehmensweit erfolgen. Für die Ermittlung des Ist-Standes wird eine Erhebung mittels Interviews durchgeführt, bei der für alle Mitarbeiter die Skills erfasst und dokumentiert werden. Dabei können z. B. vier Skill-Stufen definiert werden:

Skills erfassen

1. Grundkenntnisse,
2. ausgeprägtes Wissen,
3. ausgeprägtes Wissen/Können,
4. Experten-Skills.

Entsprechende Mitarbeiter in Personalentwicklungsplan aufnehmen

Bei der Auswertung und der Gegenüberstellung von Ist und Soll, wird die Lücke (Gap) ermittelt und der Bedarf abgeleitet. Dieser und anderweitig ermittelter Bedarf, z. B. aus den Zielvereinbarungsgesprächen, bilden die Grundlage für den **Personalentwicklungsplan**. In diesen Plan werden die entsprechenden Mitarbeiter mit den konkreten Entwicklungsmaßnahmen aufgenommen. Danach werden die benötigten Schulungen und Seminare fachlich und terminlich geplant und gebucht.

Skill-Erfassung							
Abteilung: Marketing	**Datum:**						
Skills	A. Müller, Abteilungsleiter	B. Schmitt, Einkäufer	C. Maier, Hilfskraft				
Vertrieb							
• Computer Aided Selling	G	W	E				
• E-Commerce	–	G	–				

G = Grundkenntnisse, W = ausgeprägtes Wissen, K = ausgeprägtes Wissen/Können
E = Experten-Skills, – = keine Skills

Abb. 62: Skill-Erfassung

Tipp

Folgende Entwicklungsmaßnahmen bieten sich zur Förderung Ihrer Mitarbeiter an:

- ✔ Auslandsaufenthalt
- ✔ Autodidaktische Schulung, Firma übernimmt die Kosten für Bücher und ähnliche Lehrmittel
- ✔ Eliteschulen, z. B. mehrwöchiges Seminar an einer Hochschule
- ✔ Einzel-Coaching
- ✔ Gruppen-Coaching
- ✔ Job-Rotation (Mitarbeiter erhält vorübergehend oder auf Dauer einen anderen Arbeitsplatz, um sich weiterzuentwickeln)
- ✔ Konferenzen
- ✔ On-the-Job-Training (Training am Arbeitsplatz)

- ✔ Seminare intern, extern
- ✔ Tagungen
- ✔ Trainee-Programm
- ✔ Vorträge
- ✔ Weiterbildungsmaßnahmen größeren Umfangs wie Ausbildung zum Qualitäts-Auditor
- ✔ Wissensweitergabe durch Kollegen
- ✔ Workshops
- ✔ Zusatzstudium berufsbegleitend, vom Unternehmen gefördert

5.10 Ideen-Management

Ideen-Potenzial der Mitarbeiter nutzen

Vielen Unternehmen fehlt es an neuen Ideen und Impulsen für die Verbesserung von Produkten und Prozessen. Dabei ist es so einfach, man muss nur alle Mitarbeiter für Verbesserungen sensibilisieren und mobilisieren. Dazu muss natürlich ein entsprechendes Umfeld, das geprägt ist von Offenheit, Fairness und auch von Teamgeist, also ein gutes Betriebsklima, im Unternehmen vorhanden sein.

Wenn ein Mitarbeiter, der einen Verbesserungsvorschlag äußert, bei seinem Vorgesetzten in Ungnade fällt, wird sich dieser Mitarbeiter und seine Kollegen nicht mehr offen mit neuen Ideen melden. Dann machen sich Unmut breit und Gedanken wie »Wir können sowieso nichts ändern« oder »Wenn die da oben uns nur fragen würden«. Das Gleiche gilt, wenn ein antiquiertes Vorschlagssystem halbherzig betrieben wird und Mitarbeiter über sechs Monate auf eine Antwort warten müssen.

Mitarbeiter sind zu ermutigen, konstruktive Kritik zu üben, ihre Kreativität zu nutzen, und Anregungen und Ideen jederzeit vorzubringen. Vorgesetzte müssen dafür offen sein und die Größe haben, Kritik in ihrem Bereich und Ideenmeldungen wirklich zu schätzen. Sie müssen es verstehen, die Potenziale, die in jedem Mitarbeiter stecken, zu nutzen.

Tipp

Eine positive Einstellung gegenüber Verbesserungsvorschlägen oder eine bestimmte Anzahl Ideenmeldungen kann bei Führungskräften auch als Zielsetzungen in die Zielvereinbarungen aufgenommen werden.

Ideen-Management als Teil der Unternehmenskultur

Der Erfolg der japanischen Wirtschaft kommt nicht von ungefähr. In Japan reichen die Arbeitnehmer im Schnitt pro Monat zwei bis drei Verbesserungsvorschläge ein, von denen ein überwiegender Teil umgesetzt wird (Abb. 63). Dort gehört es zur Unternehmenskultur, Produkte und Prozesse kontinuierlich zu verbessern. Zahlreiche Firmen in Deutschland haben diese Vorgehensweise übernommen und sind damit erfolgreich.

Internationaler Vergleich	Japan	USA	Deutschland
Anzahl Vorschläge auf 100 Mitarbeiter pro Jahr	2.500	16	16
Anteil umgesetzter Vorschläge	87 %	38 %	39 %
Durchschnittliche Prämie in €	2,85	379	477

Abb. 63: Internationaler Vergleich für Verbesserungsvorschläge (Quelle: Institut für Sozialforschung und Gesellschaftspolitik)

Für das Management von Ideen gibt es verschiedene Systeme, die im Folgenden aufgeführt sind.

Verbesserungsvorschläge rasch bearbeiten

1. Das klassische betriebliche Vorschlagswesen kurz **BVW** genannt (siehe Abb. 64): Das BVW gibt es schon seit vielen Jahren und es wird heute noch von den meisten Firmen praktiziert. Die Verfahren, die Bewertungsmaßstäbe, Formblätter usw. sind in den Richtlinien des BVW beschrieben. Jeder Mitarbeiter erhält diese Richtlinien. An verschiedenen Plätzen, z.B. schwarzes Brett, Eingang zur Kantine etc. stehen die Formblätter für das BVW in Kästen zur Verfügung und jeder Mitarbeiter kann sich bedienen. Vorschläge können von einzelnen Personen oder Gruppen eingereicht werden. Sie werden an den BVW-Beauftragten weitergereicht, der den Vorschlag registriert und an die Bewertungskommission weitergibt. Der oder die Einreicher erhalten eine Eingangsbestätigung. Die Bewertungskommission, die sich aus verschiedenen Experten zusammensetzt und sich regelmäßig trifft, bewertet den Vorschlag und informiert den BVW-Beauftragten, der wiederum den oder die Einreicher informiert. Eine eventuelle Prämie wird mit der nächsten Gehalts- oder Lohnabrechnung ausgezahlt. Das gesamte Verfahren sollte möglichst einfach gestaltet sein. Der Zeitraum vom Einreichen bis zur Benachrichtigung über die Bewertung sollte nicht länger als drei bis vier Wochen dauern. Zur Abrundung des Systems können noch Sonderprämien unter allen Einreichern verlost, jeder einhundertste Einreicher beschenkt oder alle Einreicher jährlich zum Essen mit der Geschäftsleitung eingeladen werden.

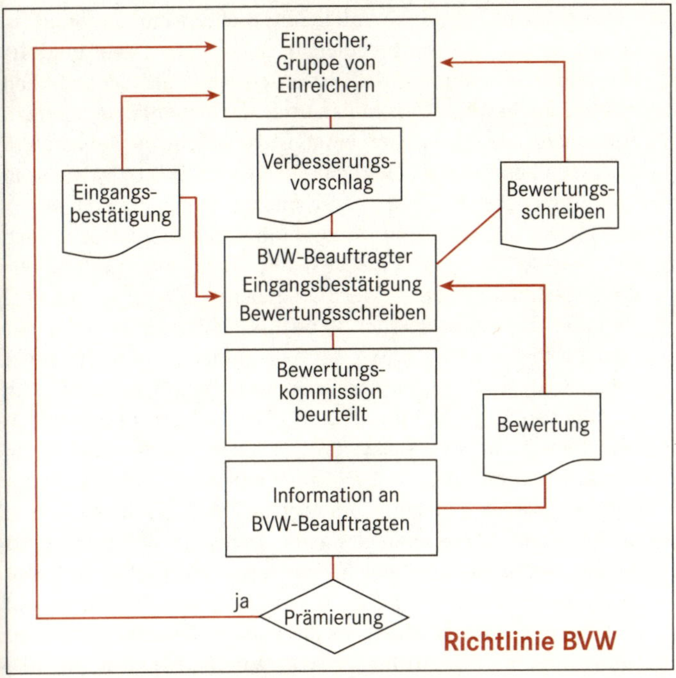

Abb. 64: Das Betriebliche Vorschlagswesen (BVW)

2. **Qualitätszirkel:** Anfang der 80er-Jahre sind die Qualitätszirkel in Mode gekommen. In regelmäßigen Abständen und für einen gewissen Zeitraum treffen sich Mitarbeiter, um Ideen oder Lösungsvorschläge für bestimmte Problembereiche zu entwickeln. Die Gruppen bestehen aus fünf bis zehn Mitarbeitern. Sie sind an keine Hierarchie gebunden, alle sind gleichberechtigt und sie arbeiten auf freiwilliger Basis. Sie treffen sich während der Arbeitszeit (ca. 90 Minuten) oder im Anschluss daran. Die Zeit wird in der Regel bezahlt. Aus ihre Mitte wählen sie einen Moderator, der die Sitzungen leitet. Die Ergebnisse werden protokolliert oder auf Flip Charts dokumentiert und den betroffenen Bereichen zur Verfügung gestellt.

Qualitätszirkel für Problemlösungen

3. **Kaizen** oder der Kontinuierliche Verbesserungsprozess kurz **KVP** genannt: Kaizen ist ein japanischer Begriff und er bedeutet Verbesserung (kai heisst ändern und zen heisst gut). Es ist weniger ein System für Verbesserungen als vielmehr eine Philosophie, die bestimmte Denk- und Verhaltensweisen propagiert. Demzufolge gibt es überall im Unternehmen, in allen Prozessen und bei allen Produkten täglich Dinge zu verbessern oder Möglichkeiten, Verschwendung zu vermeiden. Diese Denk-

Kaizen ist eine Denk- und Verhaltensweise

weise muss in den Köpfen aller Mitarbeiter, vom Top Management bis zum Reinigungsbediensteten, verankert sein und täglich praktiziert werden. KVP ist ausgerichtet auf Schnelligkeit und auf die Bewältigung von zahlreichen Vorschlägen, die man mit einem Ablauf, wie er beim BVW beschrieben ist, nicht umsetzen könnte. Eine Möglichkeit, KVP zu praktizieren, ist in Abb. 65 dargestellt. Jeder Mitarbeiter geht mit offenen Augen durch die Firma. Wird ein Missstand erkannt, geht man nach der 5-W-Methode vor. Dies bedeutet, man stellt fünfmal die Frage nach dem Warum? Warum ist das Werkzeug beschädigt? Weil der Transportbehälter verschlissen ist! Warum ist der Transportbehälter verschlissen? Weil die neuen noch im Lager liegen und er nicht rechtzeitig ausgetauscht wurde! Warum wurde er nicht rechtzeitig ... usw. Jede Verbesserungsmöglichkeit, die sich dabei herauskristallisiert, wird auf eine KVP-Form (einfache Form auf DIN-A-5 Papier mit den Rubriken: Name, Datum, Problem, Lösung, erledigt ja/nein) geschrieben und in den dafür vorgesehenen Kasten gegeben. Verbesserungen werden, wenn möglich, gleich umgesetzt. Der KVP-Koordinator hängt die schon umgesetzten Vorschläge an eine Pinnwand und gibt die neu eingebrachten an die entsprechenden Stellen zur Umsetzung weiter. Auf einem elektronischen Display, für alle sichtbar (z. B. im Empfang), wird die Gesamtzahl der Vorschläge pro Monat, eventuell mit Statistik und Zahlen des letzten Jahres, angezeigt. Für jeden Vorschlag gibt es eine Prämie von z. B. 10 € in einen Topf, der den Mitarbeitern zur Verfügung steht. Die Gelder im Topf können ausbezahlt oder für einen Betriebsausflug eingesetzt werden.

5-W-Methode

Tipp

Beim Aufbau und der Einführung eines Ideen-Managements sind Führungskräfte, Mitarbeiter und die Arbeitnehmervertretungen einzubeziehen.

Ideen-Workshop für die gezielte Entwicklung von Ideen

4. **Ideen-Workshops:** Hier trifft sich für die Entwicklung von Ideen oder Problemlösungen einmalig eine Anzahl von Mitarbeitern. Eine Person übernimmt die Moderation. Die Ergebnisse werden auf Flip Charts oder Metaplan Tafeln (Große Pinnwände) festgehalten und mit einer Digitalkamera fotografiert und verteilt. Dabei können verschiedene Kreativitätstechniken (siehe Kap. 7.1) eingesetzt werden.

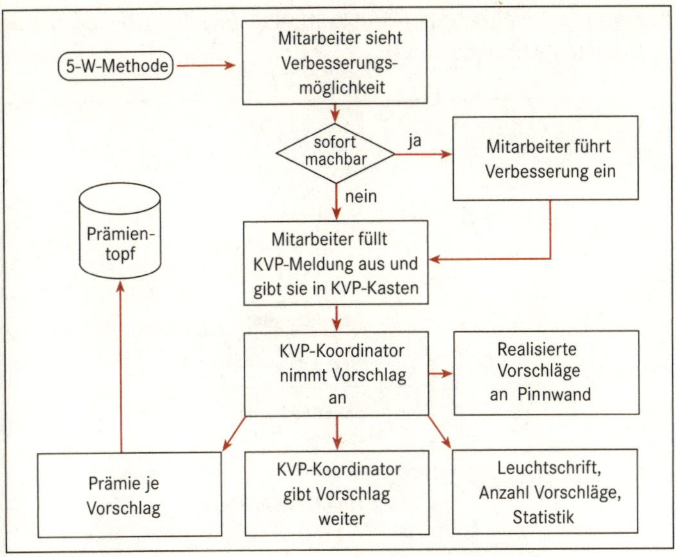

Abb. 65: Kontinuierlicher Verbesserungsprozess (KVP)

5.11 Motivation

Motivation kann man nicht verordnen

Was nützen einem Unternehmen die besten Maschinen und Verfahren, wenn die Belegschaft im Schnitt untermotiviert und unzufrieden ist. Das Leistungspotenzial ist nicht ausschöpfbar. Die Ausfallzeiten liegen über dem Branchendurchschnitt, die Kunden beschweren sich und die Kosten liegen insgesamt zu hoch. Es gibt kein Umfeld, in dem man seine Unternehmensvision verwirklichen kann. Doch die Ursachen liegen meist im Unternehmen selbst, im Verhalten der Vorgesetzten und im gesamten Umgang mit den Mitarbeitern. In erfolgreichen mitarbeiterorientierten Unternehmen stehen die Mitarbeiter ebenso im Mittelpunkt wie die Kunden.

Motivation kann man nicht verordnen, nach dem Motto »Jetzt gehen sie mal in Ihre Abteilung und motivieren Sie Ihre Leute«, man muss das Umfeld, das Klima und die Instrumente dafür schaffen. Man muss vorleben und nicht verordnen. Dann ergibt sich Motivation und Zufriedenheit von selbst.

Man unterscheidet **innere und äußere Motivation**. Die äußere (extrinsic) Motivation entsteht durch Einflüsse, die von außen auf eine Person einwirken. Diese Einflüsse können Versprechungen oder auch Bedrohungen (Manipulation) sein. Diese Art der Motivation ist nur begrenzt wirkungsvoll. Die **innere** (intrinsic) **Motivation** entsteht durch Bedürfnisse, Erwartungen, Visionen oder Empfindungen. Sie ist die wahre Schubkraft, die einen Mitarbeiter in eine bestimmte Richtung bewegt.

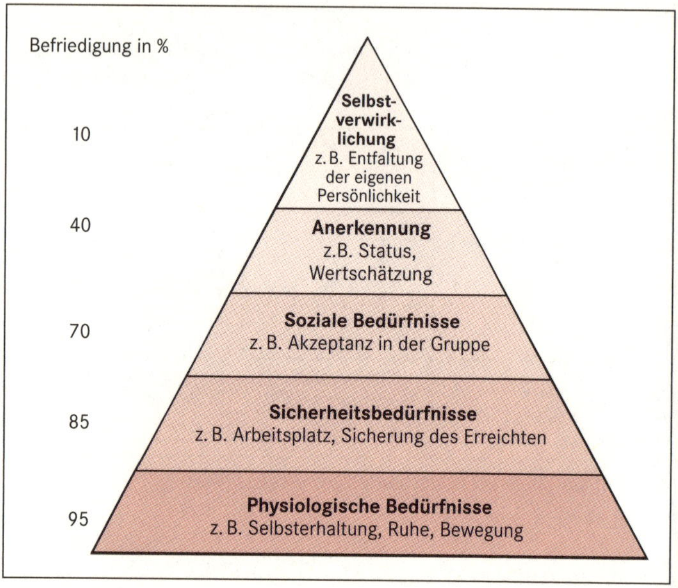

Abb. 66: Die Bedürfnis-Pyramide von Maslow

Motivationstheorien nach Maslow und Herzberg

Es gibt verschiedene wissenschaftliche Arbeiten zu **Motivationstheorien**. Zwei davon sollen hier vorgestellt werden.

1. Die **Bedürfnis-Pyramide nach Maslow** (Abb. 66): In diesem Modell sind die Bedürfnisse der Menschen hierarchisch geordnet in einer Pyramide mit fünf Ebenen dargestellt. Die Bedürfnisse, die in der Reihenfolge von unten nach oben zu befriedigen sind, lauten wie folgt:
   - physiologische Bedürfnisse,
   - Sicherheitsbedürfnisse,
   - soziale Bedürfnisse,
   - Anerkennung,
   - Selbstverwirklichung.

   Von den physiologische Bedürfnissen, den so genannten Grundbedürfnissen der Menschen, sind nach einer Schätzung in Deutschland ca. 95% befriedigt. Bei den Bedürfnissen nach Selbstverwirklichung liegt der Befriedigungsgrad bei etwa 10%. In den letzten Jahrzehnten hat sich die Bedeutung von unten nach oben verschoben. Physiologische Bedürfnisse sind bei den Mitarbeitern befriedigt und Angst um den Arbeitsplatz muss ein guter

Mitarbeiter auch nicht unbedingt haben, wenn er ein bißchen flexibel ist. Die sozialen Bedürfnisse sind in der Regel auch gut befriedigt, es sei denn, im Unternehmen wird »gemobbt« (mobbing = anpöbeln, bedrängen, schikanieren). Dies ist nicht selten der Fall. Mobbing sollte im Keim erstickt werden. Es ist schädlich für das Unternehmen, wenn Missgunst und Intrigen unter den Mitarbeitern vorherrschen statt Teamgeist. Die Bedürfnisbefriedigung in den Ebenen 4 und 5 ist weitgehend die Aufgabe einer guten Mitarbeiterführung. Anerkennung von Leistungen und die Ermöglichung von Erfolgen sollten selbstverständliches Führungsverhalten sein.

Mobbing ist im Keim zu ersticken

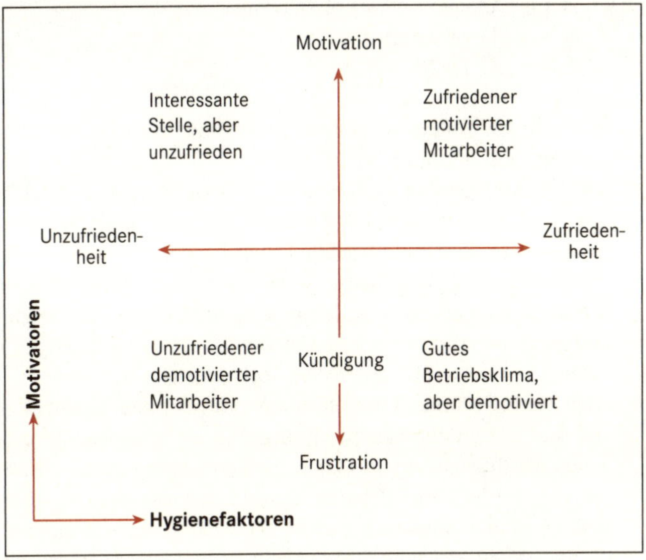

Abb. 67: Das Motivations-Hygiene-Modell nach Herzberg

2. Das **Motivations-Hygiene-Modell nach Herzberg** (Abb. 67): Nach Herzberg gibt es Motivatoren und Hygienefaktoren. Ein Mitarbeiter ist dann motiviert, wenn für ihn ausreichend Motivatoren vorhanden sind. Ist das nicht der Fall, erzeugt dies Frustration. Motivatoren sind:
   - Erfolg,
   - Anerkennung,
   - herausfordernde Tätigkeit,
   - Verantwortung und Kompetenzen,
   - Förderung,
   - Weiterentwicklung,
   - Selbstverwirklichung.

Zufriedene, motivierte Mitarbeiter sind das Ziel

Hygienefaktoren erzeugen, wenn sie aus der Sicht des Mitarbeiters in ausreichendem Umfang vorhanden sind, Zufriedenheit. Im umgekehrten Fall erzeugen sie Unzufriedenheit. Hygienefaktoren sind:

- Unternehmenspolitik und -verwaltung,
- Beziehung zu Vorgesetzten, Mitarbeitern und Kollegen,
- Vergütung,
- Sozialleistungen,
- Urlaubsvergabe,
- Arbeitsbedingungen,
- persönliche und familiäre Implikationen,
- Statussymbole wie Parkplatz, Titel,
- Arbeitsplatzausstattung,
- Arbeitsplatzsicherheit.

»Innerlich gekündigte« Mitarbeiter schaden dem Unternehmen

Stimmen die **Motivatoren** und die **Hygienefaktoren**, ist der Mitarbeiter motiviert und zufrieden. Er wird kaum an einen Arbeitsplatzwechsel denken. Stimmen die Motivatoren, aber es fehlt an den Hygienefaktoren, ist der Mitarbeiter zwar motiviert aber in gewissem Umfang unzufrieden. Er wird versuchen, seine Position zu verbessern (z.B. höheres Gehalt) aber nicht unbedingt kündigen. Der Arbeitsplatz ist ja interessant. Stimmen die Hygienefaktoren und es fehlt bei den Motivatoren, ist der Mitarbeiter mit seinem Umfeld relativ zufrieden, aber die Stelle frustriert ihn. Er wird, wenn er kann, das Unternehmen früher oder später verlassen oder sich in die »innere Kündigung« zurückziehen. Stimmen weder die Hygienefaktoren noch die Motivatoren, ist der Mitarbeiter frustriert und unzufrieden. Er wird, wenn er kann, das Unternehmen schnellstmöglich verlassen oder sich in die »innere Kündigung« zurückziehen. Dann macht er im Unternehmen Dienst nach Vorschrift und verwirklicht sich im Kleintierzüchterverein in seinem Heimatdorf.

Checkliste

Folgende Verhaltensweisen können Indizien von innerer Kündigung sein:

- ✔ Distanz zu Kollegen und Vorgesetzten
- ✔ Desinteresse
- ✔ Negative Einstellung
- ✔ Ablehnende Haltung
- ✔ Unechtes Verhalten
- ✔ Fehlende Hilfsbereitschaft
- ✔ Vernachlässigung des äußeren Erscheinungsbildes

- ✔ Dienst nach Vorschrift
- ✔ Suche von Fehler bei den anderen
- ✔ Verweigerung von Mehrarbeit
- ✔ Hohe Fehlzeiten
- ✔ Lange Pausen
- ✔ Strecken der Arbeit
- ✔ Kein Interesse an Weiterbildung
- ✔ Blockieren von Veränderungsprozessen

Es gibt Erhebungen, nach denen angeblich jeder vierte Mitarbeiter seine volle Leistungskraft verweigert und mehr oder weniger innerlich gekündigt hat. Das wäre – oder ist? – erschreckend.

Jeder Vierte hat bereits innerlich gekündigt

5.12 Zusammenfassung

1. Die Personalstrategie zeigt auf, wie sich das Personalwesen mit seinen Instrumenten auf die Gesamtstrategie und Vision des Unternehmens ausrichtet.
2. Dem Stil der Personalführung kommt eine wichtige Rolle zu. Schließlich sollen sich die Mitarbeiter im Unternehmen wohl fühlen und ihre Kreativität und Schaffenskraft entfalten können. Führung ist lernbar und muss vorgelebt werden.
3. Der Wettbewerb um hochqualifizierte Mitarbeiter hat sich in den letzten Jahren verschärft. In manchen Berufssparten, wie Informatik, muss sich ein Unternehmen um Mitarbeiter bewerben. Ein Personal-Marketing-Konzept hilft, gute und entwicklungsfähige Mitarbeiter zu werben und an das Unternehmen zu binden.
4. Die Personalplanung wird von anderen Unternehmensplänen, wie Umsatz-, Produktions- oder Investitionsplan, abgeleitet. Dabei sind auch Faktoren wie Produktivitätsfortschritt oder Rationalisierung einzurechnen. Durch eine Arbeitswertanalyse lassen sich Schieflagen erkennen und beseitigen.
5. Die Personalrekrutierung ist eine relativ teure Angelegenheit und deshalb gut vorzubereiten. Fehlbesetzungen sind zu verhindern, denn sie sind für beide Seiten, den Mitarbeiter und das Unternehmen, recht unangenehm. Eine strukturierte Vorgehensweise und Checklisten helfen dabei, den Rekrutierungsprozess zu optimieren.
6. Zielvereinbarungen sind ein wesentlicher Bestandteil der Unternehmens- und Personalführung. Die Ziele für jeden Mitarbeiter

werden in Gesprächen vereinbart und protokolliert. Sie bilden die Grundlage für das Bonussystem und die Leistungsbeurteilung des Mitarbeiters. Um Frustrationen zu vermeiden, soll das Zielvereinbarungs- und Bonussystem fair und für jeden Mitarbeiter nachvollziehbar sein.

7. Sofern ausreichend Flexibilität gegeben ist, sollte sich das Entgelt aus Grundgehalt, Leistungsbonus, Erfolgsbeteiligung und sonstigen Vergütungen, wie z.B. Direktversicherung, zusammensetzen. Der Mitarbeiter kann sich dann wie in einer »Cafeteria« im jeweiligen Rahmen seine Vergütungen selbst auswählen.

Personalverwaltung als interner Dienstleister

8. Die moderne Personalverwaltung versteht sich als interner Dienstleister im Unternehmen. Die Hauptaufgaben sind das Management der Personaldokumente, die Zeit- und Entgeltabrechnung, die Unterstützung der Führungskräfte bei arbeitsrechtlichen Fragen und verschiedene Personaldienste wie Betrieb und Verwaltung der Kantine.
9. Mit der zunehmenden Innovationsgeschwindigkeit gewinnt die Personalentwicklung eine immer größere Bedeutung. Das notwendige Wissen und Können (Skills) ist nicht immer in dem Ausmaß vorhanden, wie man es braucht. Durch gezielte Schulungsmaßnahmen im Rahmen eines Personalentwicklungplanes lassen sich Lücken schließen.
10. In den Mitarbeitern steckt ein enormes Ideenpotenzial. Das Ideen-Management hat die Aufgabe, diese Potenziale zu erschließen. Dazu stehen verschiedene Systeme, wie z.B. Kaizen, zur Auswahl.
11. Die Leistungen der Mitarbeiter kommen nur in einem offenen und positiven Arbeitsumfeld voll zur Entfaltung. Dies kann durch einen entsprechenden Führungsstil und Umgang mit den Mitarbeitern geschaffen werden. Angehende Führungskräfte sollten sich deshalb mit den Motivationstheorien auseinandersetzen und wissen, welche Verhaltenweisen auf eine fehlende Motivation oder innere Kündigung hinweisen.

Marketing

Für Marketing gibt es zahlreiche Definitionen. Am häufigsten wird es mit Werbung gleichgesetzt oder als Vertriebsmethode verstanden. So erwiderte der Geschäftsführer eines mittelständischen Unternehmens dem jungen Vertriebsleiter, als dieser ein **Marketing-Konzept** zur Umsatzsteigerung vorschlug: »Wir haben bisher unsere Maschinen durch gute persönliche Kontakte zu unseren Kunden verkauft. Den modernen Schnickschnack brauchen wir nicht«.

Lange Tradition des Marketings

Eigentlich ist Marketing eine der ältesten Disziplinen. Handwerker und Handelsleute betrieben es schon vor Jahrhunderten, denn schon immer sind die Geschäftsleute bestrebt gewesen, Produkte oder Dienstleistungen für die Bedürfnisse der Abnehmer zu entwickeln und sie zu einem bestimmten Preis, vielleicht sogar über verschiedene Wege, zu verkaufen. Dies wurde in der Vergangenheit mehr intuitiv als mit einer gewissen Systematik oder Konzeption betrieben.

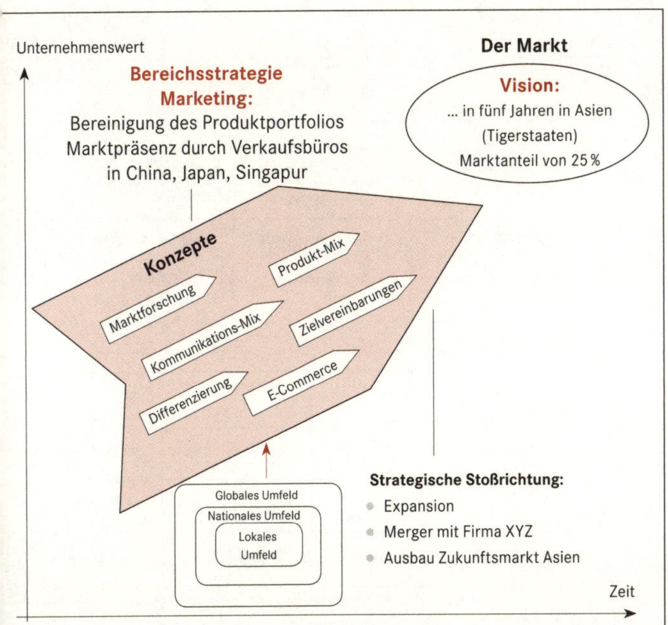

Abb. 68: Bereichsstrategie Marketing

Marketing als Gesamtkonzeption des Marktauftritts

Der Begriff Marketing wurde Anfang des 20. Jahrhunderts geprägt und die erste Marketing-Abteilung soll es bereits im Jahr 1911 in den Vereinigten Staaten von Amerika gegeben haben. In Deutschland wurde es erst in den 60er-Jahren gebräuchlich.

Eine einfache aber sehr treffende Definition für Marketing ist: Die Gesamtkonzeption des Marktauftrittes zur Befriedigung der Wünsche und Bedürfnisse der Kunden (und eventuell deren Kunden).

Mittlerweile gibt es verschiedene Anwendungsbereiche von Marketing wie Konsumgüter-Marketing, Investitionsgüter-Marketing, Städte-Marketing. Man kann die Prinzipien des Marketing-Konzeptes aber auch auf ein persönliches Marketing anwenden, nach dem Motto »Wie vermarkte ich mein Wissen und Können« oder auf ein Parteien-Marketing. Vielleicht könnte man mit dem Letzteren die sinkende Akzeptanzquote der etablierten Parteien umkehren.

Marketing-Strategie ausrichten

Das strategische Marketing bezieht das gesamte externe Umfeld mit ein (siehe Kap. 2.1). Schließlich wirkt sich das externe Umfeld auf alle Unternehmensbereiche aus. Marketing ist hier ein Teil der ganzheitlichen strategischen Unternehmensführung. Die Marketing-Strategie wird aus der Vision, der Mission, den Zielen und der strategischen Stoßrichtung des Unternehmens abgeleitet und richtet sich danach aus. Abb. 68 zeigt beispielhaft die Formulierung einer Marketing-Strategie.

Übergeordnet sind jedoch der Markt und die Kunden als das Maß der Dinge. Was nützt die schönste Marketing-Strategie oder der aus-

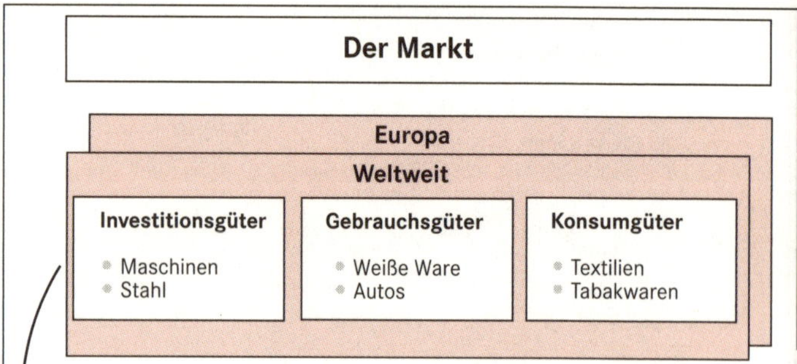

Anbieter	Nachfrager: einer	Nachfrager: ein paar	Nachfrager: viele
einer	gegenseitiges Monopol	beschränktes Monopol	Monopol
ein paar	beschränktes Monopson	bilaterales Oligopol	Oligopol
viele	Monopson	Oligopson	Polypson

Abb. 69: Die Marktformen

gefeilteste Produkt-Mix, wenn beides am Markt vorbei zielt. Die meisten Flops und Misserfolge im Markt entstehen nicht durch mangelhafte Produktqualität, sondern durch unzureichende Ausrichtung auf den Markt und mangelnde Orientierung an den Kunden. Vergleiche hierzu auch Kap. 2.1.4.

Aufteilung des Markts

Die Marktaufteilung ist in Abb. 69 schematisch dargestellt. Den Markt (Summe aller tatsächlichen und potenziellen Bedarfsträger) kann man in drei Bereiche aufteilen, den **Investitionsgütermarkt**, den **Gebrauchsgütermarkt** und den **Konsumgütermarkt**. Jeden dieser Marktbereiche kann man wieder untergliedern und die darunterliegenden ebenso. Dazu kommt die geographische Dimension, der globale Markt, der europäische Markt usw. Eine weitere Dimension, die in der Graphik nicht mehr eingezeichnet ist, ist die Aufteilung nach Käufergruppen. In Kap. 6.1 wird näher darauf eingegangen. Sieht man den Markt als »Ort«, an dem sich Anbieter und Nachfrager treffen, so kann man grundsätzlich **Käufer- und Verkäufermärkte** unterscheiden. Käufermärkte sind Märkte, in denen das Angebot die Nachfrage übersteigt. Die angebotene Menge und/oder die Anzahl der Anbieter sind für den Markt zu hoch. Der Käufer kann auswählen, den Preis drücken und hat somit das Sagen im Markt.

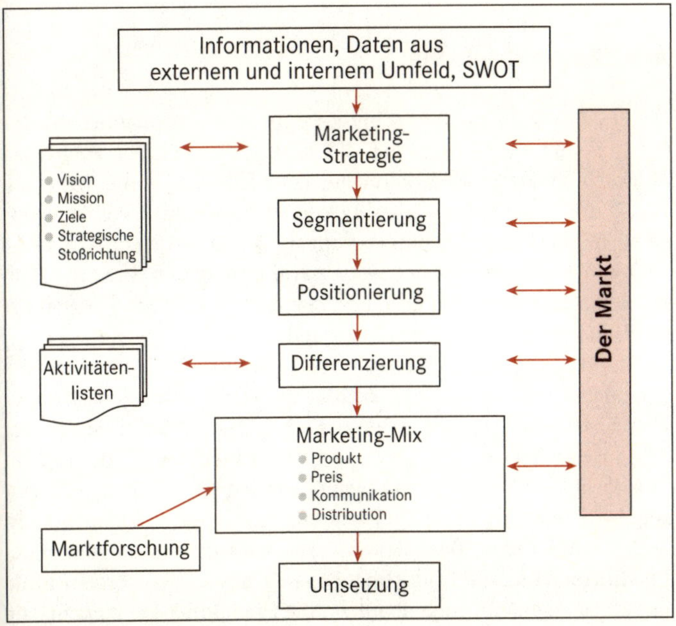

Abb. 70: Das Marketing-Konzept

Verkäufermärkte sind selten geworden

Im Verkäufermarkt dominiert die Nachfrage. Die angebotene Menge und/oder die Anzahl der Anbieter sind für den Markt relativ gering. In solchen Märkten lassen sich entsprechend gute Preise durchsetzen. Meist sind Verkäufermärkte jedoch nicht von Dauer. Die Wettbewerber schlafen nicht und werden auch in die Marktlücken stoßen. Glücklich können sich die Firmen schätzen, die sich ein Monopol mit geschützten Produkten aufbauen konnten und damit den Markt beherrschen.

Mit dem Marketing-Konzept (Abb. 70) werden die festgelegten Strategien konkretisiert. Zunächst werden die Themen Segmentierung des Marktes, Positionierung des Unternehmens und/oder der Produktgruppen und Differenzierung der Produkte behandelt. Die wichtigste Rolle im Marketing-Konzept spielt der **Marketing-Mix**, also die richtige Mischung der **vier Ps nach** *Kotler*, **Product, Price, Promotion, Place** (Produkte, Preise, Kommunikation, Distribution). Oft wird ein fünftes P, Policy (Politik) definiert. Aber dieser Bereich ist in der ganzheitlichen Unternehmensführung bereits in Kap. 3.4 Corporate Identity, Unternehmensleitlinen abgedeckt. Die Marktforschung soll dabei helfen, die Wünsche und Bedürfnisse der Kunden richtig zu treffen und Flops zu verhindern. Die Umsetzung des Marketing-Konzeptes erfolgt anhand der Aktivitätenlisten, die bei der Konzepterstellung nach und nach gefüllt werden.

6.1 Segmentierung

Mit der Segmentierung werden Zielmärkte festgelegt

Die erste Aufgabe im Marketing-Konzept ist die Segmentierung des Marktes und die Auswahl von Zielmärkten. Es gilt, den anonymen Markt in homogene Unterbereiche oder Käufergruppen aufzuteilen. Damit erhält man einen Überblick über die Struktur des Marktes, seine Teilmärkte und Benutzergruppen. Bei der Segmentierung und weiteren Untersegmentierung ist darauf zu achten, dass die Segmente noch ausreichend groß und messbar und die Zielgruppen für das Unternehmen auch erreichbar sind.

Produkt-Markt-Matrix als Instrument der Segmentierung

Die **Produkt-Markt-Matrix** ist das gängigste Instrument für die Segmentierung das Marktes und die Darstellung von Zielmärkten. In Abb. 71 ist das vereinfachte Beispiel einer Produkt-Markt-Matrix für einen Hersteller von Druckluft- und Elektrowerkzeugen dargestellt. Für die Sparte Druckluftwerkzeuge werden die möglichen Marktsegmente in Spalten und die Produktbereiche und Produktlinien in Zeilen eingetragen. Danach wird eine Wertung der so genannten **Produktmärkte**, die Schnittmenge einer bestimmten Produktlinie mit einem Segment, vorgenommen. Die Produktmärkte können, wie in diesem Beispiel gezeigt, als äußerst wichtig, wichtig und weniger wichtig eingestuft werden oder man trägt z.B. das Marktvolumen ein, wenn man es im Rahmen der Situationsanalyse ermittelt hat. Kennt man die eigenen Marktanteile in den Produktlinien und Produktmärkten, so kann man dies in eigene Spalten oder Zeilen aufnehmen. Aus dem Gesamtbild kann man erkennen, wo die Schwerpunkte des Marktes liegen und festlegen, welche Produktmärkte als Zielmärkte zu definieren sind und wo auf Grund geringer Marktanteile Nachholbedarf besteht. Denkbar ist auch, dass man bei der Auswertung der Produkt-Markt-Matrix eine besondere Betreuung in Form einer Organisations- oder Funktionseinheit für ein bestimmtes Segment (Marktbeauftragter, Market Manager), einen Produktmarkt (Produktmarkt- oder Key Market Manager) oder eine Produktlinie (Produkt- oder Brand-Manager) festlegt. Auf die definierten Zielmärkte sind dann die weiteren Marketing-Aktivitäten auszurichten.

Identifizierung der Zielmärkte

Produkt-Markt-Matrix

Sparte: Druckluftwerkzeuge **Stand:**

Märkte / Produkte (Marktsegment)	Hersteller weißer Ware	Hersteller sonstiger Elektrogeräte	Automobilhersteller	Automobilgaragen, Reparaturbetriebe	Automobilzulieferer	Flugzeughersteller	usw.
Schraubmaschinen							
• Stabschrauber	**	***	*		***		
• Pistolenschrauber	***	**	**		**	*	
• Schlagschrauber			*	***			
Bohrmaschinen							
• Stabbohrmaschinen					*	***	
• Pistolenbohrmaschinen					*	***	
Vorschubeinheiten (Produktbereich)							
• Bis 0,5 KW Leistung	***				**		
• 0,5 bis 1,5 KW Leistung (Produktlinie)				(Produktmarkt)	***		

Wichtigkeit der Produktmarktes:
*** = äußerst wichtig, ** = wichtig, * = weniger wichtig

Abb. 71: Produkt-Markt-Matrix zur Segmentierung

Wahl des geeigneten Segmentierungskriteriums

Segmentieren kann man den Markt nach fünf Hauptkriterien. Dabei eignen sich die Kriterien eins und fünf besonders für Investitionsgüter und die Industriekunden und die Kriterien zwei bis vier für Gebrauchs- oder Konsumgüter und die Bevölkerung.

1. Geographische Segmentierung
   - Länder,
   - Regionen,
   - Bezirke,
   - Klimazonen,
2. Psychographische Segmentierung
   - Charaktergruppen wie expressiv, analytisch,
   - Verhaltensgruppen wie konservativ, modern,
   - Preisbewusstsein,
   - Prestigebewusstsein,
   - Umweltbewusstsein,
3. Demographische Segmentierung
   - Beruf,
   - Bildungsstand,
   - Einkommen, Kaufkraft,
   - Familiärer Stand und Familiengröße,
   - Lebensalter und Geschlecht,
4. Segmentierung nach Käuferverhalten
   - Markentreue,
   - Verwendungsintensität,
   - Verwendungszweck,
5. Segmentierung nach Kunden-Bedeutung
   - Attraktivität,
   - Branche,
   - Marktstellung,
   - Potenzial,
   - Umsatz,
   - Unternehmensgröße.

Tipp

Den Katalogen der Anbieter von Adressen für das Direkt-Marketing können übliche Segmentierungen von Benutzer- oder Kaufkraftgruppen entnommen werden.

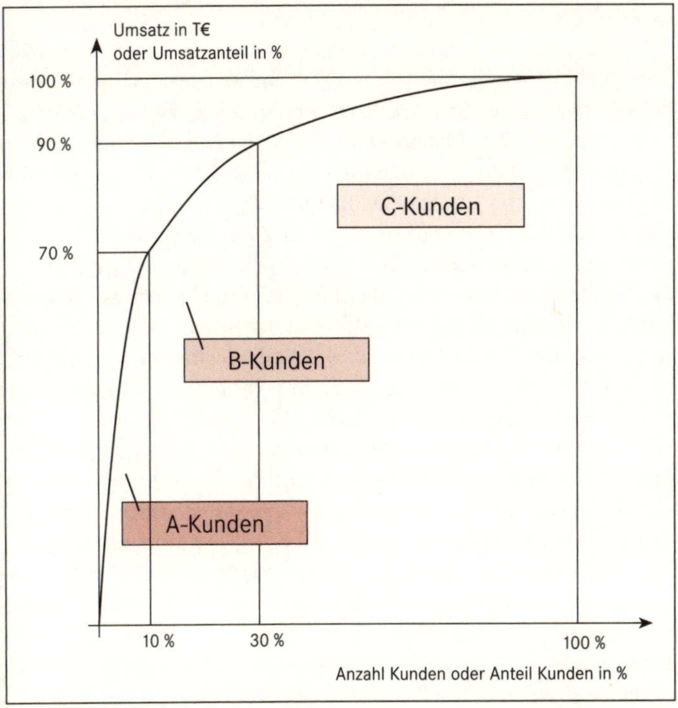

Abb. 72: ABC-Analyse des Kundenstammes

ABC-Analyse des Kundenstamms

Ein weiteres Instrument, das im Rahmen der Segmentierung angewandt werden kann, ist die so genannte **ABC-Analyse** (auch **Pareto-Analyse** genannt). Man kann sie für die Analyse der Wichtigkeit von Produktmärkten, Marktsegmenten oder Kundenstämmen einsetzen. In Abb. 72 ist die Analyse eines Kundenstammes dargestellt. Dabei werden alle Kunden eines Unternehmens oder einer bestimmten Sparte nach Umsatz geordnet und in drei Umsatzbereiche aufgeteilt. Die Darstellung kann in Form von Balken oder mittels Kurve erfolgen. Im ersten Bereich (60 bis 80 %) sind die umsatzstarken Kunden, die so genannten A-Kunden, Schlüsselkunden oder Key Accounts. Oft ist es nur eine kleine Anzahl von Kunden, mit denen man den überwiegenden Umsatzanteil abwickelt. Die B-Kunden im zweiten Bereich decken weitere 20 bis 30 % und die C-Kunden 10 bis 15 % des Umsatzes ab. Neben dem tatsächlichen Umsatz ist auch das Umsatzpotenzial in Betracht zu ziehen. Ein C-Kunde mit hohem Potenzial kann durch entsprechende Anstrengungen im Vertrieb zu einem A-Kunden gemacht werden.

6.2 Positionierung

Positionierung ist eine Kommunikationsstrategie

Der Begriff Positionierung wurde 1972 von zwei amerikanischen Werbefachleuten (*Al Ries* und *Jack Trout*) geprägt. Sie bezeichnen mit Positionierung nicht das, was man mit einem Produkt im Markt tut, sondern das, was man in der Gedankenwelt der potenziellen Käufer erzeugt. Die Positionierung ist also eine Kommunikationsstrategie oder -methode, mit der man im Bewusstsein der Zielkunden eine bestimmte positive Sichtweise erzeugt. Es soll etwas sein, an das sich die Zielkunden leicht erinnern können. Dabei sind auch **Positionierungs-Slogans** möglich. Bekannt ist sicher vielen noch der Slogan »AEG, aus Erfahrung gut« oder »Bauknecht weiß, was Frauen wünschen«. Besonders im Konsum- und Gebrauchsgütermarkt beinflusst die Positionierung das Käuferverhalten in großem Maße.

Die Positionierung muss mit der Differenzierung harmonisieren

Positionieren kann man ein Unternehmen, eine Marke, ein Produkt, eine Dienstleistung oder auch eine Person (Abb. 73). Als Positionierungskategorien bieten sich die gewählten strategischen Erfolgspositionen an, die in Kap. 3.5 (Abb. 30) beschrieben sind, also Nutzen, Kosten, Zeit und Sicherheit. Die Positionierung oder das Profil muss für die Käuferschicht klar, unverwechselbar und zutreffend (ehrlich) sein. Es muss eindeutig erkennbar sein, wofür das Unternehmen oder seine Produkte stehen und es muss vom Wettbewerb abgegrenzt werden. Die Positionierung muss also mit der Differen-

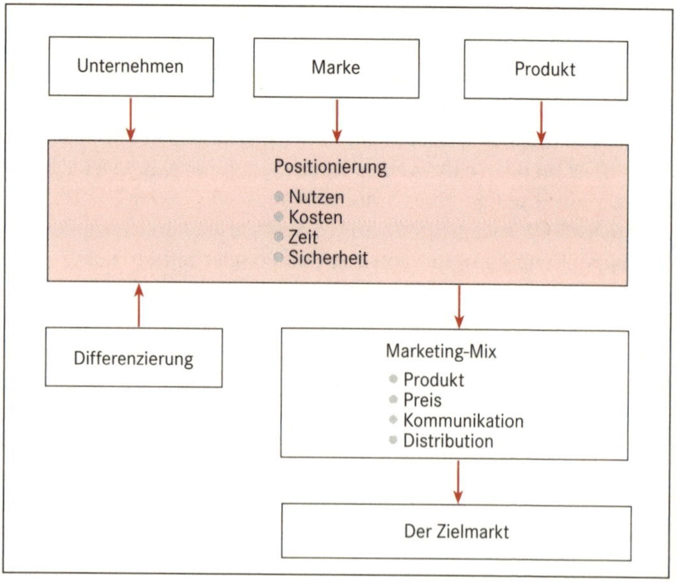

Abb. 73: Positionierung von Unternehmen, Marken und Produkten

zierung harmonisieren. Es macht keinen Sinn, in den Markt »Hightech« zu posaunen und die Produkte heben sich in keiner Weise vom Wettbewerb ab. Im Marketing-Mix und insbesondere im Kommunikations-Mix (Kap. 6.8) ist die Positionierung zu berücksichtigen.

Tipp

In einem Ideen-Workshop mit Mitarbeitern aus verschiedenen Abteilungen kann ein treffender Positionierungs-Slogan entwickelt werden. Dabei können Kreativitätstechniken, wie in Kap. 7.1 beschrieben, angewandt werden.

Mögliche Positionierungskategorien

Im Folgenden sind Beispiele für die vier Positionierungskategorien aufgeführt:

1. Nutzen
   - Dienstleistungen zusätzlich zum Produkt,
   - Gesundheit,
   - High Tech,
   - Image,
   - Innovation,
   - Produkteigenschaften,
   - Qualität,
   - Umweltverträglichkeit,
2. Kosten
   - Folgekosten,
   - Gewinnmöglichkeit
   - Liefer-/Zahlungsbedingung,
   - Preis,
3. Zeit
   - Schnelligkeit,
   - Liefertreue,
4. Sicherheit
   - Gewährleistung,
   - Produktsicherheitseigenschaften,
   - Zuverlässigkeit.

Die folgenden Beispiele zeigen verschiedene Positionierungsmöglichkeiten auf.

Beispiele:
Positionierung eines Unternehmens
Sind eine Stärke des Unternehmens innovative Produkte mit hohem Qualitätsstandard und ist es das Ziel, diese Position zu halten und auszubauen, so ist die Positionierung in der Kategorie Nutzen vorzunehmen: »Wir stehen für Innovation und Qualität«.

Positionierung einer Marke
Ein Hersteller von Haushaltsmitteln hat mehrere Marken. Die Marke A, die zwar fast die gleichen Produkteigenschaften aufweist wie die Marke B, aber anders verpackt ist, wird in einem anderen Vertriebskanal preisgünstig angeboten. Diese Marke wird in der Kategorie Kosten positioniert: »Qualität zum kleinen Preis«.

Positionierung einer Dienstleistung (Produkt)
Ein Logistiker hat einen 12-Stunden-Lieferservice eingerichtet, der bisher von den Wettbewerbern nicht erbracht werden kann. Die Positionierung ist in der Kategorie Zeit vorzunehmen: »12-Stunden, garantiert«.

6.3 Differenzierung

Leistungen durch Differenzierung vom Wettbewerb abheben

Bei der Differenzierung geht es um die Abhebung des Angebotes, also einer Marke, einer Produktlinie, eines Produktes oder einer Dienstleistung gegenüber dem Wettbewerb. Ziel ist es, sich im Wettbewerb um die Kunden Vorteile zu verschaffen. Im einem Markt, in dem die Wettbewerber ihre Leistungen nicht differenzieren würden, würde der Kunde die Produkte nur nach dem günstigsten Preis kaufen. Der Preis wäre also die einzige Variable, mit der man die verkaufte Menge beeinflussen kann. Hebt sich nun ein Wettbewerber mit seinem Produkt, z.B. durch besondere einzigartige Eigenschaften, die der Kunde schätzt, ab, hat er einen Wettbewerbsvorteil. Immer mehr Kunden, die davon erfahren, verlangen und kaufen dann dieses Produkt, auch wenn es etwas teurer sein sollte als bei den anderen Anbietern.

Es gibt zahlreiche Möglichkeiten der Differenzierung. Wie bei der Positionierung bieten sich bei der Differenzierung die gewählten strategischen Erfolgspositionen, Nutzen, Kosten, Zeit und Sicherheit als Hauptkriterien an. Einige Beispiele sind im Folgenden aufgeführt.

1. Nutzen
   - außergewöhnlich praktische Verpackung,
   - Produkt hat zusätzliche Eigenschaften, die einen extra Nutzen für den Kunden darstellen,

- kostenlose Aufstellung,
- kostenlose Entsorgung,
- Abholung des Kunden zu Hause,

2. Kosten
   - spezielle Preisstaffel,
   - Bonussystem,
   - Lieferung frei Haus,
3. Zeit
   - 12-Stunden-Service,
   - Service mit maximal 20 Minuten Wartezeit oder der Service ist umsonst,
4. Sicherheit
   - Garantie für drei Jahre,
   - Hotline rund um die Uhr an 7 Tagen.

Beispiele:

Differenzierung einer Marke

Ein Hersteller von hochwertigen, elektrischen Handwerkzeugen (insgesamt 25 verschiedene Baureihen) vertreibt seine Produkte über den eigenen Außendienst an Groß- und Fachhändler. Alle Elektrowerkzeuge werden in stabilen Metallkästen geliefert und sind mit einer 2-jährigen Garantie ausgestattet. Der Wettbewerb hat meist Kunststoffkästen und maximal 1 Jahr Garantie.

Differenzierung eine Produktes

Ein Spirituosenhersteller hat zwei Wodka-Produkte, die jeweils auf eine bestimmte Zielgruppe ausgerichtet sind. Der Wodka »Petersburg«, der für Trinker mit höherem Einkommen gedacht ist, wird für 14 € je 0,75 Liter in einem anspruchsvollen Glas mit Korkverschluss und hochwertigem Karton angeboten. Er hebt sich durch die ansprechende Aufmachung und den begleitende Kommmunikations-Mix (»Wodka der Zaren«) deutlich vom Wettbewerb ab. Der Wodka »Rausch« ist für Käuferschichten mit niedrigem Einkommen gedacht. Er kostet in Supermärkten 5,99 € je 0,75 Liter und ist in einer einfachen Flasche mit Drehverschluss abgefüllt. Dieses Produkt hat einen außergewöhnlich günstigen Preis. Neben der Differenzierung zum Wettbewerb sind beide Produkte auch untereinander deutlich abgegrenzt.

Differenzierung einer Dienstleistung

Ein Lebensmittel-Einzelhändler (etwas größerer Tante-Emma-Laden) hat sich Internet-Seiten einrichten lassen, über die man das gesamte Sortiment seines Ladens ordern kann. Der Einkauf ist auch per Telefax oder Telefon möglich. Die Kunden erhalten beim ersten Einkauf eine Kundennummer und die Bezahlung kann elektronisch oder bei Auslieferung, die innerhalb der Stadtgrenzen vorgenommen wird, erfolgen. Geliefert wird von 6:00 Uhr bis 23:00 Uhr nach terminlicher Vereinbarung oder innerhalb von drei Stunden nach Auftragseingang. Einen derartigen Service bietet bisher kein Einzelhändler in der Stadt.

Checkliste

Um Fehler bei der Differenzierung zu vermeiden, sind einige Kriterien zu berücksichtigen:

- ✔ Das Maß der Dinge sind die Wünsche und Bedürfnisse der Kunden und nicht die Vorstellungen der Entwicklungs- oder Marketingabteilung. Gegebenenfalls sind die Kunden stichprobenartig direkt zu befragen oder ein Marktforschungsbericht ist zu erstellen.
- ✔ Es ist so zu differenzieren, dass der Wettbewerber nicht oder nur schwer nachziehen kann; die Einmaligkeit des Produktes, auch USP genannt (Unique Selling Proposition, einzigartiges Verkaufsangebot) muss hervorgehoben werden.
- ✔ Die Differenzierung darf nicht zu gering ausfallen, so dass sie kaum kommunizierbar ist und der Kunde sie nicht wahrnimmt.
- ✔ Eine Innovation, die zur Differenzierung genutzt wird, darf nicht in eine technologische Sackgasse führen.
- ✔ Die Differenzierungsmerkmale müssen für den Kunden bezahlbar sein.
- ✔ Vorsicht Komplexitäts- und Kostenfalle! Die Differenzierung darf die Produktkomplexität und -kosten nicht in die Höhe treiben.

Bei der Differenzierung ist auch darauf zu achten, dass eine ausreichende Abgrenzung von einer Marke oder eines Produktes etc. zu einer anderen Marke oder einem Produkt innerhalb des eigenen Unternehmens vorgenommen wird.

6.4 Marktforschung

Die Marktforschung deckt Bedürfnisse und Trends auf

Die Marktforschung ist eine Funktion im Rahmen des Marketing mit der Aufgabe, Daten, Informationen, Trends, Meinungen, etc. aus dem Markt zu sammeln, zu analysieren und für die weitere Verarbeitung darzustellen. Sie dient also dazu, die Wünsche und Bedürfnisse der Kunden oder potenziellen Kunden, der Zielgruppen aus der Segmentierung, zu ermitteln und aufzuzeigen und somit Marktchancen und -gefahren zu erkennen.

Die Marktforschung (Abb. 74) kann man in die Bereiche **Sekundär-Marktforschung, Primär-Marktforschung** und **Markttest** aufteilen. In der Sekundär-Marktforschung, auch Desk Research genannt, wird in Unternehmen zur Verfügung stehendes oder externes Material ausgewertet. Die Marktforschung findet sozusagen am Schreibtisch statt. Die folgenden Checklisten zeigen mögliche interne und externe Datenquellen auf.

Checkliste

Interne Datenquellen zur Marktforschung

- ✔ Frühere Marktforschungsberichte
- ✔ Produktionsstatistiken
- ✔ Auswertungen von Verkaufszahlen für Produkte, Gebiete
- ✔ Verkaufsberichte vom Außendienst
- ✔ Daten aus dem Rechnungswesen

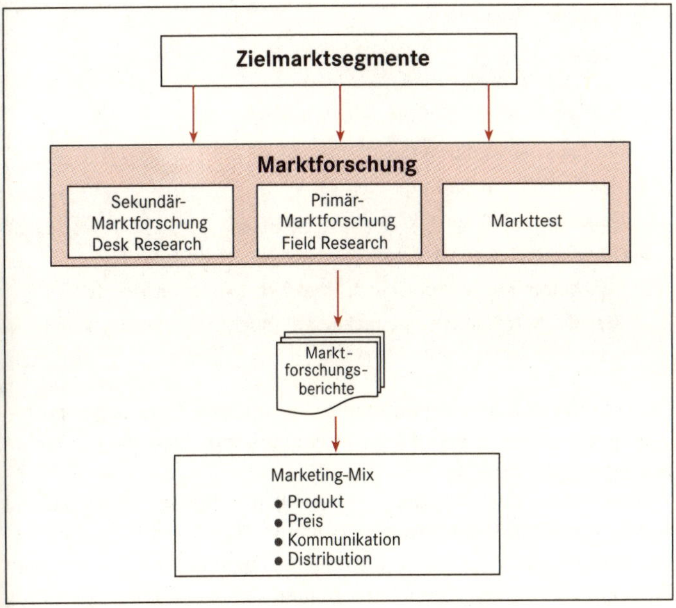

Abb. 74: Die Marktforschung

Checkliste

Externe Datenquellen zur Marktforschung

- ✔ Befreundete Unternehmen
- ✔ Berufsverbände
- ✔ Branchenverbände
- ✔ Bundesbank, www.bundesbank.de
- ✔ Bundesministerien, www.bundesregierung.de
- ✔ Deutscher Industrie- und Handelstag, DIHT, www.diht.de
- ✔ Fachverbände
- ✔ Fachzeitschriften
- ✔ Forschungsberichte
- ✔ Hausbank
- ✔ Industrie- und Handelskammern
- ✔ Informationsmaterial des Wettbewerbes wie Preislisten, Druckschriften, etc.
- ✔ Internet
- ✔ Kommunale Ämter
- ✔ Statistisches Bundesamt, www.destatis.de
- ✔ Statistische Jahrbücher
- ✔ Statistische Landesämter
- ✔ Tages- und Fach- und Wirtschaftspresse
- ✔ Veröffentlichungen der Marktforschungsinstitute
- ✔ AC Nielsen Konsumforschung, Frankfurt, www.acnielsen.de
- ✔ Gesellschaft für Konsumforschung Nürnberg, GFK, www.gfk.de

Die Anzahl und Aussagefähigkeit von internen Unterlagen ist begrenzt. Der externe Bereich bietet eine größere Auswahl und sollte auf jeden Fall einbezogen werden.

Die Primär-Marktforschung spielt sich draußen im Umfeld ab und wird daher auch Field Research genannt. Man kann auf jedes Zielsegment zugeschnitten und mit verschiedenen Erhebungstechniken Forschung betreiben. Die Kosten richten sich nach Art und Umfang der Anforderungen und sie liegen in der Regel wesentlich höher als beim Desk Research. Primärerhebungen kann man permanent, z. B. in Haushaltspanels, in regelmäßigen Abständen oder bei der geplanten Vorstellung eines Produktes im Markt durchführen. Die folgenden Möglichkeiten der Erhebung von Marktforschungsdaten sind dabei möglich.

Befragung mit vorgefertigten Fragebögen

1. **Befragung:** Die Befragung ist das am weitesten verbreitete Instrument. Dabei gibt es die folgenden Möglichkeiten:

- Die schriftliche Befragung ist eine relativ preisgünstige Erhebungstechnik, die man auch in Eigenregie durchführen kann. Wichtig ist die einfache, bedienerfreundliche Gestaltung des Fragebogens mit Skalierung und möglichst wenigen offenen Fragen. Ist der Fragebogen zu kompliziert, landet er im Papierkorb. Gibt es ein kleines Geschenk für das Ausfüllen oder ein Preisausschreiben dazu, erhöht sich mit Sicherheit die Rücklaufquote.
- Die mündliche Befragung in einem persönlichen Interview durch eine unabhängige Person ist meist die teuerste aber aussagekräftigste Variante. Der Kunde wird bei der Befragung ganzheitlich also mit Gestik und Mimik erlebt. Dies gilt insbesondere bei den so genannten Tiefeninterviews z. B. für die Trendforschung, bei denen keine vorgefertigten Fragen sondern lediglich ein Leitfaden zum Interview vorliegt. Interviews mit vorgefertigten Fragen eignen sich für Konsumerbefragungen z. B. auf dem Flughafen, bei denen eine größere Stückzahl erwünscht ist. Die Befrager sind einfach auszubilden und die Fragebögen leicht auszuwerten. Für die Befragung von Experten, z. B. Fachbesuchern auf einer Messe, sind vorstrukturierte Interviews mit Vorgabe der Themen und Fragebeispielen sinnvoll. Der Befrager entscheidet selbst, wie er die Frage zu einem bestimmten Thema stellt. Die Befragungen können im öffentlichen Bereich oder beim Kunden im Hause durchgeführt werden. Über ein kleines Geschenk freut sich der Befragte und erinnert sich gerne an die Firma oder das Produkt.
- Telefonische Interviews sind eine beliebte und relativ preisgünstige Erhebungsmethode. Wie bei der mündlichen Befragung sind entsprechende Fragebögen vorzubereiten. Eine sympathische Stimme und Freundlichkeit steigern die Bereitschaft des Interviewpartners, sich die Zeit zu nehmen und die Fragen zu beantworten oder tiefergehende Auskünfte zu geben. Auch hier gilt, Geschenke erhalten die Freundschaft.

2. **Beobachtung:** Im Gegensatz zur Befragung, bei der in erster Linie Meinungen und Bewertungen abgefragt werden, ist die Beobachtung ein Instrument, welches das Verhalten von Testpersonen erfasst. Dabei unterscheidet man nach Feld- und Laborbeobachtung. Die Beobachtung kann durch Personen oder mit technischen Hilfsmitteln, wie Videokameras, erfolgen.
   - Die Feldbeobachtung findet in der Regel am Point of Sale (Ort des Kaufvorganges) statt. So kann z. B. in einem Supermarkt an einem bestimmten Verkaufsregal eine versteckte Kamera

Feldbeobachtung

angebracht werden, mit der man das Verhalten der Kunden beim Entscheidungsprozess für den Kauf von Produkten beobachtet und auswertet.

Laborbeobachtung

- Die Laborbeobachtung findet, wie der Name schon aussagt, in einem speziell für derartige Beobachtungen ausgerüsteten Raum statt. Passanten oder statistisch ausgewählte Versuchspersonen werden z.B. mit einem Produkt in verschiedenen Verpackungsvarianten konfrontiert. Der Umgang mit der Verpackung, die Häufigkeit oder die Reihenfolge des Anfassens werden beobachtet und ausgewertet und geben Aufschluss darüber, welche Verpackung am besten ankommt.

Teilnahme an Panels prüfen

3. **Panels:** Von den großen Marktforschungsinstituten wie der AC Nielsen, Frankfurt oder der Gesellschaft für Konsumforschung, Nürnberg werden so genannte Verbraucher- oder Handels-Panels durchgeführt. Gegen ein entsprechendes Honorar, erhält man die Berichte von diesen Instituten einzeln oder im Abonnement.
   - Beim **Verbraucher-Panel** berichtet z.B. eine Anzahl Endverbraucher täglich die getätigten Einkäufe an das Marktforschungsinstitut. Das Verkaufsverhalten wird ausgewertet und Trends werden daraus abgeleitet.
   - Beim **Handels-Panel** geben z.B. Einzelhandelsgeschäfte die Umsätze oder Stückzahlen für ihre Produkte an das Marktforschungsinstitut weiter. Der Erwerber der Auswertungen erhält unter anderem wertvolle Aufschlüsse über Verkaufsstückzahlen von Wettbewerbern.

Außendienstmitarbeiter in Markttests einbeziehen

Eine weitere Möglichkeit, Aufschluss über Verhaltenweisen von Kunden in einem bestimmten Marktsegment zu erhalten oder die Akzeptanz von Produkten oder Werbemaßnahmen zu prüfen, ist der **Markttest**. Wegen der hohen Kosten wenden nicht viele Unternehmen diese Methode an. Sie bietet sich bei Konsumgütern mit geringem Entwicklungsaufwand oder Einführungsrisiko an. Man kann den Markttest für eine bestimmte Zeitperiode in einer Region durchführen und dann entscheiden, ob das Produkt so wie es ist flächendeckend eingeführt wird oder ob es modifiziert oder zurückgezogen werden soll. Wichtig dabei ist, dass das Testgebiet repräsentativ ist und Rückschlüsse auf das Gesamtgebiet zulässt. Eine andere Möglichkeit ist es, neue Produkte, vor der generellen Einführung, dem Außendienst zur Vorstellung und Test beim Kunden bei Verkaufs- oder Beratungsbesuchen mitzugeben. Die Außendienstberichte werden dann ausgewertet.

6.5 Marketing-Mix

Der Marketing-Mix (Abb. 75) ist das Instrumentarium oder die Werkzeugkiste des operativen Marketing. Aus dieser Werkzeugkiste wird sozusagen die auf den Zielmarkt ausgerichtete, passende Mischung (Mix) zusammen gestellt. Ziel ist es, mit dem individuellen Mix die Bedürfnisse und Wünsche der Kunden optimal zu befriedigen und somit einen möglichst hohen Marktanteil zu erlangen.

Marketing-Mix als Instrumentarium des operativen Marketing

Der Marketing-Mix setzt sich aus den folgenden Elementen zusammen:

1. **Produkt-Mix:** In diesem Bereich werden alle Parameter des Leistungsumfanges des Produktes oder der Dienstleistung, wie z.B. Eigenschaften, Verpackung, festgelegt.
2. **Preis-Mix:** Dieses Element deckt alle preislichen Aspekte sowie Lieferungs- und Zahlungsbedingungen ab.
3. **Kommunikations-Mix:** Der Kommunikations-Mix ist der umfangreichste Bereich im Marketing-Mix. Er beinhaltet alle

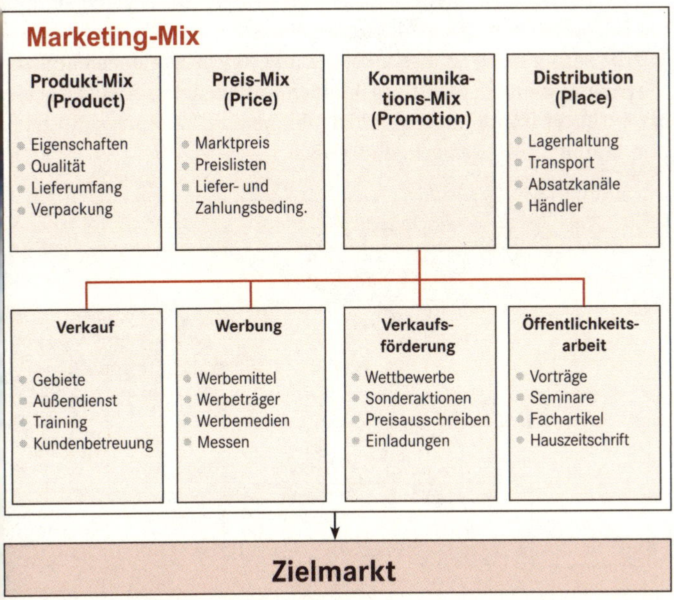

Abb. 75: Der Marketing-Mix nach Kotler

Instrumente, die für den Vertrieb der Produkte oder Dienstleitung erforderlich sind und er teilt sich in die folgenden Sub-Mixe auf
- Verkauf,
- Werbung,
- Verkaufsförderung,
- Öffentlichkeitsarbeit (Public Relations, PR).

4. **Distribution**: In der Distribution werden die Lagerhaltung und der Transport geregelt und die Absatzkanäle festgelegt.

Wettbewerbsstrategien mit Augenmaß einsetzen

Im Rahmen der Gestaltung des Marketing-Mix sind auch die Aktivitäten des Wettbewerbes zu berücksichtigen (vergleiche hierzu auch Kap. 2.1.5). Dabei kann man verschiedene Wettbewerbsstrategien anwenden (Abb. 76). Als Angreifer wird man dann auftreten, wenn das Unternehmen in der zweiten Reihe steht und z.B. seinen Marktanteil durch Penetration in den vorhandenen Märkten kräftig erhöhen will. Die Position des Verteidigers nimmt eher der Marktführer ein, es sei denn, er will Wettbewerber aushungern und dezimieren.

Aktionen fordern Gegenreaktionen heraus

Bei jeder Aktion sollte man jedoch, wie beim Schachspiel oder der »militärischen Kriegsführung«, überlegen, was die Reaktion des Wettbewerbers/Gegners sein könnte und welche Optionen dann zur Verfügung stehen. Greift ein kleiner Anbieter den finanzstarken Marktführer frontal an und fordert ihn heraus, muss er damit rechnen, von ihm platt gemacht zu werden.

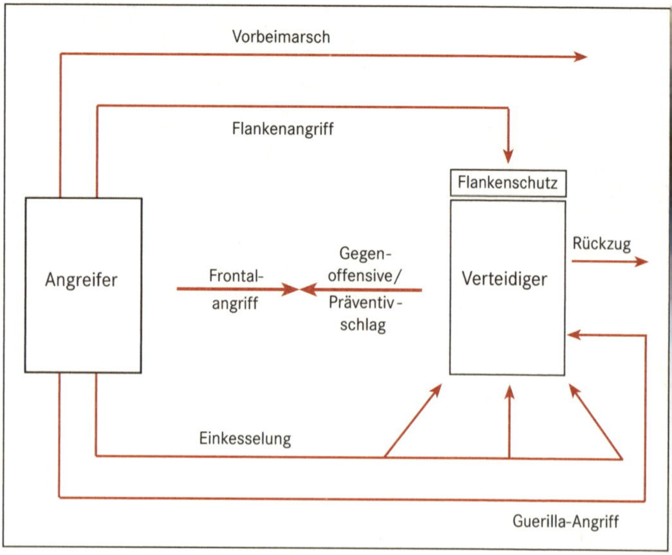

Abb. 76: Wettbewerbsstrategien (Quelle: In Anlehnung an *Kotler*, Marketing-Management, Stuttgart 1995, S. 602 ff.)

Im Einzelnen stehen die folgenden Wettbewerbsstrategien zur Auswahl, die auch in kombinierter Form angewendet werden können:

1. **Frontalangriff:** Hier tritt ein Unternehmen auf breiter Front an. Als »Waffen« werden dabei der Produkt-, Preis- und Kommunikations-Mix eingesetzt. Einen Frontalangriff sollte man nur dann starten, wenn man in der Übermacht ist und über gute finanzielle Ressourcen verfügt. Er führt oft in einen »mörderischen« Wettbewerb, bei dem beide, der Angreifer und der Angegriffene, verlieren.

Frontalangriff nur bei entsprechenden finanziellen Ressourcen

Beispiel:
Ein Hersteller von Küchengeräten bringt eine verbesserte Kaffeemaschine, mit einem deutlich günstigeren Preis, auf den Markt und führt dabei eine breit angelegte Werbekampagne durch.

2. **Gegenoffensive, Präventivschlag:** Bei der Gegenoffensive wehrt sich der Angegriffene dadurch, dass er z.B. die Preise des Angreifers noch unterbietet und auch seinen Produkt- und Kommunikations-Mix entsprechend gestaltet. Erfährt ein Unternehmen vom Vorhaben seines Hauptkonkurrenten, einen Angriff zu starten, kann das bedrohte Unternehmen zu einem Präventivschlag ausholen, dem Wettbewerber zuvorkommen und ihn einschüchtern. Ein Präventivschlag erfolgt meist über den Preis-Mix.

Preis-Mix als häufigstes Mittel beim Präventivschlag

Beispiel:
Der andere Küchengerätehersteller, der vom Vorhaben seines Wettbewerber erfährt, startet sofort eine Sonderaktion für seine Kaffemaschinen. Er senkt die Preise und führt eine Werbeaktion durch, bevor sein Wettbewerber es tut. Damit überrascht er seinen Wettbewerber und nimmt ihm den Wind aus den Segeln.

3. **Flankenangriff:** Hier wird der Wettbewerber an seiner schwachen Stelle angegriffen. Die Schwachstellen können z.B. fehlende Produkteigenschaften, mangelhafter Service oder lückenhafte geographische Abdeckung sein. Für den Angriff stehen alle Instrumente des Marketing-Mix zur Auswahl.

Schwachstellen des Wettbewerbers im Visier

Beispiel:
Der Küchengerätehersteller hat erfahren, dass sein Wettbewerber in einem großen europäischen Exportland Qualitätsprobleme mit seinen Espresso-Maschinen hat. Sofort wird diesem Land eine Verkaufsaktion für Espresso-Maschinen mit begleitender Werbung und verkaufsfördernden Maßnahmen gestartet. Ziel ist es, die Gunst der Stunde zu nutzen und den Marktanteil für Espresso-Maschinen nachhaltig zu steigern.

Eigene Schwächen verdecken

4. **Flankenschutz:** Der sicherste Flankenschutz ist, wenn man eigene Schwächen erst gar nicht erkennen lässt. Denkbar ist jedoch auch, den Wettbewerber an einer anderen Stelle in ein Gefecht zu verwickeln, um von der eigenen Schwäche abzulenken. Ablenkung funktioniert nur dann, wenn die Schwäche zeitlich begrenzt ist.

Beispiel:
Der Küchengerätehersteller vom letzten Beispiel löst umgehend die Qualitätsprobleme mit seinen Espresso-Maschinen und bietet seinen Kunden eine Reparatur oder kostenlosen Umtausch an. Außerdem erhält jeder enttäuschte Kunde einen Gutschein für einen Preisnachlass beim Kauf eines anderen Küchengerätes und 500 Gramm vom besten Espresso.

Angriff an mehreren Fronten

5. **Einkesselung:** Bei der Einkesselung wird an mehreren Fronten gleichzeitig angegriffen. Der Wettbewerber muss sich an mehreren Fronten verteidigen und sein Widerstand soll gebrochen werden. Eine solche Aktion kann man nur durchziehen, wenn man über qualitativ und quantitativ bessere Ressourcen verfügt.

Beispiel:
Ein Hersteller von Küchengeräten bringt verbesserte Kaffeemaschinen, Spülmaschinen und Mixer, mit einem deutlich günstigeren Preis auf den deutschen Markt. Gleichzeitig werden in allen Europäischen Ländern Verkaufsaktionen gestartet und der Export nach Übersee ausgebaut. Begleitet werden alle Aktionen mit entsprechenden Werbekampagnen.

Entwicklung neuer Märkte/Produkte

6. **Vorbeimarsch:** Dies ist die eleganteste Art der »Marketing-Kriegsführung«. Der Angreifer entwickelt neue Märkte, die der Wettbewerb noch nicht abdeckt oder Produkte, die der Wettbewerb noch nicht hat.

Beispiel:
Der Küchengerätehersteller entwickelt und vertreibt einen Saugroboter, der vollautomatisch in der gesamten Wohnung den Staub aufsaugt. Er ist spielend leicht zu programmieren und arbeitet auch bei Abwesenheit der Hausfrau. Der Wettbewerb ist überrascht und wird mindestens zwei Jahre benötigen bis er etwas vergleichbares anbieten kann.

7. **Rückzug:** Hier sammelt man seine Truppen, zieht sich zurück und formiert sich neu. Diese Taktik ist anzuwenden, wenn es keinen Sinn mehr macht, eine bestimmte Position zu halten.

Beispiel:
Ein Küchengerätehersteller hat Probleme bei Einfachgeräten wie Handmixer preislich mitzuhalten. Der Markt ist überschwemmt mit Billigprodukten. Er verkauft die restlichen Bestände in einer Sonderaktion unter den Preisen der Billiganbieter und nimmt dann im Rahmen einer Produkt-Portfolio-Bereinigung die Produktlinie aus dem Markt.

8. **Guerilla-Angriff:** Die Guerilla-Taktik ist die unfeine Art der »Marketing-Kriegsführung«. Dem Gegner wird in mehreren Attacken aus dem Hinterhalt Schaden zugefügt. Der kleine David versucht Goliath zu demoralisieren. In diesem Bereich werden auch teilweise recht unschöne Waffen außerhalb des Marketing-Mix eingesetzt.

Angriff aus dem Hinterhalt

Beispiel:
Ein Küchengerätehersteller beauftragt einen Head Hunter, den Exportleiter des Wettbewerbers abzuwerben. In Schweden macht er das Preisgefüge des Wettbewerbers für Handmixer durch kurzzeitigen Marktauftritt und Preis-Dumping kaputt.

6.6 Produkt-Mix

Der Produkt-Mix wird auch als **Marktleistung** oder **Leistungs-Mix** bezeichnet. Dabei handelt es sich nicht ausschließlich um materielle Objekte sondern auch um Dienstleistungen. Mit den Werkzeugen im Produkt-Mix werden alle Parameter wie z. B. die Produkteigenschaften oder die Verpackung auf die Zielsegmente ausgerichtet. Im Einzelnen handelt es sich um die folgenden Parameter:

Produkt-Mix auf die Zielmärkte ausrichten

1. Bezeichnung
   - Marke,
   - Name,
   - besondere Erkennungsmerkmale wie z. B. Logo,
2. Eigenschaften (Feature)
   - Material, Mischung, etc.,
   - Ausstattung, Modell, Form, Farbe, Zubehör,
   - Dienstleistungsumfang,
   - Funktionsmerkmale,
   - Qualitätslage und Gewährleistung,
   - Haltbarkeit,
   - Service-Intervalle,
3. Nutzen, Vorteil (Advantage, Benefit)
   - Hauptnutzen, z. B. reinigt die Fliesen,
   - Zusatznutzen, z. B. riecht gut,
   - Nebennutzen, z. B. umwelt- und hautverträglich,

4. Portionierung, Verpackung
   - Gebindegrößen,
   - Verpackungsart,
   - Aufmachung der Verpackung, z. B. als Werbeträger nutzen,
   - Bedienungs- und Gebrauchsanleitung,
5. Verfügbarkeit
   - Lieferzeit,
   - Wartezeit.

Die Bedürfnisse und Wünsche der Kunden optimal treffen

Die Befriedigung der Wünsche und Bedürfnisse der Kunden im jeweiligen Zielsegment spielt bei der Gestaltung des Produkt-Mix eine besondere Rolle. Wünsche und Bedürfnisse entwickeln sich mit der technologischen Entwicklung weiter. Die Weichen für die Bedürfnisbefriedigung sind schon in der Entwicklung richtig zu stellen. Betreibt man keine Marktforschung und entwickeln die Ingenieure munter darauf los, ohne auf den Markt zu hören, ist die Wahrscheinlichkeit höher, dass man einen Flop landet. Abb. 77 zeigt verschiedene Konstellationen der Bedürfnisbefriedigung, wie sie immer wieder im Markt zu beobachten sind. Im Einzelnen handelt es sich um die folgenden Konstellationen:

1. **Under-Engineering:** Der Produkt-Mix deckt die Wünsche und Bedürfnisse der Kunden nur zum Teil ab. Derartige Produkte oder Dienstleitungen finden nur schwer Abnehmer, es sei denn, man hat ein Monopol.
2. **Over-Engineering:** Hier ist es gerade umgekehrt und man hat etwas entwickelt, das besser als nötig ist. Der Produkt-Mix deckt viel mehr ab, als von den Kunden erwartet wird. Produkte dieser Art sind in der Regel teurer als die der Wettbewerber. Der Kunde ist nicht bereit, für Dinge zu zahlen, die er nicht will und nicht braucht.
3. **Daneben geschossen:** Die Entwickler haben etwas Tolles geschaffen, nur, damit können die Kunden im Zielsegment nichts anfangen. Das Produkt oder die Dienstleistung gehen am Markt vorbei.
4. **Vollkommenheit:** Wünsche und Bedürfnisse der Kunden decken sich 100%ig mit dem Produkt-Mix. Dies ist eine theoretische Variante, denn es entstehen immer wieder neue Wünsche und Bedürfnisse bei den Kunden.
5. **Ins Schwarze getroffen:** Diese Produkte oder Dienstleistungen können nur erfolgreich sein. Da bleibt kaum noch ein Wunsch offen. Der noch nicht abgedeckte Bereich, wirkt als Ansporn für den Anbieter und weckt Erwartungen bei den Kunden.

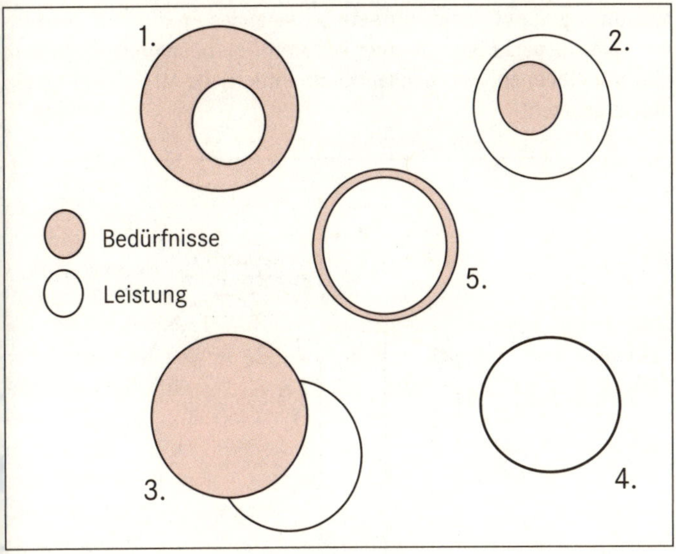

Abb. 77: Bedürfnis-Leistungs-Konstellationen

Entwicklungsgeschwindigkeit dem Lebenszyklus anpassen

Produkte oder Marktleistungen unterliegen einem **Lebenszyklus** (Abb. 78). Die Zeit von der Markteinführung bis zur Entfernung vom Markt hängt von der Entwicklung der Kundenerwartungen und der so genannten **Innovationsgeschwindigkeit** in der jeweiligen Branche ab. In der Computer- und Elektronikbranche liegt sie teilweise unter sechs Monaten, in anderen Branchen kann sie Jahrzehnte dauern. Um den Anschluss im Markt nicht zu verpassen, muss die Entwicklungsgeschwindigkeit für neue Produkte und Dienstleistungen der Lebensdauer im Markt angepasst werden. Die Zyklen eines Produktlebens stellen sich wie folgt dar:

1. **Einführung:** Ein neues Produkt oder eine Dienstleistung werden im Markt vorgestellt. Es dauert eine gewisse Zeit, bis sie im Markt Akzeptanz finden.
2. **Wachstum:** Dieser Zyklus ist durch ein starkes Umsatzwachstum gekennzeichnet.
3. **Reife:** Die Wachstumsraten nehmen ab.
4. **Sättigung:** Der Markt ist gesättigt. Das Produkt erreicht seinen Zenit.
5. **Degeneration:** Der Umsatz nimmt kontinuierlich ab. Neue Produkte verdrängen das alte Produkt, das früher oder später vom Markt genommen werden muss.

Eine Möglichkeit, die Lebensdauerkurve zu verlängern, ist das **Face-Lifting** (Verjüngungskur) oder auch **Relaunch** (nochmalige Ein-

Lebensdauer nach Relaunch verlängern

führung) genannt. Dabei wird ein bestehendes Produkt z.B. verbessert, neu verpackt oder in einer anderen Gebindeeinheit angeboten und mit einem entsprechenden Kommunikations-Mix erneut in den Markt gebracht.

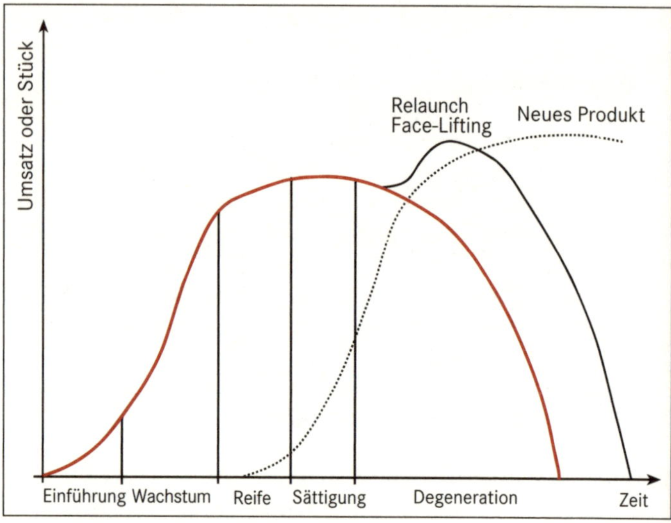

Abb. 78: Die Lebenszyklen einer Marktleistung

Zur Beurteilung der eigenen Produkte, in Relation zum Markt und zum Wettbewerb, bieten sich die **Portfolio-Methoden** an. Dabei werden zwei Grundtypen unterschieden:

Mit der 4-Felder-Methode das Produktportfolio visualisieren

1. **4-Felder-Methode** (Abb. 79): Bei diesem so genannten Boston-Portfolio werden die einzelnen Produkte oder Produktlinien in eine Matrix mit vier Feldern eingeordnet. Auf der horizontalen Achse wird der relative Marktanteil eingetragen (im Beispiel von 0,1 bis 10). Der relative Marktanteil errechnet sich aus dem eigenen Marktanteil dividiert durch den Marktanteil (MA) des Hauptwettbewerbers oder dem Durchschnitt der Wettbewerber. Beispiel: Ist der eigene MA 8% und der des Hauptwettbewerbers 6%, so ist der relative MA 8/6 = 1,33. Auf der vertikalen Achse wird das Marktwachstum in % angegeben (im Beispiel von -2,5% bis +7,5%). Die einzelnen Produkte werden nun in die 4-Felder-Matrix mit Kreisen eingezeichnet. Die Größe der Kreise gibt in etwa die Umsatzrelation an. In die Kreise oder daneben kann man die Bezeichnung des Produktes, den Umsatz und den Deckungsbeitrag eintragen. Die vier Felder werden wie folgt bezeichnet:

Marktanteil und Wachstumspotential als Kriterien

- **Fragezeichen:** In diesem Feld mit niedrigem relativen Marktanteil und hohem Marktwachstum befinden sich oft Produkte, die man erst im Markt platziert hat.
- **Stern:** Gelingt es, den relativen Marktanteil zu steigern, kann sich das »Fragezeichen-Produkt« in ein »Stern-Produkt« (hoher relativer Marktanteil und hohes Marktwachstum) verwandeln. Dies sind die besten Produkte im Portfolio und sie sind zu fördern.
- **Milchkuh:** Kommt ein Produkt in die Sättigungsphase, stagniert das Marktwachstum. Hat dieses Produkt einen hohen relativen Marktanteil, spricht man von einer »Milchkuh«. Man versucht diese Position so lange wie möglich zu halten, macht eventuell ein Face Lifting und erntet die hohen Deckungsbeiträge.
- **Armer Hund:** Produkte mit niedrigem relativen Marktanteil und niedrigem oder negativem Marktwachstum bezeichnet man als »arme Hunde«. Hier ist zu überlegen, ob eine Weiterführung überhaupt sinnvoll ist. Gegebenenfalls wird liquidiert oder die Lizenz wird verkauft.

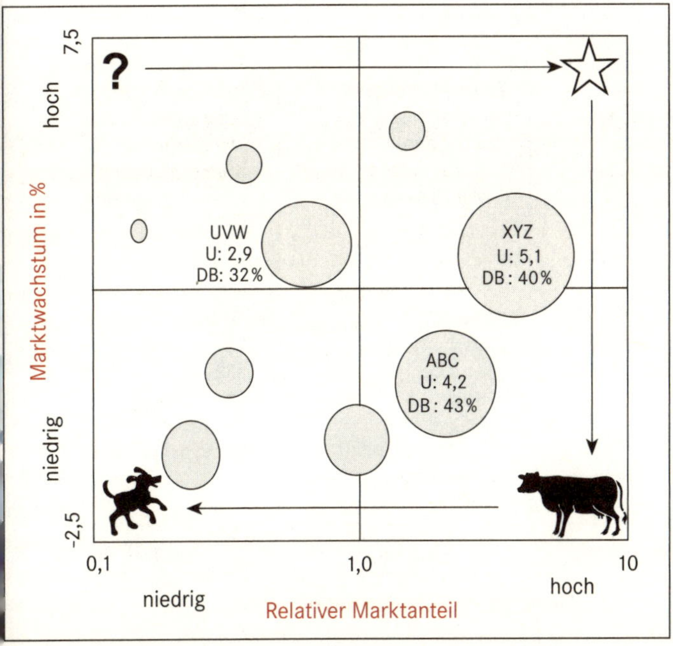

Abb. 79: Produkt-Portfolio in Anlehnung an die Portfolio-Matrix der Boston Consulting Group

9-Feld-Methode

2. **9-Feld-Methode:** In die 9-Feld-Matrix werden, wie bei der 4-Feld-Methode, die Produkte oder Produktlinien eingeordnet. Auf der horizontalen Achse ist die relative Wettbewerbsposition aufgeführt und auf der vertikalen Achse die Marktattraktivität. Parameter, die die relative Wettbewerbsposition bestimmen, sind z.B. der Marktanteil und sein Trend, Deckungsbeitrag, Risiko, Potenzial. Parameter, die die Marktattraktivität bestimmen, sind z.B. der Wettbewerbsintensität, Eintrittsbarrieren für neue Anbieter, Substitutionsmöglichkeiten, Störungsanfälligkeit des Marktes. Die einzelnen Produkte werden nun in die 9-Felder-Matrix mit Kreisen eingezeichnet. In Abb. 80 sind die Handlungsmöglichkeiten für Produkte oder Produktlinien in den einzelnen Feldern aufgeführt.

Marktattraktivität	Relative Wettbewerbsposition: niedrig	mittel	hoch
hoch	**Selektives Vorgehen** • Spezialisierung • Nischen suchen • Akquisition erwägen	**Selektives Wachstum** • Potenzial für Marktführung durch Segmentierung abschätzen • Schwächen identifizieren • Stärken aufbauen	**Investition und Wachstum** • wachsen • Marktführerschaft anstreben • Investitionen maximieren
mittel	**Ernten** • Spezialisierung • Nischen suchen • Rückzug erwägen	**Selektives Vorgehen** • Wachstumsbereiche identifizieren • Spezialisierung • selektiv investieren	**Selektives Wachstum** • Wachstumsbereiche identifizieren • stark investieren • ansonsten Position halten
niedrig	**Ernten** • Rückzug planen • desinvestieren	**Ernten** • Geschäftszweig »auszuzeln« • Investitionen minimieren • auf Desinvestition vorbereiten	**Selektives Vorgehen** • Gesamtposition halten • Cash-Flow anstreben • Investitionen nur zur Instandhaltung

Abb. 80: Produkt-Portfolio nach McKinsey (Quelle: Gabler Wirtschaftslexikon, Wiesbaden 1997, S. 3019)

6.7 Preis-Mix

Der Preis ist der Gegenwert, den ein Unternehmen für eine Leistung festlegt. Die **optimale Preisfindung** ist kein einfaches Unterfangen. Es erfordert die genaue Kenntnis der eigenen Kosten für die Leistung, der Preise im Markt und der Kundenerwartungen. Verkauft man zu billig, verschenkt man Geld. Verkauft man zu teuer, fehlt es an der umgesetzten Menge.

Preise kann man individuell verhandeln oder man legt Einheitspreise in Preislisten fest. Die Preise kann man nach zwei Grundprinzipien ableiten:

Kosten-Plus-Preis

1. **Kosten-Plus-Preis:** Der Preis wird in einem auf das Produkt oder die Dienstleistung zugeschnittenen Kalkulationsschema (Abb. 81) berechnet. Dabei wird nach variablen und fixen Kosten unterteilt. Die Summe aus beiden ergibt die Selbstkosten. Mit einem Gewinnzuschlag wird der Verkaufspreis errechnet. Die Differenz aus Verkaufspreis und den variablen Kosten ergibt den so genannten **Deckungsbeitrag**. Den Kosten-Plus-Preis kann man z. B. bei Einzel- oder Kleinserienfertigung oder bei Handwerksaufträgen ansetzen.

Marktpreis nach Angebot und Nachfrage

2. **Marktpreis:** Beim Marktpreis richtet man sich nach der Nachfrage und den Preispositionen des Wettbewerbs. Hier gilt es, die variablen und fixen Kosten möglichst gering zu halten und einen marktgerechten Preis zu finden, der auf der einen Seite ein möglichst hohes Umsatzvolumen und auf der anderen Seite einen möglichst hohen Gewinn erlaubt.

Preiskalkulation		
Produkt: XYZ pro Stück		
Kostenart	**Kosten/Preis**	**Summe**
	€	**€**
Einkaufspreis Bauteil A	5,60	
Einkaufspreis Bauteil B	3,77	
Einkaufspreis Bauteil C	10,06	
Montage	3,50	
Verpackung	0,75	
Herstellkosten (variable Kosten)		23,68
Marketing-Kosten (16 %)	3,79	
Administrationskosten (10 %)	2,37	
Fixe Kosten		6,16
Selbstkosten		29,84
Gewinn (35 %)	10,44	
Verkaufspreis VKP		40,28
Deckungsbeitrag (VKP ./. variable Kosten)		16,60
Deckungsbeitrag in % vom VKP		41,2 %

Abb. 81: Preiskalkulation

Die Break-Even-Analyse zeigt die Stückzahl zur Gewinnschwelle

Soll ein neues Produkt entwickelt werden, interessiert die Frage, ab welcher Stückzahl sich die Investition rechnet. Dafür bietet sich die **Break-Even-Analyse** (Gewinnschwellen-Analyse) an. Die Break-Even-Menge lässt sich mit einer einfachen Formel oder graphisch (Abb. 82) bestimmen:

$$\text{Break-Even-Menge} = \frac{\text{Fixe Kosten}}{\text{Deckungsbeitrag pro Stück}}$$

wobei sich der Deckungsbeitrag pro Stück ergibt aus dem Verkaufspreis pro Stück ./. variable Kosten pro Stück. Bei der Break-Even-Menge sind die fixen Kosten gedeckt.

Grenzkostenrechnung

Ein weiteres Modell ist die so genannte **Grenzkostenrechnung**. Darunter versteht man die Mehrkosten der Herstellung der letzten Einheit, die bei Erhöhung der Produktionsmenge anfallen. Die Ableitung der Preise nach diesem Modell ergibt einen größeren Spielraum bei der Preisgestaltung.

Volkswirtschaftlich regeln **Angebot und Nachfrage** den Preis (Abb. 83). Sind der Markt und der Preis attraktiv, werden immer mehr Anbieter in den Markt stoßen. Die angebotene Menge steigt

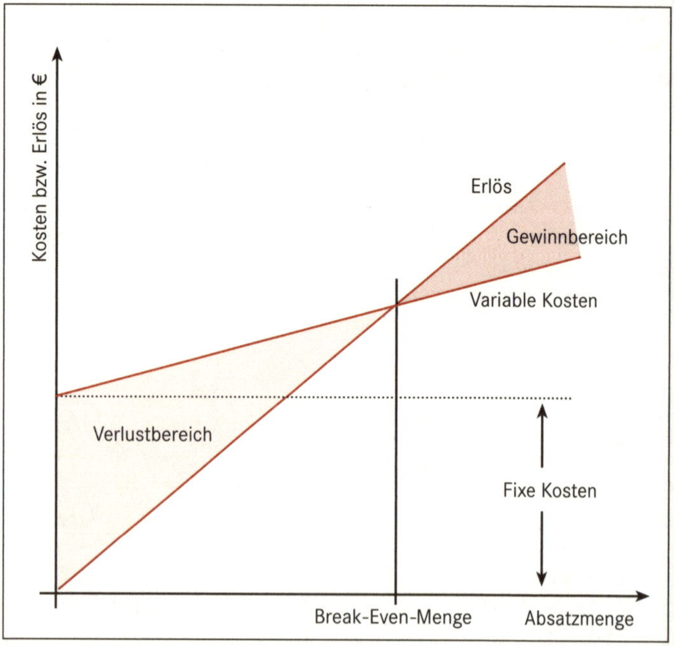

Abb. 82: Die Break-Even-Analyse

mit dem Preis. Auf der Nachfrageseite verhält es sich umgekehrt. Die nachgefragte Menge nimmt mit sinkendem Preis zu. An dem Punkt, an dem sich die Angebotskurve mit der Nachfragekurve schneiden, herrscht Gleichgewicht und es bildet sich der Marktpreis. Verändern sich Angebot oder Nachfrage, kommt es zwangsläufig zu Preisverschiebungen.

Gleichgewicht herrscht am Schnittpunkt von Angebots- und Nachfragekurve

- Steigt die angebotene Menge z.B. durch den Eintritt eines neuen Wettbewerbers und bleibt die Nachfrage konstant (Bild 1), wird sich der Marktpreis auf den neuen Gleichgewichtspunkt hin nach unten entwickeln.
- Der gleiche Effekt tritt ein, wenn sich die Nachfrage verringert (Bild 2).
- Nimmt die angebotene Menge z.B. durch den Konkurs eines Wettbewerbers ab, und bleibt die Nachfrage konstant (Bild 3), wird sich der Marktpreis auf den neuen Gleichgewichtspunkt hin nach oben entwickeln.
- Der gleiche Effekt tritt ein, wenn sich die Nachfrage erhöht (Bild 4).

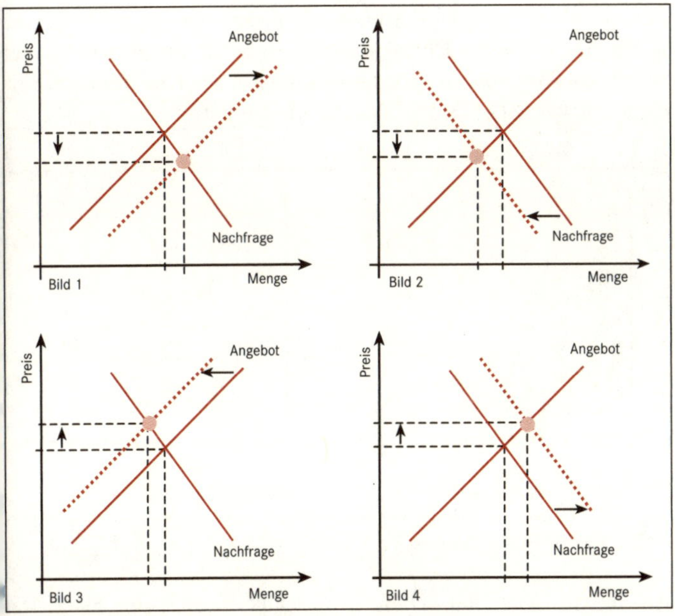

Abb. 83: Marktpreis durch Angebot und Nachfrage

Die Nachfragekurve kann unterschiedlich ausgeprägt sein (Abb. 84). Sie kann steil verlaufen oder flach. Der Grad der Neigung ist ein Maß für die so genannte Preiselastizität. Die Preiselastizität der Nach-

Preiselastizität der Nachfrage bestimmen

frage wird als Verhältnis der prozentualen Veränderung der Nachfragemenge zur prozentualen Veränderung des Preises definiert.

$$\text{Preiselastizität der Nachfrage} = \frac{\text{prozentuale Änderung der Nachfragemenge}}{\text{prozentuale Änderung des Preises}}$$

Unelastische Nachfrage

Ist die Kurve steil (Bild 1) und ist das Verhältnis kleiner als 1, spricht man von einer unelastischen Nachfrage. Sinkt der Marktpreis, nimmt die nachgefragte Menge nur relativ leicht zu. Steigt der Marktpreis, nimmt die nachgefragte Menge aber auch nur relativ leicht ab.

Elastische Nachfrage

In einem Markt mit elastischer Nachfrage (Verhältnis größer als 1, Bild 2) nimmt die nachgefragte Menge bei einer Reduzierung des Marktpreises relativ stark zu. Steigt der Marktpreis, nimmt die nachgefragte Menge aber auch relativ stark ab.

Kenntnisse über die Preiselastizität in den Zielmärkten sind besonders wichtig. Ist die Nachfrage sehr unelastisch, machen Preisreduzierungen mit der Hoffnung auf bedeutend größere Umsätze durch eine erhöhte Nachfrage keinen Sinn. Die Preiselastizität der Nachfrage wird von verschiedenen Faktoren wie Kaufkraft des Segmentes, Lagerbarkeit und Haltbarkeit bestimmt.

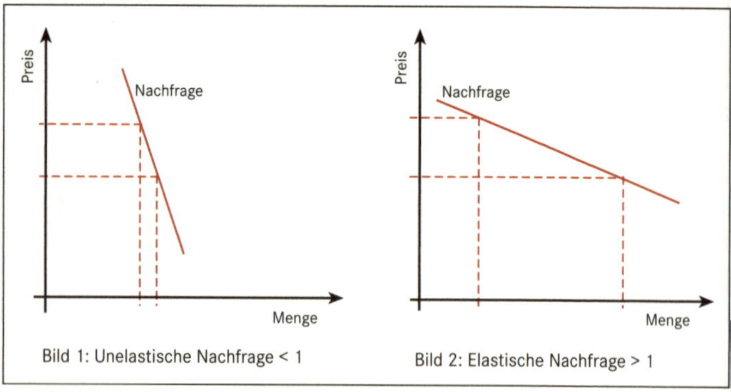

Abb. 84: Preiselastizität

Analog zur Elastizität der Nachfrage gibt es auch eine Elastizität des Angebotes. Ist die Kurve steil und ist das Verhältnis kleiner als 1, spricht man von einem unelastischen Angebot. Steigt der Marktpreis, nimmt die angebotene Menge nur relativ leicht zu. Ist die Kurve flach und ist das Verhältnis größer als 1, spricht man von einem elastischen Angebot. Steigt der Marktpreis, nimmt die angebotene

Menge relativ stark zu. Hier bestimmen Faktoren wie Kosten der Lagerhaltung, Haltbarkeit, Liquidität, Höhe der zusätzlichen Investitionen, den Grad der Elastizität.

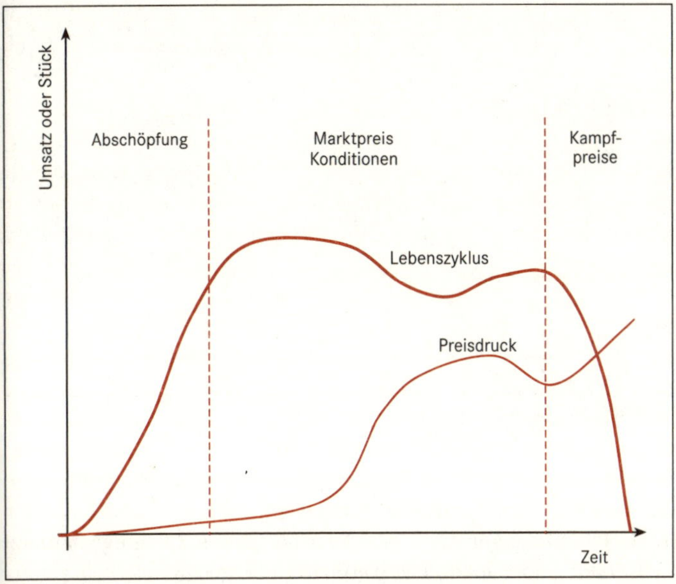

Abb. 85: Preisdruck- und -politik im Produkt-Lebens-Zyklus

Entlang der Lebensdauer eines Produktes verändert sich der Wettbewerbs- und Preisdruck (Abb. 85). Er ist bei der Einführung eines neuen Produktes und in der Wachstumsphase noch relativ gering. Er steigt jedoch kontinuierlich an und erreicht in der Degenerationsphase seinen Höhepunkt. Ein Relaunch kann den Preisdruck über einen gewissen Zeitraum etwas vermindern. Dementsprechend kann die Preispolitik ausgerichtet sein. Ist der Preisdruck gering und genießt das Produkt noch eine gewisse Exklusivität, sollte auf möglichst hohe Preise geachtet werden. Man betreibt eine Abschöpfungspolitik, so lange es geht. Nimmt in der Sättigungs- und beginnenden Degenerationsphase der Preisdruck zu, sind die Preise mehr oder weniger dem **Marktpreis-Niveau** anzupassen und Konditionen wie Rabatte oder Boni sind in Betracht zu ziehen. In der endgültigen Degenerationsphase kommt es mit dem schwindenden Bedarf meist zu Kampfpreisen.

Preise entlang der Lebensdauerkurve gestalten

Für die Preispositionierung (Abb. 86) empfiehlt es sich zunächst, die Preise der Wettbewerber und den errechneten Durchschnittspreis in eine Matrix oder Graphik einzutragen.

Preise der Wettbewerber eruieren

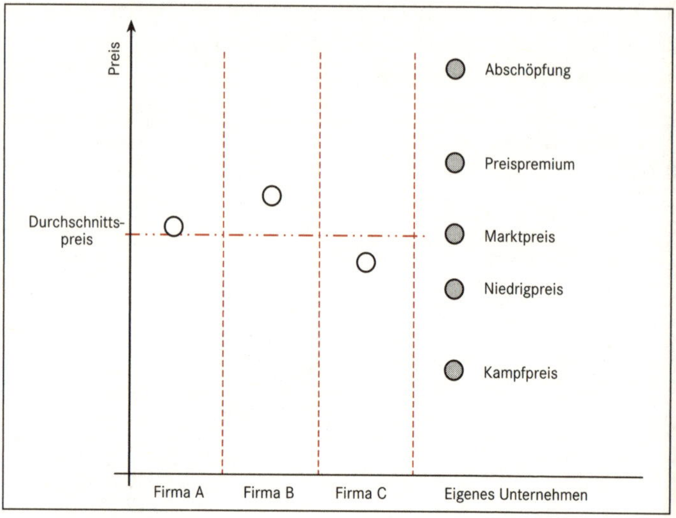

Abb. 86: Preispositionierung

Eigenen Preis positionieren

Danach ist zu entscheiden, wo man seinen eigenen Preis positioniert. Dabei gibt es verschiedene Möglichkeiten:

1. **Abschöpfungspreis:** Diese Preisposition kann eingenommen werden, wenn man dem Wettbewerb technologisch weit voraus ist und das Produkt noch keinen echten Konkurrenten hat.
2. **Preispremium:** Ist die Marke gut eingeführt und ist das eigene Produkt qualitativ etwas besser als der Wettbewerb, können Preise, die leicht über dem Wettbewerb liegen, durchgesetzt werden.
3. **Marktpreis:** Liegt man mit seinem Produkt qualitativ und technisch gleich mit dem Wettbewerb, wird man seinen Preis in das Mittelfeld legen.
4. **Niedrigpreis:** Diese Position kann eingenommen werden, wenn man den Markt penetrieren will und auf die Erhöhung des Marktanteils setzt. Weiterhin ist diese Position sinnvoll, wenn das Produkt technisch oder qualitativ nicht so weit wie bei den Wettbewerbern fortgeschritten ist.
5. **Kampfpreis:** Will man einen Wettbewerber platt machen, wird man angegriffen oder soll das Produkt wegen der stark gesunkenen Nachfrage vom Markt genommen werden, bietet sich die Kampfpreis-Position an.

Checkliste

Für die Preisgestaltung gibt es noch die folgenden Möglichkeiten:

- ✔ Auslaufpreis
- ✔ Ausverkaufspreis
- ✔ Barzahlungsrabatt
- ✔ Boni
- ✔ Einführungspreis
- ✔ Exklusivpreis (unbundling, Zubehör ist im Preis nicht enthalten)
- ✔ Frühbestellerpreis
- ✔ Inklusivpreis (bundling, Zubehör ist im Preis enthalten)
- ✔ Messepreis
- ✔ Prämie
- ✔ Rabattkarte
- ✔ Rabattstaffel
- ✔ Skonto
- ✔ Sonderpreis
- ✔ Vorsaison- und Nachsaisonpreis

Die folgende Checkliste zeigt wichtige Aspekte, die bei der Preispolitik und -findung zu berücksichtigen sind:

Checkliste

Preispolitik und -findung

- ✔ Dem Kunden den Preis nur sagen, wenn er danach fragt; zuerst verkaufen!
- ✔ Will der Kunde Extras, so soll er dafür auch bezahlen!
- ✔ Den Preis nicht öffentlich bekannt geben, es sei denn, er ist besonders niedrig oder es ist so üblich und wird erwartet!
- ✔ Nachlässe etc. nur anbieten, wenn es anders nicht geht!
- ✔ Naturalrabatte anstatt Preisrabatte!
- ✔ Rabatte auf die Zusatzmenge anstatt die Gesamtmenge!
- ✔ Ist das Produkt besser, kann man auch mehr verlangen!
- ✔ Regelmäßig Preise erhöhen!
- ✔ Erhöht der Wettbewerb die Preise, sollte man nachziehen!
- ✔ Wichtige Kunden vor der Preiserhöhung informieren!
- ✔ Ist der Bedarf hoch, sind die Preise zu erhöhen!
- ✔ Braucht der Kunde das Produkt dringend, sollte man sich nicht auch noch auf Nachlässe einlassen!
- ✔ Die Preise nur senken, wenn es im Markt nicht anders geht oder dies politisch gewollt ist!

- ✔ Die Verkäufer regelmäßig in Verkaufs- und Verhandlungstechnik schulen!
- ✔ Verkäuferprovision nicht nur nach Umsatz, sondern auch (oder nur) nach Deckungsbeitrag berechnen!
- ✔ Verkäufer, die laufend hohe Nachlässe geben, besonders schulen!
- ✔ Auf psychologische Preisgrenzen achten, z. B. 199,50 €!

6.8 Kommunikations-Mix

Kommunikations-Mix auf die Märkte ausrichten

Was nützen einem Unternehmen die besten Produkte, wenn die potenzielle Käuferschicht nicht erreicht wird und Aufträge sich nur aus reinem Zufall oder durch Mund zu Mund Propaganda ergeben. Will ein Unternehmen mit seinem Leistungsangebot erfolgreich sein, muss es auch darauf aufmerksam machen, werben, informieren. Diese Aufgabe übernimmt die Marketing-Kommunikation. Die Instrumente sind umfangreich und sie werden im so genannten Kommunikations-Mix beschrieben. Dieser Mix ist eingebettet in den gesamten Marketing-Mix eines Marketing-Konzeptes (siehe auch Abb. 75 in Kap. 6.5). Er kann für jede Produktlinie unterschiedlich sein und er ist ebenso auf die Zielmärkte auszurichten. Der Kommunikations-Mix besteht aus den Unterbereichen Verkauf, Werbung, Verkaufsförderung und Öffentlichkeitsarbeit.

6.8.1 Verkauf

Die Aufgaben des Vertriebs definieren

Dem Verkauf oder Vertrieb kommt eine besondere Bedeutung zu. Er steht demjenigen gegenüber, um den sich im Prinzip alles dreht, dem Kunden. Der Verkauf soll Kontakte zu neuen potenziellen Kunden herstellen, Geschäftskontakte pflegen und vor allen Dingen verkaufen. Im Einzelnen kann man die Aufgaben des Verkaufs wie folgt umreißen:

- maßgebliche Mitwirkung bei der Festlegung der Preis- und Wettbewerbspolitik,
- Festlegung der Preise oder zumindest maßgebliche Mitwirkung,
- maßgebliche Mitwirkung bei der Erstellung des Marketing-Konzeptes,
- Verkaufs- oder Umsatzplanung; der Verkauf macht die Planungen für die Umsätze der einzelnen Produkte oder Produktlinien auf der Grundlage der Zielvorgaben, der historischen Werte und der Umfeldbeobachtungen (Abb. 87). Diese Zahlen sind die Grundlage für die Produktion und weitere Pläne im Rahmen der Budgetplanung,

- Betreuung des Offertwesens,
- Anbahnung von Geschäftsbeziehungen zu neuen potenziellen Kunden,
- Pflege der Kontakte zu bestehenden Kunden,
- Durchführung von Verkaufsgesprächen und Verhandlungen mit Kunden oder Händlern und Tätigen von Verkaufsabschlüssen,
- Beratungsfunktionen bei erklärungsbedürftigen Produkten,
- Sammlung von Umfelddaten zum Wettbewerb und sonstigen relevanten Gebieten,
- Weiterentwicklung der Verkaufswerkzeuge,
- Entwicklung der Verkaufskräfte durch Schulungen, etc.,
- Sonderaufgaben wie Servicefunktionen, Hilfestellung bei schlecht zahlenden Kunden.

Zunächst ist im Unternehmen zu klären, wie der Verkauf organisiert werden soll und wer dafür verantwortlich ist. Soll es einen Innen- und Außendienst geben oder sollen die Produkte über das Telefon, Händler oder das Internet verkauft werden. Die Entscheidungsfindung wird maßgeblich durch die Betriebsgröße, die Art der Produkte, die Zielsegmente und die Größe des Verkaufsgebietes geprägt.

Umsatzplan für das Jahr 2007					
Produktlinie: XYZ pro Stück					
Zielvorgabe: Steigerung um 10 %					
Monat	**Vorjahr Stück**	**Vorjahr T€**	**Plan Stück**	**Preiserhöhung**	**Plan T€**
Januar	175.000	13.212,50	193.000	5 %	15.300,08
Februar	155.000	11.702,50	173.000	5 %	13.714,58
März					
April					
Summe					

Abb. 87: Umsatzplanung

Entschließt man sich für die Aufstellung eines eigenen Verkaufsteams, sind eine Reihe von Aspekten zu berücksichtigen:

Vertrieb organisieren

- Kostenplan: Die Kosten für das Verkaufsteam sind zu kalkulieren. Insbesondere Außendienststellen sind ein hoher Kostenfaktor. Neben den Gehaltszahlungen fallen noch reichlich Spesen und Fahrtkosten an.
- Aufbauorganisation (siehe Kap. 4.1): Es ist zu klären, ob eine eigene Abteilung geschaffen werden soll und wem diese berichtet. Weiterhin ist zu klären, wie die Verkaufsorganisation zu gliedern ist:

- geographisch orientiert, also nach Verkaufsgebieten; für wenig erklärungsbedürftige Produkte, keine Spezialisten notwendig, oder wenn nur eine Produktlinie verkauft wird,
- produktorientiert; für komplexe erklärungsbedürftige Produkte, Spezialisten notwendig, oder wenn mehrere Produktlinien verkauft werden,
- segmentorientiert; bei großen heterogenen Zielmärkten,
- kundenorientiert; bei relativ kleinem Kundenstamm,
- gemischt; z.B. Gebietsaufteilung mit **Key Account Management** (Key Account: Schlüsselkunde) für besonders wichtige Kunden.

- Stellenbeschreibungen: Für die verschiedenen Arbeitsplätze im Vertrieb sind Stellenbeschreibungen zu erstellen.
- Zusammenwirken des Innen- und Außendienstes: Die Aufgaben, Kompetenzen und Verantwortungen sind klar zu beschreiben und abzugrenzen. In der Praxis gibt es zwischen dem Innendienst und Außendienst immer wieder Spannungen. Das gegenseitige Verständnis und der Teamgeist können z.B. durch gegenseitige Urlaubsvertretung und Job Rotation (Außendienstmitarbeiter geht nach einigen Jahren in den Innendienst und Innendienstmitarbeiter in den Außendienst) gesteigert werden.
- Geschäftsprozesse: Die typischen Geschäftsprozesse im Verkauf wie die Offertabgabe, Bestellabwicklung, Auftragsabwicklung, etc. sind zu erarbeiten und zu beschreiben. Dabei ist auf Einfachheit und Klarheit zu achten.
- Infrastruktur: Die Infrastruktur wie EDV-Software und Hardware, Büroausstattung ist zu schaffen.

Verkäufer schulen

- Verkäuferauswahl und Schulung: Die Mitarbeiter im Innen- und Außendienst sind zu rekrutieren und intensiv zu schulen. Schulungsthemen sind: Produktschulung, Marketing-Grundkenntnisse, Verkaufsgespräch mit praktischen Übungen, Verhandlungsführung, Messedienst, Kundenorientierung, Etikette.
- Ausstattung der Verkäufer im Außendienst: Hierzu zählen PKW, Mobiltelefon, Aktentaschen, Präsentationsunterlagen, Musterteile, Werkzeuge, etc.
- Entgeltsystem: Nicht nur für den Außendienst, sondern auch für den Innendienst sind Leistungsanreize zu schaffen. Das Entgelt sollte auf jeden Fall einen variablen, erfolgsabhängigen Anteil haben (siehe auch Kap. 5.5).

Besuchsfrequenz festlegen

- Besuchsfrequenz: Die Anzahl der Kundenbesuche pro Zeiteinheit ist zu bestimmen. Dabei sollte die **ABC-Kundenanalyse** (siehe Abb. 72) zu Grunde gelegt werden, z.B. Key Accounts jede Woche, A-Kunden zweimal pro Monat, B-Kunden zweimal pro Quartal und C-Kunden einmal pro Halbjahr oder über das Telefon.

Bevor mit der Akquisition begonnen werden kann, müssen noch potenzielle Kunden gefunden werden.

Checkliste

Für die Kundensuche bieten sich verschiedene Möglichkeiten und Quellen an:

- ✔ Adressverlage wie z. B. Schober, Pan-Adress, Koop
- ✔ Adressverzeichnisse der IHKs
- ✔ Befreundete Unternehmen
- ✔ Fachverbände
- ✔ Fachzeitschriften
- ✔ Hausbank
- ✔ Internet
- ✔ Messekataloge

Durch geschultes, motiviertes und freundliches Personal vom Wettbewerb abheben

Mitarbeiter im Innen- und Außendienst sind für die Durchführung von Verkaufsgesprächen gründlich vorzubereiten und zu schulen. Freundlichkeit und Zuvorkommenheit sollten ebenso wie ein gepflegtes Aussehen selbstverständlich sein. Leider ist immer wieder festzustellen, dass es hier erhebliche Lücken gibt. Vorhandene oder potenzielle Kunden werden durch ungeschultes, unfreundliches Personal regelrecht verscheucht. Gerade hier kann sich ein Unternehmen durch motiviertes Personal vom Wettbewerb differenzieren und erfolgreicher sein.

Verkaufsgespräche üben

Vor jeder Verkaufssituation steht die gründliche Vorbereitung (Abb. 88). Hierzu gehören unter anderem die entsprechenden Produktkenntnisse, Zielsetzungen für ein Verkaufsgespräch, Kenntnisse über den Kunden. Auf einem Messestand oder im Laden werden Kunden freundlich angesprochen (z. B. »Willkommen auf unserem Stand, an welchen Produkten haben Sie Interesse?« Die Frage »Kann ich Ihnen helfen?« sollte man nicht stellen. Manche Kunden antworten sonst »Mir kann nicht mehr geholfen werden«). Durch Zusatzfragen werden die Kunden qualifiziert (z. B. »Aus welchem Unternehmensbereich kommen Sie?«, »Für welches Unternehmen sind Sie tätig?«). Es ist herauszufinden, ob der Besucher auf dem Messestand oder im Laden ein potenzieller Kunde mit Kaufinteresse, ein Wettbewerber oder eine Person ist, die sich nur informieren möchte. Besteht Interesse, stellt sich der Verkäufer vor und klärt mit ein paar Fragen die Bedürfnisse des Kunden ab.

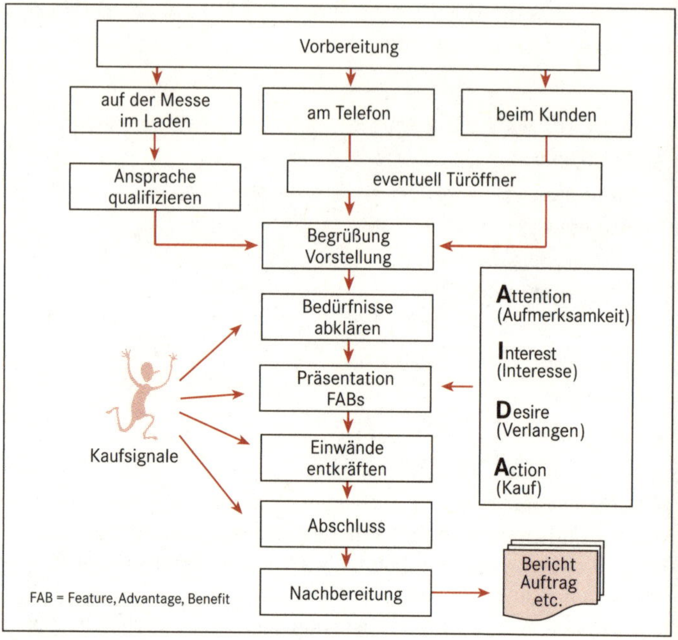

Abb. 88: Das Verkaufsgespräch

Beim Telefonverkauf oder bei Erstkontakten kann ein »Türöffner« (z.B. »Ich würde Ihnen gerne aufzeigen, wie Sie in Ihrer Produktion ca. 5% an Werkzeugkosten einsparen können«) notwendig sein, um das Interesse des Kunden an einem Gespräch zu wecken. Danach erfolgt die Präsentation des Produktes oder der Dienstleistung. Dabei werden verschiedene vorbereitete Argumentationsketten, so genannte **FABs** (**Feature, Advantage, Benefit** – Eigenschaft, Vorteil, Nutzen) eingesetzt (Beispiel siehe unten). Im Verlauf des Gespräches sind gegebenenfalls Einwände (z.B. Kunde meint, das Produkt ist zu teuer) vom Kunden zu entkräften und es ist auf Kaufsignale (z.B. Kunde fragt nach Lieferzeit, aber auch Gestik und Mimik) zu achten. Ziel der Präsentation ist es, die Aufmerksamkeit des Kunden zu erlangen, seine Interesse am Produkt oder der Dienstleistung zu wecken, ein Verlagen zu erzeugen und ihn zum Kauf zu bewegen (**AIDA-Formel, Attention** – Aufmerksamkeit, **Interest** – Interesse, **Desire** – Verlangen, **Action** – Kauf). Dann kommt das Wichtigste, der Abschluss, also der eigentliche Verkauf, die Frage nach dem Auftrag. Hat der Kunde gekauft oder den Vertrag unterschrieben, kann man ihn in seiner Entscheidung bestärken und ihm zuvorkommende und schnelle Lieferung zusagen. Auf keinen Fall sollte zurück in die Präsentation gegangen werden (**Overselling**). Der Abschluss oder Kundenbesuch ist entsprechend nachzuarbeiten.

FABs vorbereiten

Auf Kaufsignale achten

Beispiel FAB:

- *Feature (Eigenschaft): Dieser Druckluftmotor hat Lamellen aus XYZ-Kunststoff*
- *Advantage (Vorteil): Der Motor läuft ohne Schmierung*
- *Benefit 1 (Nutzen): Keine Schmierung und Ölgeräte notwendig, Kosteneinsparung*
- *Benefit 2 (Zusatznutzen): Keine Umweltverschmutzung durch Ölnebel*

Möglichkeiten des Computer Aided Selling nutzen

Eine Möglichkeit, die Verkaufsaktivitäten mit dem Außendienst zu rationalisieren und schneller zu gestalten, ist der Einsatz von **CAS, Computer Aided Selling** (Abb. 89). Die Außendienstmitarbeiter werden über ihren PC oder das Notebook mit dem Server in der Zentrale verbunden. Via Internet, Intranet oder einfach über das Modem lassen sich z.B. Verkaufsberichte und Aufträge umgehend an die Zentrale oder den Innendienst zur weiteren Verarbeitung schicken. Im Gegenzug können die Außendienstmitarbeiter mit neuen Informationen, Verkaufsstatistiken oder Kundenanfragen und Besuchswünschen versorgt werden.

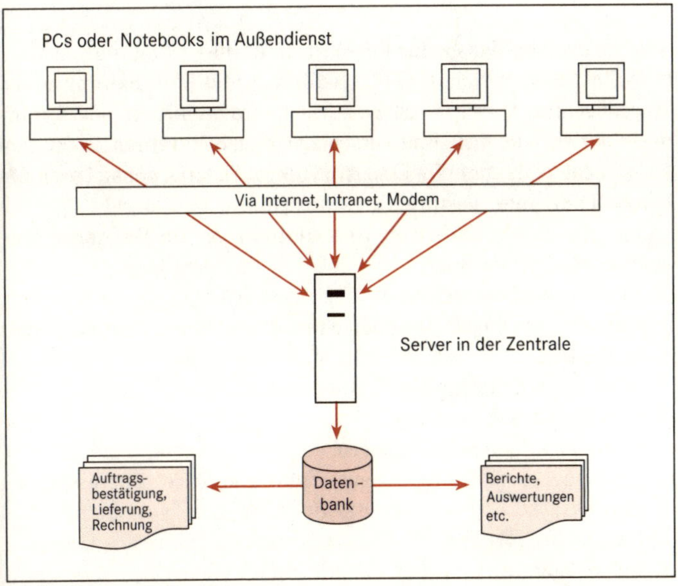

Abb. 89: Computer Aided Selling

6.8.2 Werbung

Werbung soll informieren und zum Kauf bewegen

Die Werbung kann dazu dienen, den Bekanntheitsgrad eines Unternehmens oder einer Marke (auch als Brand bezeichnet) zu steigern und vorhandene oder potenzielle Kunden über das Leistungsangebot zu informieren und zum Kauf zu motivieren. Die Werbung bereitet mit ihren vielfältigen Instrumenten sozusagen den Markt zum Verkauf vor.

Checkliste

Bei der Gestaltung von Werbung sollte berücksichtigt werden, dass die Werbebotschaften

- ✔ auf die Marketing-Strategie und die Zielsegmente ausgerichtet sind,
- ✔ die Regeln der Corporate Identity berücksichtigen (Kap. 3.6),
- ✔ Regeln und Gesetze hinsichtlich guter Sitten und Umgang mit dem Wettbewerb beachten,
- ✔ auffallend und interessant sind und Reaktionen auslösen (AIDA-Formel),
- ✔ ehrlich und machbar sind (keine unerfüllbaren Versprechungen!),
- ✔ sich vom Wettbewerb abheben.

Sind im eigenen Haus keine Ressourcen für die Gestaltung von Werbemaßnahmen vorhanden, empfiehlt sich die Einschaltung einer Werbeagentur. Vor der Vergabe eines Auftrages sollten jedoch mindestens zwei Angebote und Vorschläge eingeholt werden. Es ist darauf zu achten, dass die Dienstleistungen im Auftrag genau beschrieben und mit einem Festpreis versehen sind:

Werbemittel gezielt einsetzen

Es gibt eine Vielzahl von Werbemitteln, die im Folgenden beispielhaft aufgelistet sind:

1. Visuelle Werbemittel

- Antwortkarten oder Gutscheine in Zeitschriften, Zeitungen, etc.,
- Aufkleber,
- Beilagen in Zeitschriften, Zeitungen, etc.,
- Dias, Bilder, z.B. im Kino,
- Displays, z.B. in Schaufenstern,
- Fahrzeugbeschriftung, eigener Fuhrpark, Züge, Busse, Zeppeline, etc.,
- Flugblätter,
- Gelbe Seiten,
- Handzettel, die z.B. in Briefkästen gesteckt werden,
- Inserate in Zeitungen, Fachzeitschriften, Magazinen, Büchern, etc.: Die Verlage schicken gerne die so genannten **Mediadaten** zu, aus denen die Auflage und das Leserspektrum hervorgehen.

Medienschaltplan erstellen

Wird wiederholt in verschiedenen Zeitschriften inseriert, empfiehlt sich die Erstellung eines Medienschaltplanes (wann, in welcher Zeitschrift, erreichte Zielgruppe, mit welcher Botschaft, Kosten),

Medienschaltplan erstellen

- Internet, eigene Homepage oder Homepage eines bekannten Internet-Anbieters über einen so genannten Link (Querverweis mit automatischer Verbindung),
- Kataloge,
- Leuchtschrift, Laser,
- Plakate,
- Schleppbanner an Flugzeugen,
- Prospekte,
- Tragetaschen,
- Verpackungsbeilagen,
- Werbebriefe (Mailings), Direktmarketing: Die Gestaltung der Werbebriefe ist besonders wichtig. Auch hier ist die AIDA-Formel anzuwenden. Es gibt zahlreiche Unternehmen, die sich auf Mailings spezialisiert haben und die gesamte Abwicklung übernehmen.

2. Verbale Werbemittel
   - CDs,
   - Kassetten,
   - Lautsprecherdurchsagen,
   - Radiospots,
3. Audiovisuelle Werbemittel
   - CDs,
   - Fernsehspots,
   - Film, z. B. im Kino,
   - Videokassetten,
4. Veranstaltungen (Events)
   - Ausstellungen,
   - Hausmessen,
   - Messeauftritt: Der Ausstellungs- und Messe-Ausschuss der Deutschen Wirtschaft e.V. (AUMA), Köln, veröffentlicht jährlich Handbücher für regionale und überregionale Messen, (www.auma.de),
   - Promotionen, z. B. Versand von Proben,
   - Tag der offenen Tür,
5. Werbeartikel: Es gibt zahlreiche Anbieter von Werbeartikeln, die man Kunden übergeben oder zuschicken kann. Insbesondere zu Weihnachten erfreuen sich Werbegeschenke großer Beliebtheit.

Tipp

> Um Kosten zu sparen, können bei Messeauftritten im Ausland Gemeinschaftsstände von Bundesländern oder von Fachverbänden genutzt werden. Für verschiedene Messen gibt aus auch Zuschüsse von den Bundesländern, die über das jeweilige Wirtschaftsministerium beantragt werden können.

Erfolg der Werbemaßnahmen prüfen und steuern

Bei Werbemaßnahmen wie Inseraten und Mailings empfiehlt sich ein Erfolgs-Controlling. Bei Mailings wird der Rücklauf in % und der daraus resultierende Umsatz berechnet. Daraus kann man auch den Werbeaufwand pro neuem Kunden oder je 1000 € Umsatz als Kennziffern ableiten und mit anderen Werbemaßnahmen vergleichen. Bei Inseraten empfiehlt es sich, in der Anschrift eine Kennnummer anzugeben, so dass zu erkennen ist, auf welches Inserat in welcher Zeitschrift die Anfrage zurückzuführen ist. Oft übernehmen auch die Verlage die Auswertung der Meldungen oder Anfragen, sofern vorgesehen ist, dass sich Interessenten z. B. mit Antwortkarten an den Verlag wenden. Auch hier kann man wie beim Mailing entsprechende Berechnungen und ein Erfolgs-Controlling durchführen.

6.8.3 Verkaufsförderung

Die Instrumente der Verkaufsförderung sind darauf ausgerichtet, kurzfristig Anreize zu schaffen, die den Kunden dazu bewegen sollen,

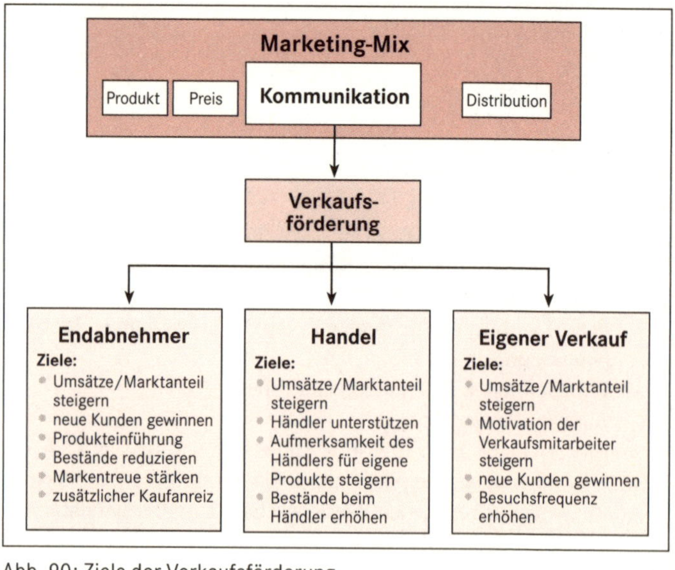

Abb. 90: Ziele der Verkaufsförderung

die angebotenen Produkte oder Dienstleistungen zu kaufen. Es soll also kurzfristig der Umsatz angehoben werden. Verkaufsfördernde Maßnahmen unterscheiden sich je nach Markt für Konsum-, Gebrauchs- oder Investitionsgüter und sie können auf die Endabnehmer, den Handel oder die eigene Verkaufsorganisation angesetzt werden (Abb. 90).

Verkaufsfördernde Maßnahmen gezielt einsetzen

Die nachfolgenden Checklisten zeigen mögliche verkaufsfördernde Maßnahmen für die Zielrichtungen Endabnehmer, Handel und eigener Verkauf.

Checkliste

Verkaufsfördernde Maßnahmen für Endabnehmer

- ✔ Aktionspackung
- ✔ Einladung in das Unternehmen
- ✔ Geschenk, z. B. ein Freizeitatlas beim Kauf eines Fahrrades
- ✔ Gewinnspiel, Preisausschreiben
- ✔ Gutschein
- ✔ Point of Sale (POS, Ort des Verkaufs) Aktionen wie Kostprobe
- ✔ Prämie
- ✔ Produktprobe
- ✔ Rabatt
- ✔ Sonderpreis
- ✔ Verkaufs-Events wie z. B. Musikkapelle und freie Getränke
- ✔ Vorführungen

Checkliste

Verkaufsfördernde Maßnahmen für den eigenen Verkauf

- ✔ Auszeichnungen
- ✔ Einladungen
- ✔ Verkaufswettbewerbe mit Preisen wie Sonderurlaub, Einladungen, Geld

Checkliste

Verkaufsfördernde Maßnahmen für den Handel

- ✔ Umsatzbonus
- ✔ Einführungsrabatt
- ✔ Einladungen
- ✔ Gemeinsame Veranstaltungen
- ✔ Gratiswaren
- ✔ Längeres Zahlungsziel bei Bestandsaufbau
- ✔ Sonderaktionen
- ✔ Verkaufsunterstützung

6.8.4 Public Relations

Öffentlichkeitsarbeit konsequent durchführen

Public Relations (PR), oder Öffentlichkeitsarbeit genannt, ist ein Kommunikationskonzept, mit dem die öffentliche Meinung bezüglich des Unternehmens, seiner Eigentümer und Mitarbeiter positiv eingestimmt werden soll. Die Öffentlichkeit sind hier z.B. die Gemeinde, das Land, Benutzer- und Zielgruppen. Während die Werbung als solche deklariert und erkennbar ist und hohe Kosten z.B. für das Schalten von Anzeigen verursacht, kann mit einer geschickten PR-Aktion mit relativ geringen Kosten ein hoher Werbeeffekt erzielt werden. Voraussetzung dabei ist jedoch, dass sich die Medien wie Zeitschriften- und Zeitungsverlage, Funk und Fernsehen mit dem Unternehmen und seinen Produkten identifizieren. Denn die PR-Artikel oder -Beiträge werden von Journalisten, Reportern oder Verlegern verfasst und unterliegen (im Gegensatz zur Werbung) der Pressefreiheit. Eine regelmäßige Pressearbeit und der Aufbau von Pressebeziehungen sind daher besonders wichtig. Dazu gehört auch der offene, zuvorkommende und konstruktive Umgang mit den Vertretern der Presse und Medien.

Kontakte zu Journalisten und Verlagen pflegen

Es gibt zwei Bereiche der Öffentlichkeitsarbeit:

1. PR die auf das Unternehmen bezogen ist und
2. PPR (Product Public Relations), die auf die Produkte oder Dienstleistungen des Unternehmens bezogen ist (Abb. 91).

In beiden Bereichen sind jeweils eigene Aktionen, PR über Medienarbeit sowie die Kombination aus beiden möglich.

Auch die Pflege von Kontakten zu Politikern, der Verwaltung und den Behörden ist von Bedeutung. Ziel dabei ist die Würdigung der Interessen des Unternehmens bei bestimmten Vorhaben oder bei der Gestaltung von neuen Richtlinien und Gesetzen. Man nennt diese Art der Interessenvertretung auch **Lobbyismus**.

Interessenvertretung durch Lobbyismus

Sind im eigenen Haus keine Ressourcen für die Betreuung der Öffentlichkeitsarbeit vorhanden, empfiehlt sich die Einschaltung einer PR-Agentur.

Ggf. PR-Agentur einschalten

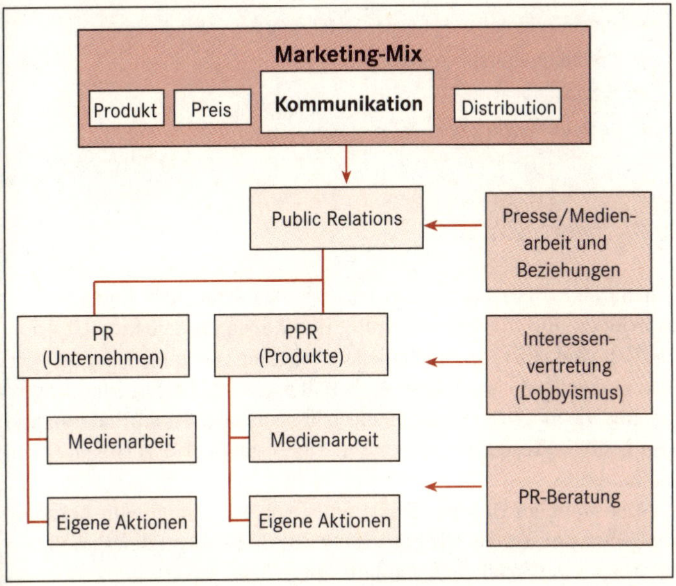

Abb. 91: Die Öffentlichkeitsarbeit, Public Relations

Verschiedene Möglichkeiten der PR-Arbeit sind in der folgenden Checkliste aufgeführt.

Checkliste

Public Relations

- ✔ Einladungen der Presse- und Medienvertreter zu Hausmessen und sonstigen Veranstaltungen
- ✔ Hauszeitschrift
- ✔ Pressemitteilungen über besondere Leistungen im Unternehmen, Jubiläen, Auszeichnungen, etc.
- ✔ Reden und Vorträge
- ✔ Sponsoring (Unterstützung) von Sportereignissen, Kultur, sozialen Einrichtungen
- ✔ Veranstaltungen wie Tag der offenen Tür
- ✔ Weitergabe von Prospekten, Geschäftsberichten, Videos, CDs etc. an die Presse

Checkliste

Product Public Relations

- ✔ Fachartikel für Zeitschriften und Zeitungen
- ✔ Forschungsberichte
- ✔ Presseinformationen bei der Einführung neuer Produkte
- ✔ Produktpressemappen auf Messen
- ✔ Produktseminare
- ✔ Technische Vorträge

6.9 Distribution

Distributionskanäle festlegen

Im Bereich Distribution werden die Verfahren und Konzepte beschrieben, die für die Verteilung der Waren zu den Kunden erforderlich sind. Sie regelt auch die Logistik vom Ausgangslager bis zum Abnehmer (siehe auch Kap. 4.6). Dabei gilt es, die Lagerhaltung so gering wie möglich zu halten, die Transportwege zu minimieren und die Logistik-Kosten insgesamt auf einem möglichst geringen Stand zu halten.

Der Wahl der Distributionskanäle (Abb. 92) kommt eine besondere Bedeutung zu. Sie wird bestimmt durch die folgenden Parameter:

- Marketing-Strategie, Positionierung,
- Größe des Verkaufsgebietes,
- Art der Zielmärkte,
- Erreichbarkeit, Anzahl der Kunden,
- Kundenstamm; Händler können zahlreiche neue Kunden bringen,
- Verfügbarkeit eines eigenen Verkaufsteams,
- vorhandene Infrastruktur,
- Größe des Unternehmens,
- Größe der Handelsspanne,
- Notwendigkeit von Beratung und Service,
- Produkteigenschaften wie Haltbarkeit,
- gesetzliche Auflagen.

Erstrebenswert ist der direkte Weg vom Hersteller zum Konsumenten oder Endabnehmer (nullstufige Distribution). Hier hat das Unternehmen den direkten Draht zum Kunden und kann des gesamte Verkaufsgeschehen kontrollieren. Die Handelsspannen brauchen mit keinem Partner geteilt zu werden. Dabei ist das Internet ein neuer, interessanter Vertriebsweg.

Händler erhöhen Verteildichte

Bei Konsumgütern wie Lebensmitteln oder beim Export kann man in der Regel auf Händler, Handelsvertreter, Agenten oder Bro-

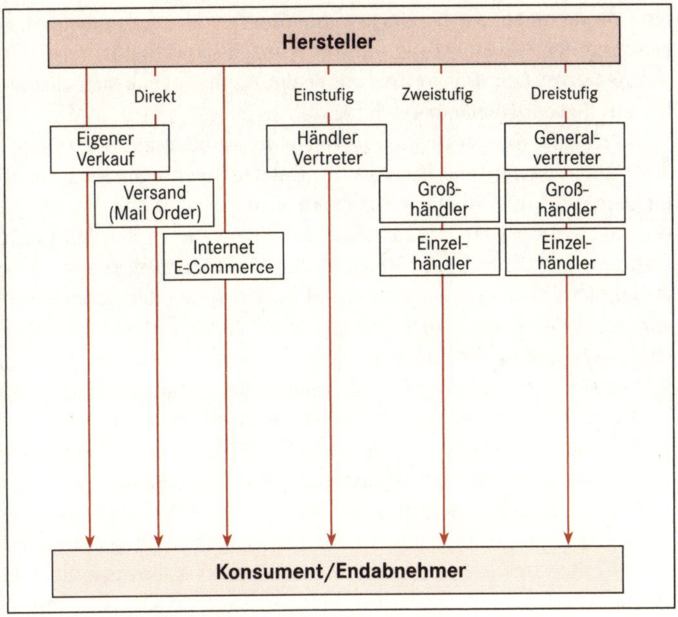

Abb. 92: Die Distributionskanäle

ker nicht verzichten. Entsprechende vertragliche Regelungen, die alle Einzelheiten der Vertretung, Rechte und Pflichten der Partner regeln und die Interessen des Unternehmens schützen, sind dabei angebracht. Ein weiterer Grund für die Einschaltung von Händlern kann die Vergrößerung der Verteildichte sein. Denn jeder Händler verfügt über einen eigenen Kundenstamm und wertvolle Marktkenntnisse. Über die Fachverbände, Adressverlage (Schober, Pan-Adress, Koop, etc.) oder Handelskammern kann man Informationen über Händlernetze oder Handelsvertreter bekommen. Auch über Anzeigen in Zeitungen und Zeitschriften können Händler oder Vertreter gefunden werden

6.10 Kundenbindung

Kundenbindung durch Kundenzufriedenheit

Es ist circa fünf- bis achtmal teurer einen neuen Kunden zu akquirieren, als einen Kunden zu halten. Aus diesem Grund und im Hinblick auf den Erhalt bzw. die Steigerung von Marktanteilen, spielt die Kundenbindung eine wichtige Rolle. Die Bindung eines Kunden an das Unternehmen und seine Produkte und Dienstleistungen kann man jedoch nicht verordnen, man muss sie sich verdienen und zwar durch Kundenorientierung und Kundenzufriedenheit. Beides kann ein Unternehmen, wie bereits erwähnt, durch eine konsequente Ausrichtung der Marktleistung auf die Wünsche und Bedürfnisse der Kunden erreichen. Die vorangegangenen Kapitel haben sich ausgiebig mit diesem Themenbereich befasst.

Da sich die Erwartungen und Werte der Kunden mit der Zeit ändern und eingefahrene Prozesse im Unternehmen manchmal nicht mehr markt- und kundengerecht sein können, empfiehlt es sich, in regelmäßigen Abständen das »Fieberthermometer in den Markt zu stecken«. Es gilt, herauszufinden ob die Marktleistungen eines Unternehmens noch den Wünschen und Bedürfnissen der Kunden entsprechen oder ob gewisse Störungen in der Zufriedenheit vorhanden sind. Dazu gibt es verschiedene Möglichkeiten:

- Auswertung von Außendienstberichten, Reklamationsmeldungen, Beschwerdebriefen, Vorschlägen von Kunden, etc.,
- Auslage oder Beilage von einfachen Fragebögen zur Zufriedenheit mit Produkten oder Dienstleistungen und deren Auswertung,
- Gezielte Kundenbefragung per Telefon oder persönlich vor Ort. Die Befragung sollte jedoch von einer neutralen Person erfolgen, um Filtereffekte zu verhindern. Nachdem es kaum möglich ist, alle Kunden zu befragen, bedient man sich statistischer Methoden. Die Ergebnisse werden dann auf die Gesamtheit der Kunden im Segment übertragen. Eine Stichprobe ist dann repräsentativ, wenn alle Kunden die gleiche Chance hatten, Teil der Stichprobe zu sein. Nimmt man z.B. nur die Kunden in der Region, um Telefonkosten zu sparen, so ist die Stichprobe nicht repräsentativ. Je nach Größe des Segmentes reichen für eine Befragung 25 bis 50 Kunden als Stichprobenumfang aus, um Aussagen mit guter statistischer Wahrscheinlichkeit zu treffen.

Beispiel eines Stichprobenplanes

- *bis 500 Kunden: Stichprobe 25 Kunden,*
- *bis 1000 Kunden: Stichprobe 35 Kunden,*
- *über 1000 Kunden: Stichprobe 50 Kunden.*

Zielgröße für den Customer Satisfaction Index festlegen

Aus den Ergebnissen der Auswertung kann ein firmenspezifischer **Zufriedenheitsindex (Customer Satisfaction Index, CSI**, Abb. 93) definiert werden. Die Verbesserung des CSI auf einen bestimmten Wert kann z.B. als Bestandteil der Zielvereinbarung für den Leiter eines Geschäftsbereiches gewählt werden (Kap. 5.5).

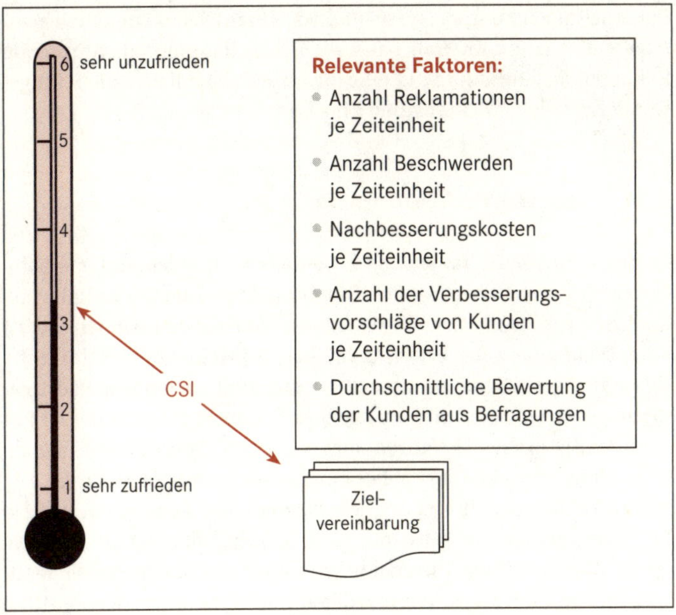

Abb. 93: Zufriedenheitsindex, Customer Satisfaction Index CSI

Das gesamte Qualitätsmanagement eines Unternehmens zielt darauf ab, Fehler zu verhindern. Aber auch bei dem ausgefeiltesten System sind Fehler nicht ganz zu vermeiden. Wichtig dabei ist, dass durch entsprechende Korrekturmaßnahmen die Fehlerursachen so weit wie möglich ausgemerzt werden. Kommt es zur Auslieferung fehlerhafter Produkte oder zu Fehlern bei Dienstleistungen und somit zu Reklamation durch den Kunden, sollte wie folgt verfahren werden:

Verhalten bei Reklamationen festlegen

- Bei telefonischer Reklamation den Kunden ausreden lassen, Verständnis zeigen, Gespräch auf Sachebene ziehen, Problem genau erfassen und umgehende Bearbeitung und Rückmeldung zusagen.
- Sofort bearbeiten, Ursache ermitteln, Hilfe für den Kunden organisieren, Korrekturmaßnahmen einleiten.
- Den Kunden zum vereinbarten Termin zurückrufen und Reklamation klären. Liegt das Problem im eigenen Haus, mitteilen, welche Maßnahmen ergriffen werden, Entschuldigung für die Unannehmlichkeiten und Zusage geben, dass alles getan wird um die Auswirkungen zu beseitigen oder zu lindern und die Fehlerursachen so weit möglich eliminiert werden.
- Maßnahmen termingerecht durchziehen, überwachen und ggf. weitere Info an den Kunden.
- Kleines Geschenk mit nettem Brief an den Kundenvertreter leiten.

Reklamation als Chance nutzen

Reklamationen sind ein Ausdruck von Unzufriedenheit. Die Unzufriedenheit eines Kunden kann jedoch durch eine entsprechende Reklamationsabwicklung in eine nachträgliche Zufriedenheit umgewandelt werden (»Reklamation als Chance nutzen!«).

6.11 Electronic Commerce

Möglichkeiten des E-Commerce nutzen

Es gibt einige Definitionen von E-Commerce. Hier soll unter E-Commerce (elektronischer Handel, Richtung Absatzmarkt) die Abwicklung der Vertriebsprozesse via Internet verstanden werden. Somit ist E-Commerce eine Untermenge von **E-Business** (elektronische Geschäftsabwicklung) zu dem unter anderem auch das **E-Procurement** (elektronischer Einkauf) gehört. Electronic Commerce ist ein noch relativ junges Verfahren, das erst am Anfang seiner Entwicklung steht und hohe Zuwachsraten aufweist. Mittlerweile ist zur stationären Abwicklung des E-Commerce eine weitere, das mobile E-Commerce über so genannte WAP-Mobiltelefone (WAP, wireless application protokoll, Internetzugang über das Mobiltelefon) dazugekommen. Ungeahnte Möglichkeiten tun sich hier auf. Der Besitzer eines **WAP-Mobiltelefons** kann sich von jedem Ort aus und zu jeder Zeit in das Internet einwählen, sich einen Flug buchen, Bücher bestellen und seinem Partner einen Strauß Blumen schicken lassen. Dadurch werden das gesamte Marketing und insbesondere der Vertrieb revolutioniert. Den persönlichen Kontakt mit dem Kunden kann E-Commerce sicher nicht ersetzen, aber ein zunehmender Anteil an Waren und Dienstleistungen wird künftig nicht mehr in Geschäften oder über den Außendienst, sondern über das Internet verkauft. Diese Entwicklung kann allenfalls durch Hacker, die immer wieder neue Computerviren über das Internet im Umlauf bringen und damit die Anwender verunsichern, etwas gebremst werden.

Mobiles E-Commerce

Virtuelle Marktplätze nutzen

Im E-Commerce (Abb. 94) kann man seine Waren und Dienstleistungen über die eigene Home Page (Internet-Auftritt) oder über so genannte Market Places (virtuelle Marktplätze) anbieten. In diesem Marktplatz können Kataloge, Preislisten, Prospekte usw. hinterlegt werden, auf die der Interessent zugreifen kann. Durch Anklicken eines Links (Verbindung) kann sich der Kunde mit der Home Page des Unternehmens verbinden lassen und bestellen. Eine weitere Möglichkeit, auf seine Waren und Dienstleistungen aufmerksam zu machen, ist das Setzen eines Links in der Homepage eines anderen Anbieters, der täglich eine hohe Anzahl von Besuchern (z.B. Anbieter von Suchmaschinen) hat. Die Nutzung eines virtuellen Markplatzes oder der Link in der Home Page eines anderen Anbieters ist in der Regel mit Gebühren oder einer Umsatzprovision verbunden.

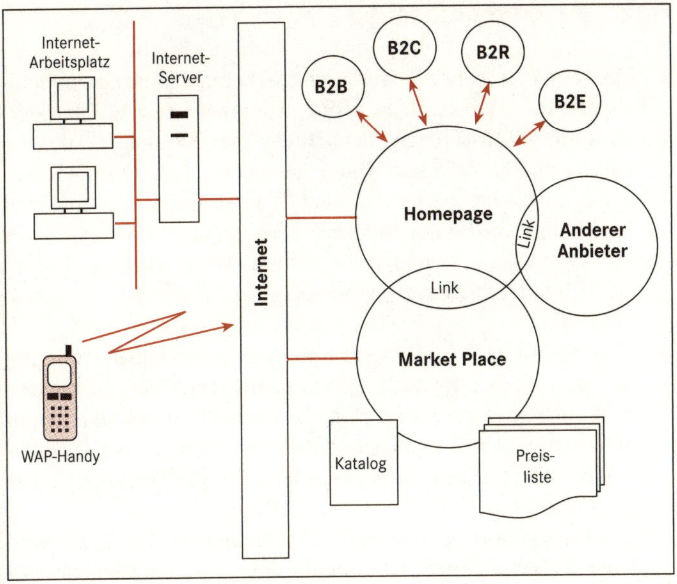

Abb. 94: Electronic Commerce

Die eigene Homepage ist über das Internet mit einem Server im eigenen Haus verbunden. Dort sind die entsprechenden Prozesse hinterlegt, mit denen z.B. die Bestell- oder Auftragsabwicklung erfolgen. Electronic Commerce kann man in den folgenden Bereichen einsetzen:

- B2B, Business to Business, Geschäftsabwicklung von Firma zu Firma,
- B2C, Business to Customer, Geschäftsabwicklung von Firma zu Privat- oder Endkunde,
- B2R, Business to Retailer, Geschäftsabwicklung von Firma zu Händler,
- B2E, Business to Employee, Geschäftsabwicklung von Firma zu Mitarbeiter.

Preisharmonisierung durch E-Commerce

Nicht nur durch die Einführung des EURO, sondern auch durch die zunehmende Nutzung des Internets durch Firmen oder Privatpersonen für Einkäufe aller Art, ist es zu einer Beschleunigung der Preisharmonisierung gekommen. Der Kunde kann jederzeit die Preise von Anbietern weltweit oder die eines Anbieters in verschiedenen Ländern vergleichen und da ordern, wo es am preisgünstigsten ist. Oder der Kunde kann entsprechenden Druck auf die Preise ausüben.

Firmen, die bisher nicht im Internet vertreten sind und E-Commerce noch nicht in Betracht gezogen haben, sollten sich schnellstmöglich damit auseinandersetzen.

6.12 Zusammenfassung

Marketing = Gesamtkonzeption des Marktauftritts

1. Marketing ist mehr als Werbung, Marketing ist die Gesamtkonzeption des Marktauftrittes eines Unternehmens zur Befriedigung der Wünsche und Bedürfnisse der Kunden. Marketing kann man für Produkte, Dienstleistungen, Länder und Städte sowie in eigener Sache betreiben. Das strategische Marketing bezieht das Umfeld des Unternehmens ein und richtet sich nach der Vision und Gesamtstrategie aus. Das Marketing-Konzept zeigt die strukturierte Vorgehensweise für die Marktbearbeitung auf.

Segmentierung von Märkten

2. Die erste Aufgabe im Marketing-Konzept ist die Segementierung des Marktes und die Auswahl von Zielmärkten. Der Markt kann nach verschiedenen Kriterien, wie geographisch, psychographisch oder demographisch segmentiert werden. Die Produkt-Markt-Matrix eignet sich besonders für die Darstellung der Marktsegmente.

Positionierung

3. Das Unternehmen und seine Produkte sind im Markt zu positionieren. Dabei ist unter Positionierung nicht das gemeint, was man damit im Markt tut, sondern das, was man in der Gedankenwelt der potenziellen Käufer erzeugt. Die Positionierung ist demnach eine Kommunikationsstrategie.

Differenzierung

4. Bei der Differenzierung geht es um die Abhebung eines Produktes oder einer Marke vom Wettbewerb. Ziel dabei ist, sich im Wettbewerb um die Kunden Vorteile zu verschaffen. Als Differenzierungsmöglichkeiten bieten sich die gewählten strategischen Erfolgspositionen (Nutzen, Kosten, Zeit, Sicherheit) an.

Marktforschung

5. Die Marktforschung hat die Aufgabe, Daten, Informationen, Trends und Meinungen im Markt zu sammeln, zu analysieren und für die weitere Verarbeitung darzustellen. Für die Sekundär-Marktforschung gibt es zahlreiche Datenquellen im internen und externen Bereich, die angezapft werden können. In der Primär-Marktforschung werden Befragungen, Beobachtungen und Panels durchgeführt.

Marketing-Mix

6. Der Marketing-Mix ist das Instrumentarium oder die Werkzeugkiste des operativen Marketing. Er setzt sich aus den Elementen Produkt-Mix, Preis-Mix, Kommunikations-Mix und Distribution zusammen. Bei der Zusammenstellung des Marketing-Mix für ein bestimmtes Produkt oder eine Dienstleistung sind auch entsprechende Wettbewerbsstrategien zu berücksichtigen.

Leistungs-Mix

7. Der Produkt-Mix wird auch als Marktleistung oder Leistungs-Mix bezeichnet. In ihm werden Parameter wie Produktbezeichnung, Eigenschaften, Nutzen, Verpackung und Verfügbarkeit festgelegt. Bei der Festlegung der Parameter ist darauf zu ach-

ten, dass die Wünsche und Bedürfnisse der Kunden im Zielmarkt getroffen werden. Produkte und Dienstleistungen unterliegen einer bestimmten Lebensdauer, die durch ein Face Lifting verlängert werden kann. Mit Portfolio-Techniken lassen sich Produktgruppen bewerten und einordnen.

8. Die optimale Preisfindung ist kein einfaches Unterfangen. Genaue Kenntnis der eigenen Kosten sowie des Preisgefüges im Markt ist unabdingbar. Es gibt verschiedene Ansätze und Methoden, den Preis zu gestalten. Der Preis-Mix regelt auch die Liefer- und Zahlungsbedingungen. Preisfindung
9. Der Kommunikations-Mix besteht aus den Bereichen Verkauf, Werbung, Verkaufsförderung und Public Relations (Öffentlichkeitsarbeit). Seine Aufgabe ist es, wie der Name schon sagt, die Kommunikation des Leistungsangebotes eines Unternehmens in den Zielmarkt. Kommunikations-Mix
10. Dem Verkauf kommt eine besondere Bedeutung zu. Die Mitarbeiter dieses Bereiches stehen dem gegenüber, um den sich im Prinzip alles dreht, dem Kunden. Die Verkaufsmitarbeiter im Innen- und Außendienst sind auf ihre Aufgaben entsprechend vorzubereiten und zu schulen. Verkauf
11. Die Werbung soll vorhandene oder potenzielle Kunden über das Leistungsangebot informieren und zum Kauf motivieren. Man unterscheidet visuelle, verbale und audiovisuelle Werbemittel. Hinzu kommen noch Veranstaltungen wie z.B. Messeauftritte sowie Werbeartikel. Werbung
12. Die Instrumente der Verkaufsförderung sind darauf ausgerichtet, kurzfristig Anreize zu schaffen, die den Kunden dazu bewegen sollen, die angebotenen Produkte oder Dienstleistungen zu kaufen. Sie können auf die Endabnehmer, den Handel und den eigenen Verkauf gerichtet sein. Verkaufsförderung
13. Public Relations (PR) ist ein Kommunikationskonzept, mit dem die öffentliche Meinung bezüglich des Unternehmens, seiner Eigentümer und Mitarbeiter positiv eingestimmt werden soll. Man unterscheidet nach PR, die auf das Unternehmen und PPR (Product Public Relation), die auf die Produkte oder Dienstleistungen eines Unternehmens bezogen ist. PR
14. Im Bereich Distribution werden die Verfahren und Konzepte beschrieben, die für die Verteilung der Waren zu den Kunden erforderlich sind. Die Wahl der Vertriebskanäle kann entscheidend für den Erfolg eines Produktes sein. Distribution
15. Es ist circa fünf- bis achtmal teurer einen neuen Kunden zu akquirieren, als einen Kunden zu halten. Das beste Mittel, zufriedene und treue Kunden zu haben, sind praktizierte Kundenorientierung verbunden mit erstklassigen Produkten und Kundenorientierung

Serviceleistungen. Bei regelmäßigen Kundenbefragungen kann ein Kundenzufriedenheitsindex ermittelt werden.

E-Commerce

16. Der elektronische Handel via Internet (E-Commerce) hat sich mittlerweile als zusätzlicher Absatzkanal durchgesetzt. Auch mit mobilen Telefonen kann man einkaufen.

7 Forschung und Entwicklung

Der Bereich Forschung und Entwicklung (F&E) kommt in manchen Unternehmen zu kurz. Im Hinblick auf das Jahresergebnis werden F&E-Vorhaben oft gekürzt oder ausgesetzt. Der kurzfristige Erfolg steht im Vordergrund und die langfristigen Auswirkungen werden verkannt. Dies kann schwerwiegende Folgen für ein Unternehmen haben und seinen langsamen Tod bedeuten. Früher oder später kann das Unternehmen mit seinen veralteten Produkten oder Dienstleistungen, die nicht mehr den Erwartungen der Kunden entsprechen, mit dem Wettbewerb nicht mehr mithalten. Ein bestimmter Prozentsatz vom Umsatz, der sich nach Branche und **Innovationsgeschwindigkeit** richtet, sollte deshalb regelmäßig für die F&E eingeplant werden.

Nicht lediglich auf den kurzfristigen Erfolg achten

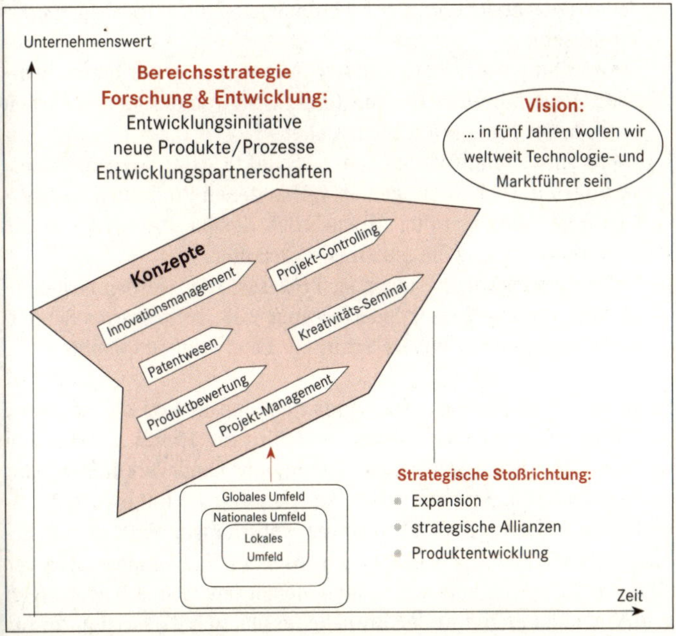

Abb. 95: Bereichsstrategie Forschung und Entwicklung

F&E-Strategie ausrichten

Die F&E-Strategie und ihre Konzepte sind auf die strategische Stoßrichtung und die Vision des Unternehmens auszurichten (Abb. 95). Will ein Unternehmen in seiner Branche Technologieführer werden, so muss es die qualitativ und technologisch besten Produkte und Prozesse haben. Die entsprechende Strategie könnte wie folgt aussehen:

- Entwicklungsinitiative für neue Produkte und Prozesse,
- Eingehen von Entwicklungspartnerschaften.

Aufgaben der F&E definieren

In den Bereich F&E fallen die folgenden Aufgaben:

- Grundlagenforschung: In kleinen und mittelständischen Unternehmen wird meist nur in Ausnahmefällen Grundlagenforschung betrieben. Die erforderlichen Ressourcen wie Personal, Anlagen, finanzielle Mittel sind begrenzt oder nicht vorhanden. Hier bietet sich die Zusammenarbeit mit Hochschulinstituten an. Ein Verzeichnis der Hochschulen, deren Institute und Forschungsschwerpunkte ist im Buchhandel erhältlich. Ergebnisse aus der Grundlagenforschung bieten oft Ansatzpunkte für neue Produkte und Prozesse.
- Entwicklung neuer Produkte: Produkte können Gegenstände (z.B. völlig neues Fahrradmodell) oder Dienstleistungen (z.B. neuartige Versicherung für Verdienstausfälle durch Computer-Viren) sein.
- Entwicklung neuer Prozesse: Darunter sind in erster Linien Bearbeitungsverfahren (z.B. neuartiges Verfahren der Metallbearbeitung) in der Produktion zu verstehen.
- Weiterentwicklung vorhandener Produkte: Hier werden Verbesserungen und Ergänzungen an vorhandenen Produkten / Dienstleistungen durchgeführt. Hinsichtlich Kosten und Risiko ist die Weiterentwicklung die günstigste Variante.
- Weiterentwicklung bestehender Prozesse: Hier werden bestehende Verfahren verbessert oder ergänzt (z.B. verbessertes Schleifverfahren, das eine höhere Schnittgeschwindigkeit erlaubt).

Innovative Unternehmen investieren nicht nur in die F&E, sie halten auch die Augen und Ohren offen, um frühzeitig Trends zu erkennen und um darauf mit weiterentwickelten oder neuen Produkten oder Dienstleitung zu antworten. Die Umfeldanalyse im Rahmen der strategischen Planung (Kap. 2.1) oder die Marktforschung (Kap. 6.4) liefern oft Ansatzpunkte oder sind Auslöser für Innovationen. Aus der Änderung der Kundenerwartungen, demographischen Änderungen und Verschiebungen in der Branche lassen sich Ansatzpunkte für Innovationen ableiten. Weitere Auslöser oder Quellen für Innovationen sind:

Kontakte zu Hochschulen und Technologie-Transferzentren pflegen

1. **Forschungsergebnisse:** Oft schlummern Ergebnisse aus der Grundlagenforschung vor sich hin, sind wenig bekannt und werden nicht rechtzeitig aufgegriffen. Die **Technologie-Transferzentren**, die mittlerweile in jeder größeren Stadt etabliert sind, haben es sich unter anderem zur Aufgabe gemacht, Forschungsergebnisse an kleine und mittelständische Unternehmen weiterzugeben und bei der Verwertung zu helfen. Ein regelmäßiger Kontakt zu Hochschulen, Instituten und den Technologie-Transferzentren ist sehr zu empfehlen.
2. **Fehlschläge:** Aus eigenen Fehlschlägen (z.B. **Produkt-Flop**) oder besser aus Fehlschlägen des Wettbewerbs lassen sich Ansatzpunkte für Verbesserungen oder neue Produkte ableiten.

Beispiel:
Ein Wettbewerber bringt einen neuen Elektroschrauber auf den Markt, dessen Abschaltkupplung sich nicht genau genug einstellen lässt. Die Schrauben können dadurch abreißen. Der Schrauber wird vom Markt genommen. Das eigene Unternehmen entwickelt eine verbesserte Präzisions-Kupplung für einen vorhandenen Schrauber und stellt diesen im Markt vor.

3. **Erfolge:** Auch bei besonderen eigenen Erfolgen oder Erfolgen der Wettbewerber mit Produkten oder Dienstleitungen im Markt lassen sich Innovationsansätze ableiten.

Beispiel:
Eine Großbäckerei hat eine wohlschmeckende Torte, die fast kalorienfrei ist, erfolgreich auf den Markt gebracht. Das eigene Unternehmen greift diese Idee auf und entwickelt wohlschmeckende, fast kalorienfreie Nussecken.

4. **Schwächen:** Dies können Schwächen an Produkten, Dienstleistungen und Verfahren intern und extern sein.

Beispiel:
Das herkömmliche Montageverfahren mittels Niettechnik führt immer wieder zu Nacharbeit und Ausschuss. Es wird eine Schnappverbindung entwickelt.

5. **Stärken:** Dies können besondere Stärken oder Eigenschaften an Produkten, Dienstleistungen und Verfahren intern und extern sein.

Beispiel:
Der Wettbewerber hat einen Backofen der selbstreinigend ist. Es wird eine Mikrowellenherd entwickelt, der mit Schmutz abweisendem Material ausgekleidet ist.

6. **Ereignisse:** Hierunter fallen alle Ereignisse im lokalen, nationalen oder internationalen Umfeld in den Bereichen Gesellschaft, Politik, Sport, etc.

Beispiel:
Zum 01.01.1999 wurde der Euro als Buchgeld eingeführt. Zahlreiche Firmen haben dieses Ereignis aufgegriffen und Werbegeschenke, spezielle Taschenrechner, Software, etc. entwickelt und vermarktet.

Den Innovationsprozess beschreiben

Der Innovationsprozess für Produkte, Dienstleitungen und Verfahren ist in der Abb. 96 dargestellt. Wie oben beschrieben, lassen sich aus verschiedenen Feldern Ansätze für Innovationen ableiten. In der Phase der Ideenfindung werden mittels Kreativitätstechniken eine Vielzahl von Ideen entwickelt und aufgezeichnet. Dieses Ideen-Rohmaterial wird gesichtet und hinsichtlich Machbarkeit und sonstiger Parameter bewertet. Die beste Idee wird ausgewählt und genau beschrieben. Gegebenenfalls wird ein Pflichtenheft entworfen, auf dem alle Eigenschaften, Zielkosten und Terminpläne aufgeführt sind. Ein F&E-Projekt mit Projektleiter und -Team wird aufgesetzt. Sofern sinnvoll, werden Entwicklungspartnerschaften eingegangen und Kontakte zu Hochschulen und Technologie-Zentren aufgenommen. Bevor mit dem Projekt begonnen wird, ist zu klären, ob öffentliche Fördergelder für das Entwicklungsvorhaben zur Verfügung stehen. In der Planungsphase werden das Pflichtenheft verfeinert, in Datenbanken (z.B. Patente) recherchiert und eventuell Lizenzen abgefragt. Dann erfolgt die eigentliche Entwicklungsarbeit, in deren Rahmen gemachte Erfindungen durch Patentanmeldungen, Gebrauchsmusterschutz oder eingetragene Warenzeichen abzusichern sind. Gegebenenfalls wird ein Prototyp erstellt, getestet und zur Zulassung vorgestellt. Ist die Qualität und die Produktion gesichert, kann der Markteintritt erfolgen.

Patente rechtzeitig anmelden

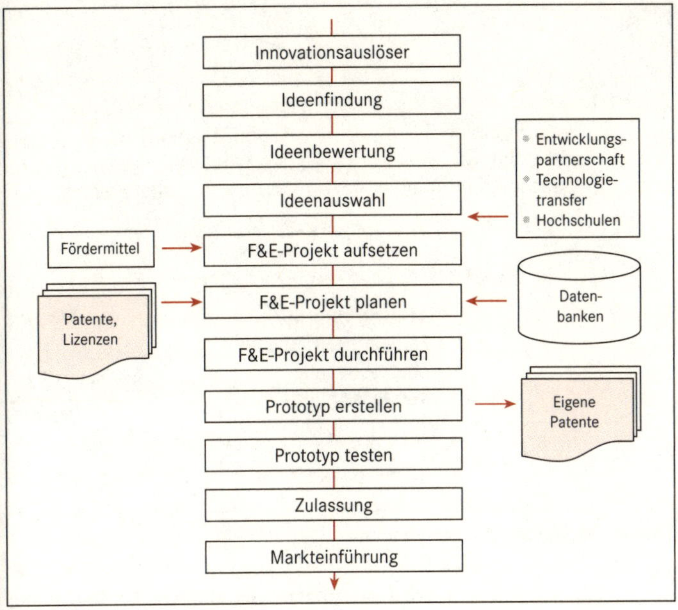

Abb. 96: Der Innovationsprozess

7.1 Kreativitätstechniken

Ideen mit Kreativitätstechniken entwickeln

Das menschliche Gehirn mit seinen ca. 10 Milliarden Zellen ist zu Unglaublichem fähig. Jeder Mensch ist kreativ, und kann seine Kreativität nutzen. Erfolgreiche Unternehmen fördern die Kreativität der Mitarbeiter und schöpfen aus dem Potenzial, das in allen Mitarbeitern steckt. Dabei muss das Unternehmen ein Umfeld schaffen, in dem sich Kreativität entwickeln kann. Dazu gehören:

- ein gutes Betriebsklima (vergleiche auch Kap. 3.6),
- ein entsprechender Führungs- und Delegationsstil der Führungskräfte (siehe Kap. 5.1),
- die Fähigkeit der Führungskräfte, Mitarbeiter zu motivieren (siehe Kap. 5.11),
- ein gut funktionierendes Ideen-Management (siehe Kap. 5.10),
- fähige, qualifizierte Mitarbeiter, die ständig weiterentwickelt werden,
- Offenheit gegenüber Änderungen und Neuem.

Methoden der Ideenfindung gezielt einsetzen

Es gibt eine Vielzahl von Techniken und Werkzeugen für die Ideenfindung und Kreativität. Sie lassen sich in die Kategorien Ideensammlung, intuitive Ideensuche und analytische Ideensuche gliedern.

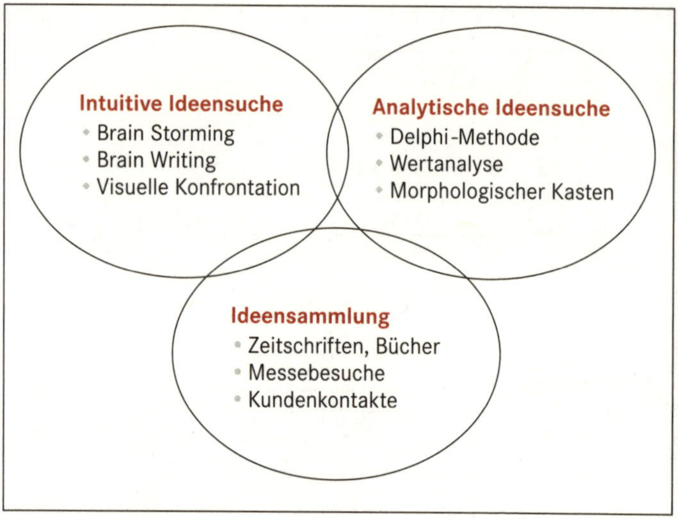

Abb. 97: Methoden zur Ideenfindung

Ideensammlung

Bei der Ideensammlung wird das interne und externe Umfeld systematisch nach Ideen und Anregungen abgeklopft.

Checkliste

Informationsquellen, die für Ihre Ideensammlung angezapft werden können:

- ✔ Fachverbände, Teilnahme an Arbeitskreisen und ERFAs (Erfahrungsaustausch)
- ✔ Fachzeitschriften
- ✔ Forschungsberichte
- ✔ Ideenmeldungen von Mitarbeitern und Kunden
- ✔ Internet, Suchmaschinen
- ✔ Marktforschungsberichte
- ✔ Messebesuche, Messestände von Wettbewerbern
- ✔ Patentrecherchen
- ✔ Prospekte von Wettbewerbern
- ✔ Tagespresse
- ✔ Kundenbefragungen

Intuitive Ideensuche

Bei der intuitiven Ideensuche werden spontane Reaktionen des Geistes (Bewusstsein und Unterbewusstsein), so genannte »Geistesblitze« angeregt. Sie können durch Assoziationen und Analogiebildungen hervorgerufen werden. Wichtige Voraussetzungen für die

Entfaltung der Kreativität sind dabei die Kenntnis des Zieles oder des Problems, eine entspannte Atmosphäre, geeignete Räumlichkeiten und Geräte, Teilnehmer aus unterschiedlichen Bereichen und keine hierarchische Gliederung oder Einflussnahme. Im Folgenden sind einige intuitive Methoden beschrieben:

Brainstorming, die klassische Methode

1. **Klassisches Brainstorming:** Das so genannte Brainstorming (Gedanken-/Ideensturm) ist die bekannteste und meist genützte Methode der Ideensuche. Es wurde in den 30er-Jahren von dem Amerikaner *Alex Osborn* entwickelt und nutzt die freie Assoziation für Ideen. Es wird wie folgt abgewickelt:
   - Die Einladung zum Brainstorming erfolgt mindestens einen Tag vor der Veranstaltung mit Bekanntgabe des Themas oder Problems.
   - Es sollten fünf bis zehn Teilnehmer aus unterschiedlichen Bereichen teilnehmen.
   - Es ist ein geeigneter Raum (geschlossen, keine Störquellen) mit Flipchart und Farbmarkern zu wählen.
   - Der Moderator ist der Einladende oder er wird vom Team gewählt.
   - Der Moderator erläutert das Thema oder Problem und teilt die Spielregeln mit: Keine Wertung, Kritik oder Kommentare zu den vorgebrachten Ideen, Quantität vor Qualität; Stichworte oder kurze, prägnante Sätze; Spontaneität und auch außergewöhnliche, verrückte Ideen sind gefragt; der Phantasie sind keine Grenzen gesetzt; Ideenmeldungen können weiterentwickelt werden.
   - Das Brainstorming wird gestartet und die Teilnehmer rufen dem Moderator ihre Ideen zu.
   - Der Moderator schreibt die Ideen auf die Flipchart ohne jeglichen Kommentar; volle Flipcharts werden an der Wand mit Klebestreifen befestigt.
   - Ebbt der Ideenstrom ab, wird das Brainstorming abgebrochen.
   - Die Auswertung kann vorgenommen werden.
   - Die Dauer der Brainstorming-Sitzung beträgt maximal 30 Minuten.

Tipp

Anstatt Flipcharts kann auch ein PC mit LCD Video-Projektor (Beamer) eingesetzt werden. Die Ideen werden dann vom Moderator in den PC eingegeben und unmittelbar auf die Leinwand projiziert. Änderungen, Sortierung, Auswertung und weitere Verarbeitung sind dann leichter möglich. Außerdem kann nach Ende der Brainstorming-Sitzung die Ideenliste ausgedruckt und jedem Teilnehmer ausgehändigt werden.

Ideenkarten

2. **Brainstorming mit Ideenkarten und Pinnwand:** Diese Methode wird genauso wie das klassische Brainstorming vorbereitet und abgewickelt. Anstatt einer Flipchart werden jedoch Ideenkarten (ca. 25 cm lang und 12 cm breit) aus Karton eingesetzt. Die Teilnehmer schreiben ihre Ideen auf diese Karten und befestigen sie mit Nadeln an der Pinnwand (Metaplantafel). Die Ideen lassen sich dann auf der Pinnwand durch Umstecken der Karten sortieren. Fotografiert man die Pinnwand mit den Ideenkarten, kann man die Ideen dokumentieren und an die Teilnehmer verteilen.

6-3-5-Methode

3. **Brainwriting:** Diese Methode wird auch 6-3-5-Methode genannt. Die 6 steht für sechs Teilnehmer, die 3 für jeweils drei Ideen und die 5 für fünf Minuten. Diese Methode ist verwandt mit der Brainstorming-Methode. Die Ideen werden im Gegensatz zum klassischen Brainstorming jedoch schriftlich festgehalten. Es wird wie folgt vorgegangen:
   - Die Einladung zum Brainwriting erfolgt mindestens einen Tag vor der Veranstaltung mit Bekanntgabe des Themas oder Problems.
   - Sechs Teilnehmer aus unterschiedlichen Bereichen nehmen teil.
   - Es wird ein geeigneter Raum (geschlossen, keine Störquellen) mit einem großen, am besten runden Tisch, an dem sechs Personen Platz nehmen können, gewählt.
   - Der Moderator ist der Einladende oder er wird von Team gewählt.
   - Der Moderator erläutert das Thema oder Problem und teilt die Spielregeln mit: Keine Wertung, Kritik oder Kommentare zu den vorgebrachten Ideen; Stichworte oder kurze, prägnante Sätze; Spontaneität und auch außergewöhnliche, verrückte Ideen sind gefragt; der Phantasie sind keine Grenzen gesetzt; Ideenmeldungen können weiterentwickelt werden.
   - Jeder Teilnehmer erhält einen Bogen Papier, auf dem die Problemstellung steht und das Brainwriting wird gestartet.
   - Jeder Teilnehmer schreibt drei Ideen auf den Bogen Papier.
   - Nach drei bis fünf Minuten wird die erste Runde beendet und die Teilnehmer geben ihren Bogen an den rechten Nachbarn.
   - In der zweiten Runde schreiben die Teilnehmer wiederum drei Ideen oder Lösungsvorschläge auf den Bogen. Dabei können die Ideen des Vorgängers weiterentwickelt oder neue assoziiert werden.
   - Insgesamt werden sechs Runden durchgeführt. Die Folgerunden sollten ca. eine Minute länger dauern als die Vorrunde, da die zunehmende Anzahl der Ideen auf den Bögen zu erfassen ist.
   - Die Dauer der Brainwriting-Sitzung beträgt ca. 40 bis 60 Minuten.

4. **Collective-Notebook-Methode** (gemeinsames Notizbuch): Diese Methode ist eine Abwandlung der 6-3-5-Methode. Sie wird eingesetzt, wenn die Teilnehmer räumlich getrennt sind und nicht ohne weiteres zu einem Treffen kommen können. Jedem Teilnehmer wird die Problemstellung auf einem Formblatt per Post oder über E-Mail (»Notizbuch«) zugeschickt. Jeder Teilnehmer schreibt drei Lösungsvorschläge auf des Blatt oder E-Mail und gibt es nach einem bestimmten Terminplan an den nächsten Kollegen weiter. Nach Abschluss der Runde gehen die ausgefüllten Formblätter oder E-Mails zurück an den Initiator.

Collective-Notebook-Methode bei räumlicher Trennung der Teilnehmer

5. **Reizwort-Konfrontation:** Bei dieser Methode wird ein willkürlich gewählter Begriff mit der Problemstellung assoziiert. So ist zum Beispiel der zufällig gewählte Begriff »Apfelbaum« mit der Problemstellung »Wie kann die Wärmeentwicklung am Antriebsmotor gesenkt werden« zu assoziieren. Nach dem Zufallsprinzip kann solch ein Begriff beispielsweise durch die Nennung einer dreistelligen Zahl gesucht werden. Die ersten beiden Zahlen sind die Seitenzahl irgend eines Buches oder einer Zeitschrift. Die dritte Zahl ist der x-te Substantiv auf dieser Seite. Diese Methode erfordert viel Kreativität und Phantasie. Zur Ideenfindung können nacheinander und nach jeweils kurzen Pausen drei bis fünf »Reizworte« ausgewählt werden. Zu einer Reizwort-Konfrontations-Sitzung werden fünf bis zehn Personen geladen. Die Problemstellung wird auf einer Flipchart visualiert. Die Spielregeln und die übrige Abwicklung erfolgen wie beim klassischen Brainstorming.

Reizwortkonfrontation

6. **Visuelle Konfrontation:** Die visuelle Konfrontation ist vergleichbar mit der Reizwort-Konfrontation. Anstatt Substantive werden Bilder gezeigt, die mit der Problemstellung zu assoziieren sind. Die Bilder sind beliebig, sie können auf Plakaten oder über einen PC mit LCD Video-Projektor (Beamer) gezeigt werden.

Visuelle Konfrontation

7. **Bisoziation:** Bei der Bisoziation werden zwei verschiedene Problemstellungen, Ansätze oder Eigenschaften miteinander verknüpft, um neue Ideen zu erzeugen. Die Problemstellung wird genau beschrieben. Dann wird ein Denkansatz ausgewählt und aufgeschrieben. In einer Gruppe von vier bis sieben Personen werden die Ideen generiert und auf einer Flipchart oder auf Karten dokumentiert. Angeblich hat Johannes Gutenberg den Buchdruck durch die Verknüpfung der Eigenschaften des Prägestempels mit den Eigenschaften der Weinpresse erfunden.

Bisoziation

Beispiel für eine Bisoziation:
Problemstellung: In unser Warenhaus kommen zu wenig Kunden. Der Umsatz stagniert seit zwei Jahren. Der Umsatz soll in diesem Jahr um 20 % gesteigert werden. Die Anzahl der Kunden soll sich um 30 % erhöhen.
Denkansatz: Die Konzerte der Rolling Stones sind immer ausgebucht. Was machen die besser?

Mind-Mapping

8. **Mind-Mapping:** Mind-Mapping wurde in den 70er-Jahren von dem britischen Lernforscher Tony Buzan entwickelt. Es ist wie ein Brainstorming, das man mit sich selbst durchführt. Dabei werden die Ideen nicht auf einer Flipchart nacheinander aufgelistet, sondern in einer Graphik mit Ästen und Verzweigungen visualisiert (Abb. 98).

Tipp

Mind Maps können auch in der Gruppe in Ideen-Workshops auf einer großen Pinnwand erstellt werden. Mind-Mapping-»Experten« setzen für diese Methode PC-Software-Pakete ein, die es im Handel gibt.

Bionik – von der Natur lernen

9. **Bionik:** Die Evolution hat über Millionen von Jahren unzählige Innovationen hervorgebracht. Es gibt einen unerschöpflichen Reichtum an chemischen Substanzen, statischen Konstruktionen, Materialien usw., von dem heute nur ein Bruchteil bekannt ist. Die Bionik (Biologie und Technik), eine Methode besonders zur Lösung von technischen Problemstellungen, prüft, wie die Natur eine bestimmtes technisches Problem gelöst hat. Dann wird versucht, diese Lösung auf die eigene Problemstellung zu abstrahieren. Die Bionik kann als intuitive Methode aber auch als analytische Methode betrachtet werden. Bei der intuitiven Methode können Brainstorming oder Brainwriting eingesetzt werden. Beim analytischen Ansatz wird gezielt und systematisch nach Lösungen der Natur geforscht und gesucht.

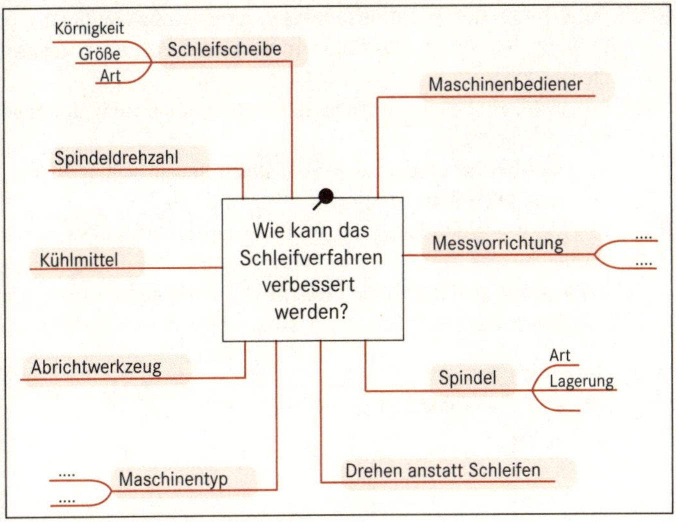

Abb. 98: Beispiel eines Mind Maps

Bei der analytischen Ideensuche wird strukturiert vorgegangen und die Denkprozesse werden auf die Problemstellung ausgerichtet. Diese wird in ihre Bestandteile zerlegt und die Lösungsansätze werden miteinander kombiniert. Im Folgenden sind einige Methoden beschrieben.

Expertenbefragung mit der Delphi-Methode

1. **Delphi-Methode:** Die Delphi-Methode ist eine Expertenbefragung. Ein Gruppe von internen und externen Experten wird schriftlich um Stellungnahme und Lösungsansätze für eine bestimmte Problemstellung gebeten. Die Teilnehmer der Expertengruppe sind dem Moderator bekannt, kennen sich aber nicht untereinander. Nach Eingang aller Beiträge erfolgt die Auswertung. Mitglieder der Delphi-Gruppe, die außergewöhnliche Lösungsansätze vorbringen, werden noch um eine ausführliche Begründung gebeten. Diese werden den anderen Teilnehmern zur Stellungnahme vorgelegt. Die Abfrage von Stellungnahmen und Begründungen kann so lange wiederholt werden, bis sich brauchbare Lösungsansätze herauskristallisiert haben.

Die Wertanalyse ist in der DIN 69910 beschrieben

2. **Wertanalyse:** Die Wertanalyse ist ein strukturiertes Instrument zur Lösung von technischen Problemen und zur Verbesserung von Produkten und Prozessen. Die Verfahren sind in der DIN 69910 beschrieben (Abb. 99). Die Abwicklung einer Wertanalyse erfolgt in sechs Schritten:
   - In der Vorbereitungsphase wird ein Moderator benannt, der Auftrag und die Problemstellung beschrieben und der Projektablauf geplant.

- Im Rahmen der Situationsanalyse werden Informationen zur Problemstellung aus internen und externen Quellen gesammelt.
- Im nächsten Schritt werden der Sollzustand und die Ziele beschrieben.
- Nun werden Lösungsansätze und Ideen gesammelt oder über intuitive Methoden generiert.
- Die Ideen werden bewertet und die besten Lösungsansätze werden ausgewählt.
- Die Lösungsansätze werden in Aktivitätenlisten übernommen und umgesetzt.

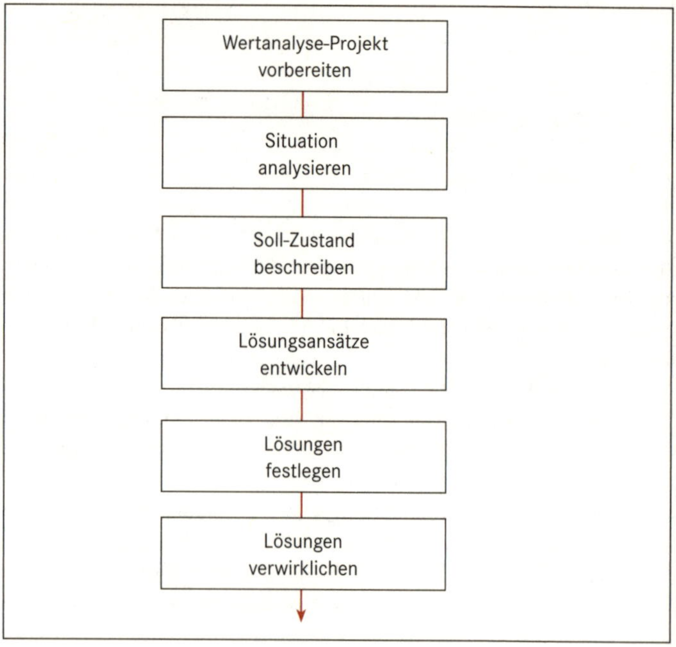

Abb. 99: Die Wertanalyse nach DIN 69910

Tipp

In einem zweitägigen Wertanalyse-Workshop, gemeinsam mit den Zulieferern, lassen sich zahlreiche Ansätze zur Reduzierung der Kosten an Zukaufteilen entwickeln. Die Moderation kann aus Gründen der Neutralität von einem externen Berater wahrgenommen werden.

Morphologischer Kasten für Produktvarianten

3. **Morphologischer Kasten:** Der Morphologische Kasten (auch Attribute Listing genannt) ist eine Matrix in die Produktparameter und deren mögliche Eigenschaften/Ausprägungen eingetragen werden. Damit lassen sich zahlreiche Lösungsvarianten

darstellen (Abb. 100). Diese Methode eignet sich besonders für die Neu- und Weiterentwicklung von Produkten.

Morphologischer Kasten					
Produktlinie: Kaffeemaschinen					
Zielvorgabe: Steigerung um 10 %					
Ausprägung / Parameter	**1**	**2**	**3**	**4**	**5**
Wasserzuführung	Durchlauf	integriert	fremd		
Aufheizung	elektrisch	Gas	Induktion	Mikrowelle	fremd
Heißwasser-transport	Pumpe	Steigrohr			
Kaffeeerzeugung	Filter	Beutel	Patrone	offenes Gemisch	
Trennung	keine	absetzen	zentrifugieren		
Speicherung	intern	extern			
Warmhaltung	Platte	Isolation	Flamme		
Entnahme	von Hand	Handpumpe	elektrische Pumpe		

Abb. 100: Der Morphologische Kasten

Ishikawa-Diagramm für Problemlösungen

4. **Ursache-Wirkungs-Diagramm**: Diese Methode wurde von Kaoru Ishikawa entwickelt. Das Ursache-Wirkungs-Diagramm wird auch als Ishikawa- oder Fischgräten-Diagramm bezeichnet (Abb. 101).

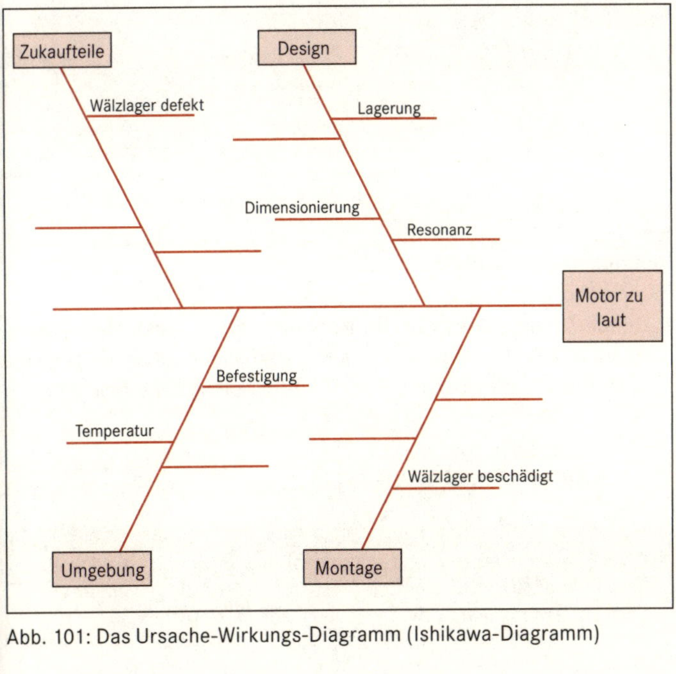

Abb. 101: Das Ursache-Wirkungs-Diagramm (Ishikawa-Diagramm)

Für die Lösung eines bestimmten Problems werden die möglichen Ursachen ermittelt und in die Graphik eingetragen. Diese Methode ist besonders für die Lösung von Problemen im Rahmen des Entwicklungsprozesses und die Verbesserung von Prozessen und Produkten geeignet.

XW-Methode für Problemlösungen

5. **XW-Methode**: Die XW-Methode ist eine Variante der Ursachen-Wirkungsmethode. Mit ihr werden die Ursachen für bestimmte Probleme erforscht und aufgezeichnet. Das X steht für »X-mal« und das W für »Warum?«. Es wird zunächst das Problem aufgeschrieben und dann werden die Ursachen, wie in einem Stammbaum, daneben oder darunter aufgezeichnet. Dabei wird immer wieder die Frage »Warum?« gestellt (Abb. 102). Diese Prozedur wird solange fortgesetzt, bis die Ursachen erschöpft sind.

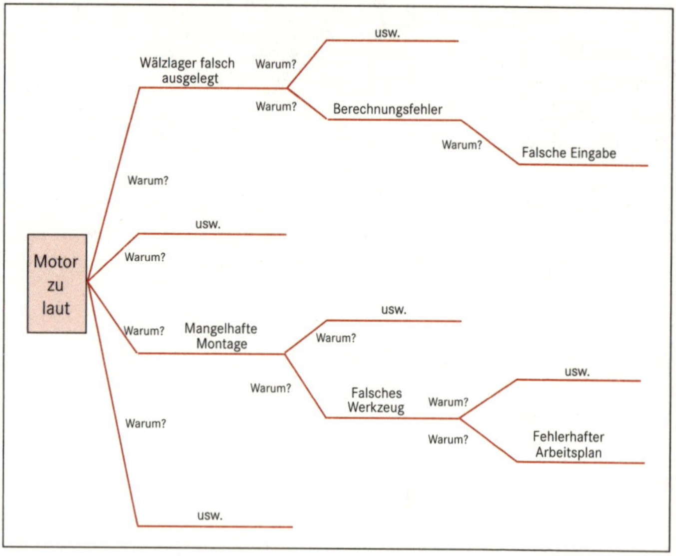

Abb. 102: Die XW-Methode

Methoden für die Lösung von komplexen Problemen

6. **Fehlerbaumanalyse, Ereignisablaufanalyse, Ausfalleffektanalyse:** Mit Hilfe dieser Methoden lassen sich komplexe Probleme aufzeichnen und lösen. Sie sind in DIN-Normen beschrieben:
   - Fehlerbaumanalyse DIN 25424,
   - Ereignisablaufanalyse DIN 25419,
   - Ausfalleffektanalyse DIN 25448.

Tipp

Für die verschiedenen Kreativitätstechniken gibt es Software-Pakete, deren Einsatz den Kreativitätsprozess fördern und die Dokumentation, Darstellung und Auswertung von Ideen vereinfachen.

7.2 Auswahl von F&E-Projekten

Ideen bewerten

Nach der kreativen Phase sind die Ideen zu bewerten und die Spreu ist vom Weizen zu trennen. Erfolg versprechende Ansätze werden detailliert beschrieben und dem Team, das die Bewertung vornehmen und die Entscheidungen fällen soll, vorgestellt. Das Bewertungs-/Entscheidungsteam sollte aus der Geschäftsleitung und Vertretern aller Geschäftsbereiche zusammengesetzt werden. Es macht keinen Sinn, wenn die F&E-Abteilung mit der Geschäftsleitung die Entwicklung eines Produktes beschließt, welches das Herz des Ingenieurs höher schlagen lässt, das aber an den Bedürfnissen des Marktes vorbei zielt, nach dem Motto »ihr habt zu verkaufen, was wir erfinden«. Die Einbindung der Abteilung Marketing/Vertrieb ist unabdingbar. Dort liegen die Ergebnisse der Marktforschung vor, die in die Entscheidungsfindung einzubeziehen sind. Die Abteilungen Produktion, Finanzen/Controlling, Personal können im Entscheidungsprozess wertvolle Hinweise hinsichtlich Durchführbarkeit, Produzierbarkeit, Finanzierung etc. geben.

Marketing/Vertrieb einbeziehen

Nutzwertanalyse einsetzen

Für die Bewertung im Team bietet sich der Einsatz einer Nutzwertanalyse an (Abb. 103). In das Formblatt werden zunächst die KO-Kriterien aufgenommen. Entwicklungsalternativen, die eines dieser KO-Kriterien nicht erfüllen, werden nicht weiter verfolgt. Dann werden die Bewertungsparameter und ihr Gewicht festgelegt. Die Bewertungszahl wird nach genauer Abwägung für die Alternativen 1 bis n für die jeweiligen Parameter eingetragen. In einer Tabellenkalkulation werden dann die Nutzwerte (Gewicht multipliziert mit der Bewertung) und die Summenwerte automatisch gerechnet. Die Alternative mit dem höchsten Summennutzwert wird realisiert.

Nutzwertanalyse

Produktlinie: XYZ

KO-Kriterien:

- Entwicklungskosten nicht höher als ...
- Entwicklungsdauer höchstens ...

Wertung / Parameter	G	1		2		3		4	
		B	NW	B	NW	B	NW	B	NW
Marktchance	0,40	10	4,00	10	4,00	7	2,80	7	2,80
Time to Market	0,30	8	2,40	10	3,00	10	3,00	5	1,50
Entwicklungskosten	0,10	5	0,50	8	0,80	5	0,50	6	0,60
	0,10	8	0,80	5	0,50	7	0,70	8	0,80
	0,05	2	0,10	3	0,15	9	0,45	9	0,45
	0,05	5	0,25	1	0,05	10	0,50	10	0,50
Summe	1,00		8,05		8,50		7,95		6,65

G = Gewicht; B = Bewertung von 1 bis 10; NW = Nutzwert (G x B)

Abb. 103: Die Nutzwertanalyse

Für die Bewertung von Produktentwicklungsprojekten gibt es auch entsprechende Software-Lösungen.

Erfindungen schnellstmöglich absichern

Im Rahmen der Bewertung eines Entwicklungsvorhabens sind auch Patentrecherchen einzubeziehen. Es ist zu prüfen, ob bereits entsprechende Patente registriert oder eingereicht sind und ob diese beachtet werden müssen bzw. genutzt werden können. Weiterhin sind gemachte Erfindungen schnellstmöglich durch Patentanmeldungen abzusichern.

Tipp

> Das Deutsche Patent- und Markenamt ist im Internet vertreten. Dort sind Formulare und Merkblätter verfügbar und es können Patentrecherchen durchgeführt werden (www.dpma.de). Für die professionelle Beratung in Patentfragen empfiehlt es sich, einen Patentanwalt zu kontaktieren.

7.3 Management von F&E-Projekten

Projekte managen

Von der Qualität des Projektmanagements hängt es maßgeblich ab, ob ein Produkt, eine Dienstleistung oder ein neuer Prozess rechtzeitig, in der erwarteten Form und in dem gesetzten Kostenrahmen entstehen (Abb. 104).

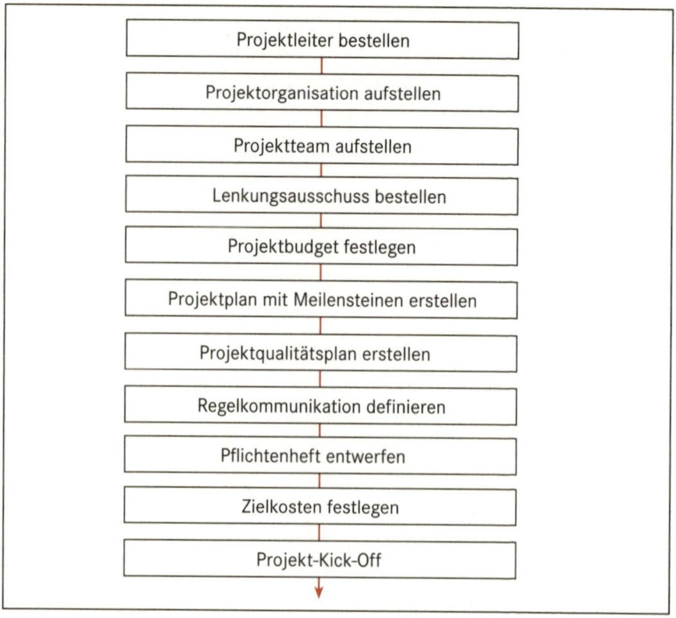

Abb. 104: Management von F&E-Projekten

Zunächst ist von der Geschäftsleitung ein Projektleiter zu bestellen. Diese Person sollte die Werkzeuge des Projektmanagements beherrschen und Führungserfahrung besitzen. Bei umfangreichen Projekten kann es notwendig sein, den Projektleiter für die Projektaufgabe freizustellen. Der Projektleiter stellt die Projektorganisation auf. In Abb. 105 ist die Aufbauorganisation eines Projektes beispielhaft dargestellt. Dem Projektleiter, der an den Lenkungsausschuss berichtet, unterstehen die Funktionen Projekt-Qualitätssicherung (Projekt-QS) und sofern notwendig eine Projektassistenz sowie die definierten Teilprojektleiter mit ihren Arbeitspaketen.

Projektleiter bestellen

Gemeinsam mit den Fachabteilungen wird das Projektteam festgelegt. Es ist sicherzustellen, dass die Projektmitarbeiter die notwendige Zeit in das Projekt einbringen können und dass sie sich in das Team motiviert und tatkräftig einbringen.

Projektteam festlegen

Der Lenkungsausschuss setzt sich in der Regel aus einem Vertreter der Geschäftsleitung, den entsprechenden Bereichsleitern und eventuell internen und externen Spezialisten zusammen. In regelmäßigen Abständen oder zu bestimmten Meilensteinen berichtet der Projektleiter an den Lenkungsausschuss, der zugleich das höchste Controlling-Organ für das Projekt darstellt.

Im Projektbudget werden alle Kosten für die Abwicklung des Projektes geplant. Im Verlauf des Projektes sind die Istkosten den geplanten Kosten gegenüberzustellen und dem Lenkungsausschuss zu berichten.

Projektbudget überwachen

Der Projektplan ist das Kernstück des Projektmanagements. In ihm sind für alle Funktionseinheiten des Projektes gemäß Projektorganisation und sämtliche Aktivitäten und Meilensteine eingetragen. Dieser Projektplan ist z. B. vom Projektassistenten immer auf aktuellem Stand zu halten.

Projektplan aufstellen

Tipp

> Projektpläne lassen sich effizient mit Standard-Software (z. B. MS Project) darstellen und pflegen. Nach der Eingabe der Aktivitäten, der Ressourcen, dem Anfangs- und Endtermin etc. lassen sich per Mausklick GANNT-Diagramme (Balkendiagramm: Zeitstrahl über der Zeitachse), Netzpläne, Ressourcenpläne usw. erstellen.

Im **Projektqualitätsplan (PQP)** werden die Projektziele, Messgrößen, Quality-Gates (Qualitätsanforderungen, die zu einem bestimmten Zeitpunkt erfüllt sein müssen), **Review-Verfahren** und das **Risikomanagement** beschrieben. Der PQP wird vom Beauftragten der Projektqualitätssicherung erstellt und vom Lenkungsausschuss genehmigt.

Projektqualitätsplan festlegen

Unter Regelkommunikation ist das System der Projektbesprechungen und Berichterstattungen und deren Häufigkeit zu verstehen. Hier wird auch festgelegt, wann und an wen Störungen im Projekt zu berichten sind (Eskalationsverfahren).

Pflichtenheft erstellen

Das **Pflichtenheft** beschreibt im Detail alle Eigenschaften, die das zu entwickelnde Produkt haben soll. Es ist gemeinsam mit den Fachabteilungen zu entwerfen. Weiterhin ist dringend zu empfehlen, Zielkosten für das neue Produkt oder die neue Dienstleistung festzulegen. Die Zielkosten richten sich nach dem Preis, der im Markt erzielt werden soll.

Projekt starten

Nach der Vorbereitungsphase wird das Projekt im Rahmen eines **Kick-Off-Meetings** offiziell gestartet. Dabei wird das Projekt mit seinen Zielen vorgestellt und die Aufgaben, Kompetenzen und Verantwortungen geregelt. Dies ist von besonderer Bedeutung, wenn firmenübergreifende Projekte, z.B. im Rahmen einer Entwicklungspartnerschaft, durchgeführt werden.

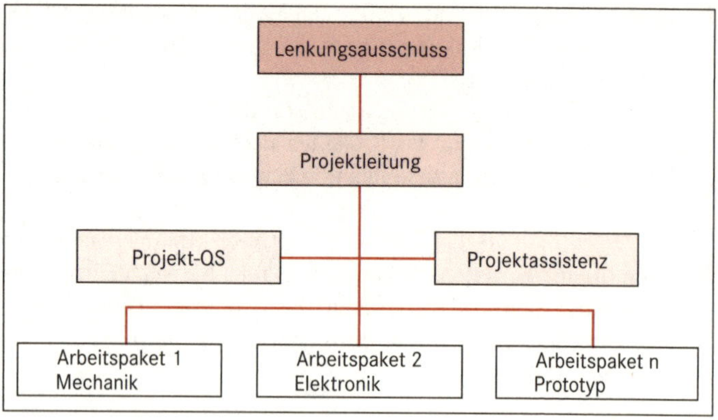

Abb. 105: Projektorganisation

7.4 Förderprogramme

Entwicklungspartnerschaften in Betracht ziehen

Fördergelder beantragen

Die Entwicklung neuer Produkte oder Prozesse kann sehr teuer sein und die finanziellen Möglichkeiten eines Unternehmens überschreiten. Eine Alternative ist, die Entwicklungskosten im Rahmen einer Entwicklungspartnerschaft mit einem befreundeten Unternehmen zu teilen. Eine weitere Möglichkeit, die finanzielle Belastung zu senken, ist die Beantragung von Fördergeldern. Die Bundesländer, die Bundesregierung und die Europäische Gemeinschaft haben zahlreiche Förderprogramme aufgesetzt, die für kleine und mittelständische Unternehmen in Frage kommen. Da die Bearbeitung einige

Zeit in Anspruch nimmt, sollte die Beantragung von Fördergeldern in einem möglichst frühen Stadium erfolgen.

Checkliste

Diese Checkliste zeigt Informationsquellen für Fördergelder.

- ✔ Bundesministerium für Bildung und Forschung, www.bmbf.de
- ✔ Bundesministerium für Wirtschaft und Technologie, www.bmwi.de
- ✔ Dienststellen der Regierungsbezirke
- ✔ Europäische Gemeinschaft, www.europa.eu.int
- ✔ Hausbank
- ✔ Kreditanstalt für Wiederaufbau, Berlin
- ✔ Publikation: Die Finanzierungshilfen des Bundes, der Länder und der internationalen Institutionen, Fritz Knapp Verlag Frankfurt am Main
- ✔ Venture-Kapitalgesellschaften
- ✔ Wirtschaftsministerien der Bundesländer

Tipp

Auf die Klärung von Fördermöglichkeiten und Förderwürdigkeit haben sich Berater spezialisiert. Sie werden in der Regel nach Erfolg honoriert.

7.5 Zusammenfassung

Bedeutung von F&E nicht unterschätzen

1. Die Forschung und Entwicklung (F&E) darf in einem Unternehmen nicht zu kurz kommen. Will ein Unternehmen Technologieführer werden, muss sich die F&E danach ausrichten. Entsprechende Projekte für neue Produkte, Dienstleistungen oder Prozesse sind aufzusetzen. Entwicklungspartnerschaften mit befreundeten Unternehmen, Institutionen für den Technologietransfer sowie Hochschulen können dabei eine wertvolle Hilfe sein.
2. Erfolgreiche Unternehmen fördern die Kreativität der Mitarbeiter und schöpfen aus dem Potenzial, das in allen Mitarbeitern steckt. Für die systematische Ideensuche stehen zahlreiche Kreativitätstechniken zur Auswahl.
3. Nach der kreativen Phase sind die Ideen zu bewerten und die Spreu ist vom Weizen zu trennen. Erfolgversprechende Ansätze werden detailliert beschrieben und bewertet. Die Nutzwertanalyse ist dabei eine hilfreiche Methode, die beste Idee, die realisiert werden soll, herauszukristallisieren.

4. Von der Qualität des Projektmanagements hängt es maßgeblich ab, ob ein Produkt, eine Dienstleistung oder ein neuer Prozess rechtzeitig, in der erwarteten Form und in dem gesetzten Kostenrahmen entstehen. Für eine optimale Projektleitung gibt es verschiedene Methoden und Werkzeuge.
5. Die Entwicklung neuer Produkte oder Prozesse kann sehr teuer sein und die finanziellen Möglichkeiten eines Unternehmen überschreiten. Fördergelder können bei den Ländern, dem Bund oder der Europäischen Gemeinschaft beantragt werden. Auch Venture-Kapitalgesellschaften stellen Mittel für Innovationen zur Verfügung.

8 Betriebswirtschaft

Nach alten Vorstellungen sitzen im Bereich Betriebswirtschaft die Erbsenzähler des Unternehmens, das sind die Menschen, die den Vertriebsleuten und Entwicklern die Ideen mies machen und die immer gleich fragen, was etwas kostet. Die modern ausgerichtete Betriebswirtschaft ist mit cleveren Kaufleuten ausgestattet, die die finanziellen Ressourcen des Unternehmens optimal einsetzen, ständig nach günstigen Finanzierungsmöglichkeiten Ausschau halten, die Kostentransparenz herstellen und zu jeder Zeit die Liquidität sicherstellen. Im Idealfall positioniert sich die Betriebswirtschaft als Dienstleister im Unternehmen und richtet seine Strategie auf die Gesamtstrategie des Unternehmens aus.

Betriebswirtschaft als Dienstleister im Unternehmen

Betriebsstrategie ausrichten

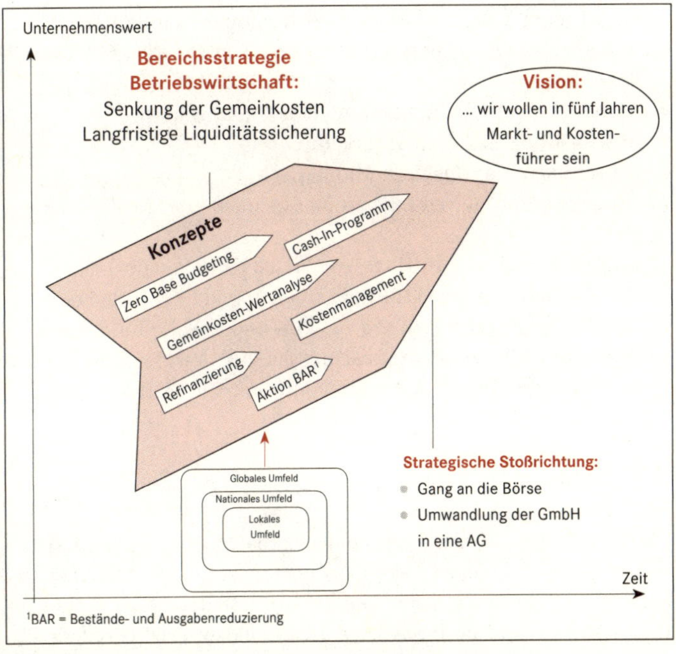

Abb. 106: Bereichsstrategie Betriebswirtschaft

Gemeinkosten senken

Abb. 106 zeigt das Beispiel einer Bereichsstrategie Betriebswirtschaft. Wenn das Unternehmen Markt- und Kostenführer werden will und wachsen soll, sind entsprechende finanzielle Mittel erforderlich. Am günstigsten ist es, das Unternehmen auf einen Börsengang vorzubereiten und von einer GmbH in eine AG umzuwandeln. Dadurch kommt frisches Eigenkapital in das Unternehmen. Durch verschiedene Konzepte wie **Zero Base Budgeting** und **Gemeinkostenwertanalyse** können die Gemeinkosten nachhaltig gesenkt und der Bestand des Unternehmens langfristig gesichert werden.

Die Aufgaben des Bereiches Betriebswirtschaft lassen sich wie folgt umreißen:

- Zusammenfassung des Bereichsbudgets zu einem Unternehmensbudget,
- Aufstellung eines Finanzplanes für das Geschäftsjahr,
- Beschaffung von Kapital,
- Optimierung der Unternehmensfinanzierung und Kapitalstruktur,
- Durchführung der Kostenrechnung und Herstellung der Kostentransparenz,
- Durchführung der Finanzbuchhaltung,
- Berechnung, Überwachung und Sicherung der Liquidität,
- Abwicklung der Steuerklärungen und Kontakt mit dem Finanzbehörden,
- Verhandlungen und Kontakt mit den Kapitalgebern,
- Abwicklung des Zahlungsverkehrs,
- Management der flüssigen Mittel (Cash),
- Anregung und Betreuung von Maßnahmen zum Kostenmanagement,
- Durchführung oder Prüfung von Wirtschaftlichkeits- oder Amortisationsberechnungen für Investitionen und F&E-Vorhaben,
- Durchführung oder Prüfung von Vor- und Nachkalkulationen,
- Durchführung des Jahresabschlusses mit Gewinn- und Verlustrechnung und Bilanz sowie Erstellung des Geschäftsberichtes.

8.1 Finanzierung

Eigenkapitalanteil möglichst hoch halten

Glücklich kann sich der Unternehmer schätzen, der seinen Kapitalbedarf aus dem eigenen Cash-Flow deckt, somit kein Fremdkapital braucht und sich den Gang zu den Banken ersparen kann. Nicht viele Unternehmen sind in dieser Lage. Insbesondere produzierende Unternehmen, die kapitalintensive Ausrüstungen einsetzen, benötigen entsprechendes Fremdkapital.

Verhältnis von Eigenkapital zu Fremdkapital beachten

Auf ein gesundes Verhältnis von Eigenkapital zu Fremdkapital ist jedoch zu achten. Richtwert sind 30 % bis 60 % Eigenkapitalanteil an Gesamtkapital gemäß Bilanz. In Deutschland liegen die Firmen eher am unteren Ende. So haben z. B. die im VDMA (Verband Deutscher Maschinen- und Anlagenbau e.V.) registrierten Firmen im Jahr 2004 im Schnitt einen Eigenkapitalanteil von nur 30,6 % ausgewiesen.

Das Fremdkapital liefern in erster Linie die Banken, denen man bei einer geringen Eigenkapitalquote im Prinzip ausgeliefert ist, denn in einer geringen Eigenkapitaldecke sehen die Banken ein erhöhtes unternehmerischen Risiko, das mit einem Zinsaufschlag belegt wird.

Die kurz- und langfristigen Verbindlichkeiten bei der Bank sowie der Kapitalbedarf insgesamt sollten möglichst klein gehalten werden. Bei einem Blick auf eine Bilanz (Abb. 107) kann man Ansatzpunkte für eine Minimierung erkennen.

Aktiva			**Passiva**
Umlaufvermögen	**Mio. €**	**Eigenkapital**	**Mio €**
	Kasse	0,1 Kapital (Aktienkapital)	1,3
Bank	0,2	Gewinnvortrag	0,4
Forderungen aus Lieferungen	0,2		
Bestände	0,4	**Fremdkapital**	
Anlagevermögen		Lieferantenkreditoren	0,9
Immobilien	2,2	Kurzfristige Verbindlichkeiten	0,3
Betriebseinrichtungen	1,9	Langfristige Verbindlichkeiten	2,9
Fahrzeuge	1,1	Rückstellungen	0,3
	6,1		6,1

Abb. 107: Beispiel einer Bilanz

Checkliste

Maßnahmen zur Minimierung des Fremdkapitalbedarfes

- ✔ Kassenbestände möglichst klein halten oder auf eine Kasse verzichten!
- ✔ Liquidität planen und hohe Bankguthaben vermeiden!
- ✔ Forderungen schnell eintreiben!
- ✔ Forderungen verkaufen (Factoring)!
- ✔ Bestände möglichst klein halten!
- ✔ Immobilien mieten anstatt kaufen!
- ✔ Nur betriebsnotwendige Einrichtungen kaufen!
- ✔ Fahrzeuge mieten oder leasen anstatt kaufen!
- ✔ Zahlungsziele voll ausnutzen!
- ✔ Eigenkapital erhöhen!
- ✔ Firmenanteile verkaufen: aktive oder stille Beteiligungen, Börsengang!

Konditionen der Hausbank vergleichen

Bei Bankkrediten lohnt es sich, ab und zu auf die Konditionen zu achten und Angebote von verschiedenen Banken einzuholen. In erster Linie ist auf die Höhe der Zinsen für Kontokorrentkredite und langfristige Kredite zu achten. Aber auch die Kosten für die Kontoführung und sonstige Dienstleistungen sind zu berücksichtigen. Ist die derzeitige Bank zu teuer, sind entsprechende Verhandlungen dringend zu empfehlen. Gegebenenfalls ist auch der Wechsel zu einer anderen Bank in Betracht zu ziehen. Die so genannten Basel II Eigenkapitalvorschriften und Regelungen für die Kreditvergabe von Banken sind zum 1. Januar 2007 mit der Richtlinie 2006/49/EG in Kraft getreten. Demnach müssen Banken auf die Risiken bei der Kreditvergabe achten. Für Kredite mit hohem Risiko müssen die Banken selbst einen höheren Anteil an Eigenkapital aufweisen.

Tipp

Oft belegt die Bank wegen einer geringen Eigenkapitalquote den Zinssatz mit einem Risikoaufschlag, obwohl das Unternehmen gut geführt ist und wächst. Hier bietet es sich an, das Unternehmen von einer unabhängigen Agentur bewerten zu lassen. Fällt dieses Rating wie erwartet gut aus, kann man den Bericht der Hausbank vorlegen und bessere Konditionen aushandeln.

Für Firmengründer gibt es eine Reihe von Darlehens-, Eigenkapital- und Förderprogrammen.

Checkliste

Die aktuellen Programme für Firmengründer können bei folgenden Stellen abgefragt werden:

- ✔ Bundesministerium für Wirtschaft und Technologie, www.bmwi.de
- ✔ Hausbank
- ✔ Industrie- und Handelskammer, Beratungsstelle für Firmengründer
- ✔ Wirtschaftsministerien der Länder

Bei den verschiedenen **Existenzgründungs-Programmen** ist zu berücksichtigen, dass die Firma erst nach Beantragung der Gelder gegründet werden darf.

Venture Capital nutzen

Mittlerweile gibt es auch zahlreiche Institutionen und Gesellschaften, die so genanntes Venture Capital bereitstellen oder vermitteln. **Venture Capital** ist Wagnis- oder Risikokapital, das einem Unternehmer ohne die üblichen Sicherheiten für einen bestimmten Zeitraum zur Verfügung gestellt wird. Für die Vergabe werden die geschätzten Ertragschancen, die in einem schlüssigen Konzept aufzuzeigen sind, zu Grunde gelegt. Venture Capital kann für die Finanzierung von Firmengründungen und bei etablierten Unternehmen für Restrukturierungen, Refinanzierungen und die Finanzierung von Expansionen zur Disposition gestellt werden.

Tipp

Venture-Capital-Firmen kann man über die üblichen Suchmaschinen im Internet unter dem Suchbegriff »Venture-Capital« ausfindig machen.

8.2 Budgetierung

Budgetrunde rechtzeitig einläuten

Nach Abschluss der jährlichen strategischen Planung und circa zwei Monate vor Beginn des neuen Geschäftsjahres sollte die operative Planung/Budgetrunde eingeläutet werden. Der Bereich Betriebswirtschaft stellt die Budget-Unterlagen zusammen und verteilt sie mit einem Anschreiben an die Budget-Verantwortlichen. In diesen Budget-Unterlagen befindet sich die Isterwartung des laufenden Geschäftsjahres für die jeweiligen Unterbudgets, Informationsmaterial zur wirtschaftlichen Entwicklung sowie Merk- und Formblätter für die Budgeterstellung. Die elektronische Verarbeitung vereinfacht den Budgetprozess erheblich. Die Budgets werden auf Abteilungsebene erstellt, auf Bereichsebene verdichtet und von der Betriebswirtschaft für das Unternehmen konsolidiert (Abb. 108). In die Budgets fließen die jeweiligen Zielsetzungen und Pläne ein.

Zero-Base-Ansatz erhöht die Ausgabendisziplin

Bei der Budgetierung sollten die Vorjahreswerte nicht extrapoliert sondern in einem **Zero-Base-Ansatz** neu bestimmt werden. Das heißt, in jedem Jahr ist die Sinnhaftigkeit und Notwendigkeit der verschiedenen Kostenpositionen neu zu hinterfragen und zu begründen. Dieser Ansatz erhöht die Ausgabendisziplin auf allen Ebenen und in allen Bereichen.

Nach Rücksprachen und gegebenenfalls nach notwendigen Anpassungen wird das Budget fertig gestellt, der Geschäftsleitung zur Genehmigung vorgestellt und verabschiedet.

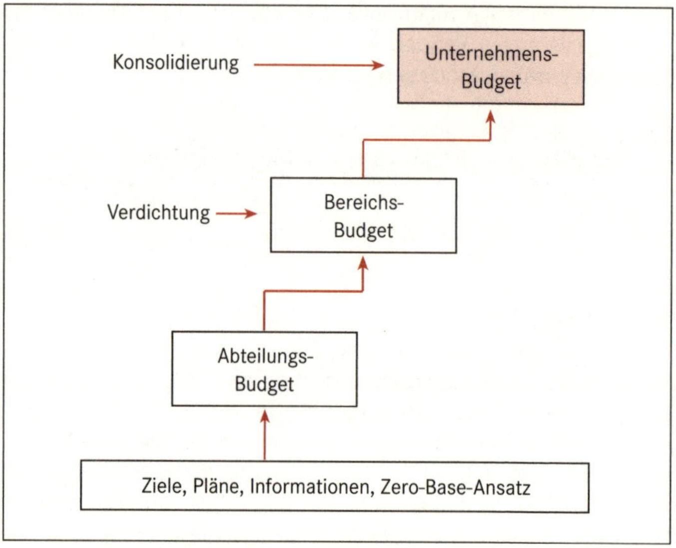

Abb. 108: Die Budgetierung im Unternehmen

Im Verlauf des Geschäftsjahres werden die tatsächlichen Ergebnisse monatlich in einem Soll-Ist Vergleich dargestellt.

Budget		
Position	**T€**	**%**
Umsatzerlöse	5.581	100,0%
Wareneinsatz	3.105	55,6%
Rohgewinn	2.476	44,4%
Personalkosten	923	16,5%
Raum- und Energiekosten	214	3,8%
Werbungskosten	135	2,4%
Sonstige operative Kosten	223	4,0%
Gewinn aus dem operativen Geschäft	981	17,6%
Kapitalkosten	117	2,1%
Abschreibungen	351	6,3%
Gewinn vor Steuern	513	9,2%

Abb. 109: Beispiel eines Budgets

Soll-Ist Vergleich monatlich durchführen

Die Struktur des Budgets ist den Bedürfnissen des Unternehmens anzupassen (Abb. 109). Ausländische Mutterunternehmen verlangen von Ihren Tochterfirmen oft die Budgetierung und die Rechnungslegung nach **US-GAAP** (United States-Generally Accepted Accounting Principles; international anerkanntes US-amerikanisches System der externen Rechnungslegung).

8.3 Kostenmanagement

Aktives Kostenmanagement betreiben

Durch Unternehmenserfolg und Wachstum hat manches Unternehmen die Sensibilität für Kosten und Kostenmanagement verloren. Erst wenn über den Markt der Druck auf die Preise und Deckungsbeiträge zunimmt, besinnt man sich der Kostenproblematik. Oft werden dann nach dem Sensenprinzip, über alle Bereiche hinweg, die Kosten anteilsmäßig reduziert. Abteilungen, die bisher gut gewirtschaftet haben werden dadurch bestraft und Abteilungen, die kein Kostenbewusstsein entwickelt haben, kommen, mit einem blauen Auge davon.

Besser ist es, in wirtschaftlich guten wie schlechten Zeiten ein, vernünftiges Kostenmanagement zu betreiben. Jeder Euro, der nicht ausgegeben wird, zeigt sich in der Gewinn- und Verlustrechnung als Unternehmensgewinn. Kostenmanagement ist die Aufgabe aller Mitarbeiter im Unternehmen. Die Betriebswirtschaft ist der Katalysator und Organisator für das Kostenmanagement. Unternehmen, die ein aktives Kostenmanagement betreiben, sind erfolgreicher und weniger anfällig bei konjunkturellen Talfahrten.

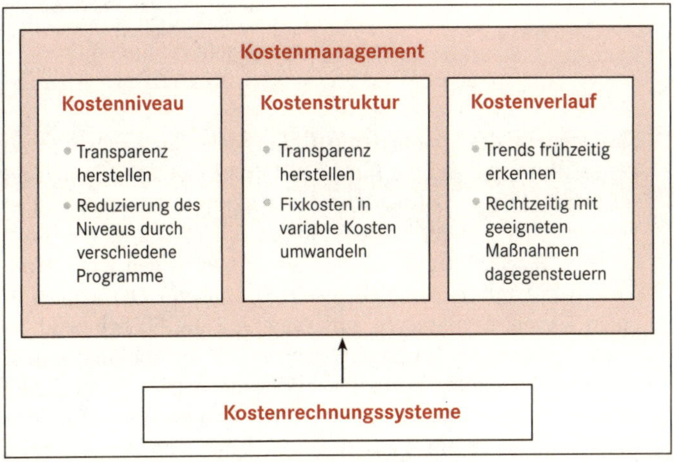

Abb. 110: Bereiche des Kostenmanagements

Voraussetzung für ein wirksames Kostenmanagement ist Kostentransparenz, die über entsprechende **Kostenrechnungssysteme** herzustellen ist. Das Kostenmanagement kann in drei Bereiche aufgeteilt werden (Abb. 110):

Kostenbewusstsein schärfen

1. **Management des Kostenniveaus**: Mit geeigneten Programmen wird das Kostenbewusstsein bei allen Mitarbeitern geschärft und der Kostenverzehr in allen Bereichen reduziert. Mögliche

Programme sind:

- Aktion BAR (Bestände- und Ausgabenreduzierung): In Form eines Wettbewerbers werden alle Mitarbeiter dazu aufgerufen, in ihrem Wirkungsbereich Kosten einzusparen und Bestände (z.B. auch Büromaterial) zu verringern oder ganz abzubauen. Die Spielregeln werden den Mitarbeitern vor Beginn der Aktion schriftlich mitgeteilt. Nach zwei bis drei Monaten wird Kassensturz gemacht, die Sieger werden bestimmt und prämiert.

Gemeinkostenwertanalyse einsetzen

- Gemeinkostenwertanalyse: Diese Methode wird im Rahmen eines Projektes angewandt. Sie ist im Prinzip eine erweiterte Arbeitswertanalyse, die bereits in Kap. 5.3 beschrieben wurde. Bei der Gemeinkostenwertanalyse werden zum kostenintensiven Personalblock noch sämtliche Gemeinkostenblöcke wie Fuhrpark, Werbung, Kopierer usw. unter die Lupe genommen. Die aufgedeckten Einsparungspotenziale sind dann konsequent zu realisieren.

Tipp

In Brainstorming-Sitzungen mit verschieden Mitarbeitergruppen können zahlreiche Ideen für Kosteneinsparungen generiert werden. Siehe hierzu Kap. 7.1.

Fixkosten in variable Kosten umwandeln

2. **Management der Kostenstruktur**: Eine detaillierte Gewinn- und Verlustrechnung oder ein Budget mit Prozentangaben (Abb. 109) zeigt dem geübten Betrachter die Ansatzpunkte für notwendige Veränderungen in der Kostenstruktur. Ein Blick über den Zaun und der Vergleich mit Branchenwerten oder denen eines Wettbewerbers kann dabei nützlich sein. Oft haben Unternehmen in guten Jahren Wasserköpfe aufgebaut und die Fixkostenanteile liegen zu hoch. Bei Umsatzeinbrüchen, z.B. im konjunkturellen Abschwung, können dann die Fixkosten nicht schnell genug abgebaut werden und sie erdrücken das Unternehmen. Am Ende steht dann meist die Zahlungsunfähigkeit und der Konkurs. Wo möglich und sinnvoll sollten Fixkosten in variable Kosten umgewandelt werden. Die Verringerung der Fertigungstiefe und Outsourcing sind mögliche Instrumente, die Fixkosten zu senken (siehe auch Kap. 4.8). Aber auch die konsequent durchgezogene Gemeinkostenwertanalyse und Senkung der Gemeinkosten bewirkt eine Reduzierung der Fixkosten.

Kostensteigerungen nach Möglichkeit kompensieren

3. **Management des Kostenverlaufes**: Kostensteigerungen kommen aus allen Richtungen. Rohmaterial und Energiekosten steigen und die Abgaben und Gebühren werden jährlich erhöht. Frei-

willige Preis- und Kostensenkungen auf der Beschaffungsseite sind eher eine Seltenheit. Auf der anderen Seite kommt Druck auf die Preise und Deckungsbeiträge. Auf den Verlauf der Kosten in den verschiedenen Kostenblöcken ist deshalb zu achten. Dabei bieten sich graphische Auswertungen mit Trenddarstellung an. Es ist zu prüfen, ob die Kostenerhöhungen in irgend einer Form abgewehrt bzw. ob und wie die Kosten im Preis der eigenen Produkte oder Dienstleistungen weiter berechnet werden können. Kann dies nicht erfolgen, so ist zu prüfen, ob mit anderen Maßnahmen die Kostensteigerungen kompensiert werden können.

8.4 Rechnungswesen

Kostentransparenz herstellen

Voraussetzung für ein wirksames Kostenmanagement ist ein leistungsfähiges Rechnungswesen mit Kostenrechnungssystemen, die die notwendige Transparenz herstellen. Erfolgt das Rechnungswesen extern, z.B. über den Steuerberater bei der **DATEV** (Datenverarbeitung und Dienstleistung für den steuerberatenden Beruf eG), sollten die Kostenstellen, Buchungsverfahren und Auswertungen gemeinsam mit dem Steuerberater so festgelegt werden, dass die gewünschte **Kostentransparenz** gewährleistet ist.

Erfolgt das Rechnungswesen im eigenen Haus, ist analog zu verfahren. Es gibt mittlerweile zahlreiche leistungsfähige EDV-Programme, die für das Rechnungswesen im eigenen Haus eingesetzt werden können und die flexibel genug sind, um eigene Vorstellungen zu realisieren.

Zeitnah buchen

Die Buchungen sollten zeitnah erfolgen und spätestens am fünften Arbeitstag des Folgemonats sollte der Monatsabschluss vorlie-

Deckungsbeitragsrechnung				
Position	**Produktgruppe A**		**Produktgruppe B**	
	Produkt 1	**Produkt n**	**Produkt 1**	**Produkt n**
Nettoerlös	120	235	95	160
./. Variable Kosten	80	185	70	125
Deckungsbeitrag I	40	50	25	35
./. Produktfixkosten	5	8	7	6
Deckungsbeitrag II	35	42	18	29
Summe Deckungsbeiträge II	77		47	
./. Produktgruppenfixkosten	5		3	
Deckungsbeitrag III	72		44	
Summe Deckungsbeiträge III	116			
./. Unternehmensfixkosten	38			
(= Gewinn) Deckungsbeitrag IV	78			

Abb. 111: Die Deckungsbeitragsrechnung

gen. Der Monatsabschluss, Kostenstellenauswertungen und sonstige Auswertungen (mit Trendangabe, Vergleich zum Vorjahr und Hochrechnung für das ganze Jahr) gehen zur Information und weiterer Bearbeitung an die entsprechenden Mitarbeiter.

Deckungs-beitragsrechnung

Von besonderer Bedeutung für die Kostentransparenz ist die **Deckungsbeitragsrechnung** (Deckungsbeitrag = Verkaufserlös eines Objektes minus variable Kosten dieses Objektes). Wie in Abb. 111 dargestellt, kann die Deckungsbeitragsrechnung in vier Stufen erfolgen. Sie liefert wertvolle Aussagen, mit welchen Produkten oder Produktlinien welche Beiträge zu den Fixkosten und zum Unternehmensgewinn erwirtschaftet werden. Anhand dieser Aussagen können dann die notwendigen unternehmerischen Entscheidungen (z.B. Aufgabe eines Produktes) getroffen werden.

Tipp

Die Deckungsbeitragsrechnung kann auch kundenbezogen dargestellt werden. Es ist dann ersichtlich, mit welchen Kunden Geld verdient und bei welchen Verluste gemacht werden.

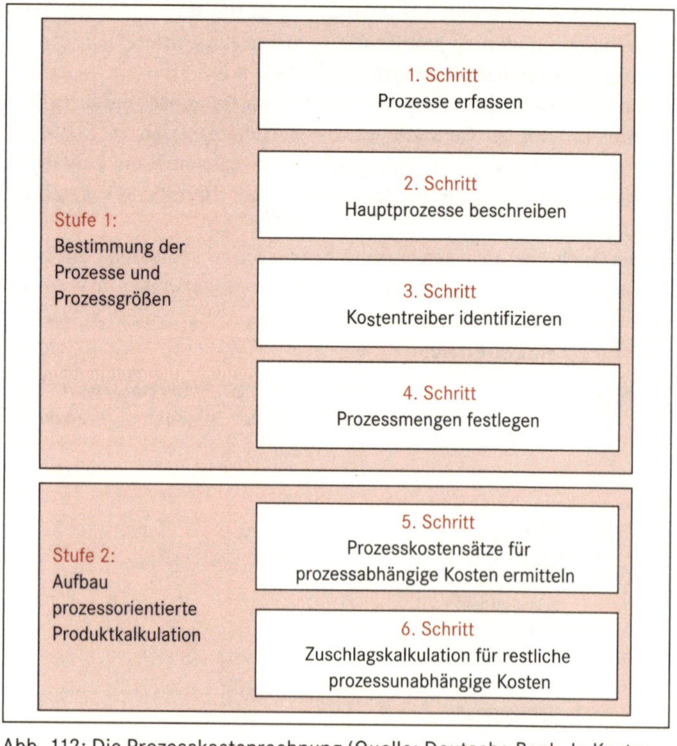

Abb. 112: Die Prozesskostenrechnung (Quelle: Deutsche Bank, In Kosten steckt Gewinn, Leitfaden Kostenmanagement, Frankfurt a.M. 1992)

Prozess-
kostenrechnung

Eine weitere, neue Möglichkeit, Kosten transparent darzustellen und Impulse für Einsparungen zu geben, ist die **Prozesskostenrechnung**. Sie liefert genaue Ausgangsdaten für die Produktkalkulation, die somit zielgenauer durchgeführt werden kann. Die Prozesskostenrechnung ist als zusätzliche Darstellung und nicht als Ersatz für die herkömmlichen Kostenrechnungsarten wie z.B. die Deckungsbeitragsrechnung zu betrachten.

Der Aufbau einer Prozesskostenrechnung erfolgt in mehreren Schritten (Abb. 112). Zunächst werden die Tätigkeiten/Prozesse (z.B. Rohmaterial disponieren), die in den einzelnen Kostenstellen anfallen, erfasst. Im zweiten Schritt werden diese Teilprozesse in Hauptprozessen zusammengefasst und kostenstellenübergreifend verdichtet (z.B. Abwicklung der Beschaffung). Die Hauptprozesse bilden die eigentliche Grundlage für die Kalkulation. Dann werden die so genannten Kostentreiber (Messgrößen), die in den Hauptprozessen die Kosten verursachen, identifiziert (z.B. Anzahl der Bestellungen). Im vierten Schritt werden für die Kostentreiber die Mengen/Prozessmengen für einen bestimmten Zeitraum festgelegt (z.B. 2.500 Bestellungen pro Jahr). Mit den Hauptprozessen und Mengen können nun Prozesskostensätze für die prozessabhängigen Kosten errechnet werden. Dabei werden die ermittelten Kosten für die Hauptprozesse durch die jeweiligen Prozessmengen dividiert. Für die restlichen prozessunabhängigen Kosten (z.B. Mitarbeiter beurteilen) werden Zuschlagssätze für die Kalkulation festgelegt.

Nachkalkulation
durchführen

Eine weitere, wichtige Aufgabe des Rechnungswesens ist die Unterstützung bei der Durchführung von Vor- und insbesondere **Nachkalkulationen**.

8.5 Liquiditätssicherung

Die Liquidität
planen und steuern

Liquidität ist die Fähigkeit eines Unternehmens, seinen Zahlungsverpflichtungen termingerecht nachzukommen. Zu einem bestimmten Zeitpunkt lässt sich Liquidität auch als das Verhältnis von verfügbaren Mitteln zu fälligen Verbindlichkeiten beschreiben. Um die Liquidität zu sichern, sind die eingehenden und ausgehenden Zahlungsströme zu überwachen und zu steuern. Dafür bietet sich die so genannte monatliche Liquiditätsvorschau an (Abb. 113). In ein monatliches Raster werden die erwarteten Zahlungsströme eingetragen und saldiert und der Kontostand mit dem Kreditlimit überwacht.

Liquiditätsvorschau							
Monat: November 2007	**Beträge in T €**						
Position	**Summe**	**Do 2.11.**	**Fr 3.11.**	**Mo 6.11.**	**Di 7.11.**	**Mi 8.11.**	**usw.**
Einnahmen							
Debitoren	**950**	35	40	40	40	55	
Anzahlungen	**105**	55			17	31	
Sonstige	**27**	12		5		5	
Summe	**1.082**	102	40	45	57	91	
Ausgaben							
Kreditoren	**601**	15	11	75	15	10	
Löhne, Gehälter	**188**	188					
Mieten	**21**	15					
Zinsen	**22**	15					
Sonstige	**115**	27	15	15	20	10	
Summe	**947**	260	26	90	35	20	
Saldo	**135**	-158	14	-45	22	71	
Kontostand	**14**	-144	-130	-175	-153	-82	
Kreditlimit	**-200**						

Abb. 113: Die Liquiditätsvorschau

Tipp

Zur Verbesserung der Liquidität gibt es zahlreiche Maßnahmen:

- ✔ Abbuchungsverfahren mit Kunden vereinbaren!
- ✔ Abbuchungsverfahren mit Lieferanten vermeiden!
- ✔ Bestände vermeiden oder minimieren!
- ✔ Bonitätsprüfung bei neuen Kunden durchführen!
- ✔ Cash-In-Wettbewerb: Die Mitarbeiter in der Betriebswirtschaft und im Vertrieb werden in einem Wettbewerb dazu aufgerufen, die Kunden zur pünktlichen Zahlung zu bewegen. Der Produkt- oder Unternehmensbereich mit der größten Reduzierung des Kreditorenzahlungszieles wird prämiert.
- ✔ Forderungen abtreten (Factoring)!
- ✔ Investitionen und sonstige Ausgaben vermeiden oder aufschieben!
- ✔ Kostenmanagement betreiben!
- ✔ Mahnwesen konsequent anwenden!
- ✔ Mieten anstatt Kaufen!
- ✔ Reklamationen schnell bearbeiten, um Zahlungsverzögerungen zu verhindern!
- ✔ Sale-and-Lease-Back einsetzen (Anlagen oder Immobilien verkaufen und dann mieten/leasen)!
- ✔ Schecks ausstellen anstatt Überweisungen tätigen!
- ✔ Skonti ausnutzen!

- ✔ Sonderverkäufe durchführen, um Bestände zu liquidieren!
- ✔ Nicht mehr benötigte Maschinen und Einrichtungen verkaufen!
- ✔ Vorauszahlungen bei Lieferanten vermeiden!
- ✔ Vorauszahlungen bei Kunden vereinbaren!
- ✔ Waren schnell ausliefern und umgehend berechnen!
- ✔ Zahlungsverzögerungen bei Kunden ernst nehmen; manchmal steht ein Konkurs im Raum!
- ✔ Zahlungsziele bei Lieferanten ausnutzen und verlängern!
- ✔ Zahlungsziele bei Kunden verkürzen!

8.6 Zusammenfassung

Moderne Betriebswirtschaft = optimaler Einsatz finanzieller Ressourcen

1. Die modern ausgerichtete Betriebswirtschaft setzt die finanziellen Ressourcen des Unternehmens optimal ein, hält ständig nach günstigen Finanzierungsmöglichkeiten Ausschau, stellt die Kostentransparenz her und stellt zu jeder Zeit die Liquidität sicher. Die Betriebswirtschaft soll sich als Dienstleister im Unternehmen positionieren und seine Strategie auf die Gesamtstrategie des Unternehmens ausrichten.
2. Nicht viele Unternehmen sind in der Lage, ohne fremde Mittel zu arbeiten. Insbesondere produzierende Unternehmen, die kapitalintensive Ausrüstungen einsetzen, benötigen entsprechendes Fremdkapital.
3. Auf ein gesundes Verhältnis (30 bis 60%) von Eigenkapital zu Fremdkapital ist jedoch zu achten. Der Bedarf an Fremdkapital lässt sich durch verschiedene Maßnahmen senken.
4. Nach Abschluss der jährlichen strategischen Planung und ca. zwei Monate vor Beginn des neuen Geschäftsjahres sollte die operative Planung und Budgetierung durchgeführt werden. Beim Zero-Base-Ansatz werden die Vorjahreswerte nicht extrapoliert, sondern es werden neue Werte bestimmt. Damit lässt sich die Ausgabendisziplin auf allen Ebenen und in allen Bereichen erhöhen.
5. Die Mitarbeiter sollten ständig bezüglich Kosten sensibilisiert werden. Ein Unternehmen, das ein wirkungsvolles Kostenmanagement betreibt, ist erfolgreicher und kann konjunkturell schlechte Zeiten besser überstehen. Voraussetzung dafür ist jedoch die Kostentransparenz, die durch entsprechende Kostenrechnungssysteme im Rechnungswesen herzustellen ist. Die Deckungsbeitragsrechnung ist eine gängige Kostenrechnungsmethode. Sie kann produktbezogen, bereichsbezogen oder auch

kundenbezogen durchgeführt werden. Sie liefert die Daten, mit denen zu erkennen ist, womit Gewinn oder Verlust gemacht wird.

6. Liquidität ist die Fähigkeit eines Unternehmens, seinen Zahlungsverpflichtungen termingerecht nachzukommen. Um die Liquidität zu sichern, sind die eingehenden und ausgehenden Zahlungsströme zu überwachen und zu steuern. Dafür bietet sich die so genannte monatliche Liquiditätsvorschau an. Es gibt zahlreiche Möglichkeiten, die Liquidität zu verbessern.

9 Controlling

Controlling heißt steuern

Mit dem Controlling schließt sich der Kreis im System der ganzheitlichen, strategischen Unternehmensführung (siehe auch Abb. 3). Das Controlling überprüft den Erfolg im strategischen und operativen Teil der Geschehens im Unternehmen und gibt Steuersignale an die Geschäftsleitung und Führungskräfte. Controlling bedeutet also wesentlich mehr als der Soll-Ist-Vergleich. Controlling befasst sich auch und vor allen Dingen mit dem Steuern und Weisen der Richtung im Unternehmen. Es zeigt Gefahren auf, warnt und legt auch den Finger in offene Wunden.

In vielen Unternehmen ist das Controlling in den betriebswirtschaflichen Bereich eingegliedert. Dagegen ist nichts einzuwenden, solange die Controlling-Funktionen installiert sind und der oder die

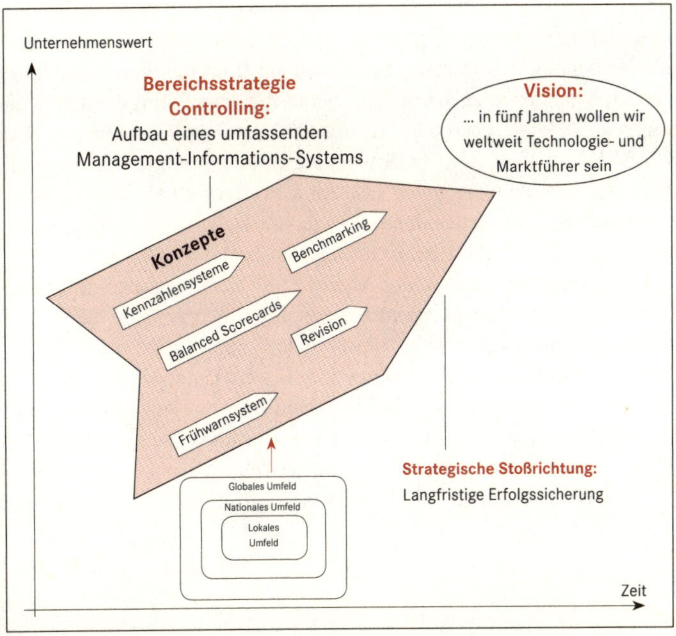

Abb. 114: Bereichsstrategie Controlling

Controller weitgehend unabhängig agieren können. Ein Controller, der unter dem Joch eines Gruppenleiters in der Betriebswirtschaft steht, wird kaum das Selbstbewusstsein zur Offenlegung von sich abzeichnenden Problemen entwickeln.

Wirksames Controlling praktizieren

Viele Firmen haben noch keine wirksamen Controlling-Methoden eingesetzt. Dies zeigt sich vor allem in der hohen jährlichen Anzahl von Firmenzusammenbrüchen. Firmen gehen nicht in Konkurs weil sich die Konjunktur abgekühlt hat, sondern, weil sie kein oder nur ein unzureichendes Controlling praktizieren.

Controllingstrategie ausrichten

In Abb. 114 ist das Beispiel eines Bereichsstrategie Controlling dargestellt. Das Controlling richtet sich, wie die anderen Bereiche des Unternehmens, auf die Gesamtstrategie und Vision aus. Als Strategie wurde in diesem Beispiel der Aufbau eines umfassenden **MIS** (Management-Informations-System) gewählt. Mit verschiedenen Konzepten wie **Benchmarking** und **Balanced Scorecards** wird dazu beigetragen, den Unternehmensbestand langfristig abzusichern.

9.1 Strategisches versus operatives Controlling

Strategisches Controlling

Das Controlling lässt sich in die Bereiche strategisches Controlling und operatives Controlling aufteilen (Abb. 115). Das strategische Controlling orientiert sich an der Umwelt, dem Umfeldsystem in das die Unternehmung eingebettet ist und am Unternehmen selbst, also seinen Visionen und Strategien. Seine Aufgaben sind es, den strategischen Planungsprozess zu unterstützen und zu begleiten, das Umfeld zu beobachten, **Frühwarnsignale** aus dem Umfeld aufzunehmen und weiterzugeben und die Umsetzung der Strategien zu überwachen. Hauptziele dabei sind das Aufzeigen von Erfolgspotenzialen und die langfristige Existenz- und Bestandssicherung.

Operatives Controlling

Das operative Controlling orientiert sich am Unternehmen und der Wirtschaftlichkeit seiner Prozesse. Die Aufgaben sind die Begleitung und Unterstützung der operativen Planung, die Aufbereitung von Kennzahlen zu den unterschiedlichen Unternehmensfunktionen, der Betrieb des MIS (Management-Informations-System), und das Setzen von Warnsignalen aus den operativen Bereichen für die Unternehmenssteuerung. Wirtschaftlichkeit, Gewinn und Rentabilität sind die Zielgrößen des operativen Controllings.

Typ / Merkmal	Strategisches Controlling	Operatives Controlling
Orientierung	Umfeld und Unternehmen: Adaption	Unternehmen: Wirtschaftlichkeit betrieblicher Prozesse
Planungsstufe	strategische Planung	operative Planung, Budgets
Dimensionen	Stärken/Schwächen, Chancen/Gefahren	Aufwand/Ertrag, Kosten/Leistung
Zielgrößen	Existenzsicherung, Erfolgspotenziale	Wirtschaftlichkeit, Gewinn, Rentabilität

Abb. 115: Strategisches versus operatives Controlling
(Quelle: *Horvath*, Controlling, München 1998)

9.2 Kennzahlensysteme

Geeignetes Kennzahlensystem aufbauen

Die Auswertung von betrieblichen Daten, ihre Aufbereitung und Darstellung sind wichtige Handwerkszeuge des Controllers. Neben Tabellen, graphischen Auswertungen und Trenddarstellungen spielen Kennzahlen für die verschiedenen Bereiche und Funktionen eine wichtige Rolle. Im Gegensatz zu unübersichtlichen Zahlenkolonnen geben Kennzahlen mit einem Zahlenwert Auskunft über einen bestimmten Sachverhalt im Unternehmen.

Es gibt eine Vielzahl von Kennzahlen für die Unternehmensführung. Jeder Controller wird sich sein eigenes, für die Unternehmung relevantes System an Kennzahlen aufbauen. Bei der Bewertung und Interpretation kommt es nicht nur auf den derzeitigen Wert, sondern auch auf den Trend an. Weiterhin ist der Blick in die Branche und zu einem Wettbewerber sowie der Vergleich der fremden Kennzahlen mit den eigenen Kennzahlen von Bedeutung. Schließlich will man wissen, wo man im Vergleich zu den anderen Marktteilnehmern steht (Benchmarking).

Tipp

> Durch die Auswertung von Wettbewerberdaten z. B. Geschäftsberichten, Prospekten, Informationsmaterial, Aussagen in der Presse oder Berichte des eigenen Außendienstes lassen sich Wettbewerberkennzahlen errechnen. Die Fachverbände stellen auf Anfrage Durchschnittswerte der Branche zur Verfügung, an denen man sich messen kann.

Best Practice in Kennzahlentabelle markieren

Auch ein internes Benchmarking, z. B. Vergleich von ausgewählten Kennzahlen aller Produktbereiche, ist möglich. Die jeweils beste Kennzahl wird als **Best Practice** (beste Ausführung) in der Kennzahlentabelle gekennzeichnet. Dies soll ein Ansporn für Bereiche und Führungkräfte sein, die Werte des »Klassenbesten« zu erreichen oder zu überbieten.

Die Abb. 116 zeigt eine Auswahl von verschiedenen Kennzahlen für die Unternehmensführung. Die Nummern 1 bis 15 stellen Kennzahlen aus den Bereichen Finanzen und Rechnungswesen dar, 16 und 17 sind Beispiele aus dem Marketing, 18 aus der Materialwirtschaft, 19 und 20 aus dem Personalwesen und 21 bis 22 aus der Produktion.

Nr.	Kennzahl	Formel	Richtwert
1	Fremdfinanzierungsgrad	Fremdkapital x100/Gesamtkapital	60-70%
2	Selbstfinanzierungsgrad	Eigenkapitalzuwachs x100/Grundkapital	-
3	Intensität des Umlaufvermögens	Umlaufvermögen x100/Gesamtvermögen	-
4	Intensität des Anlagevermögens	Anlagevermögen x100/Gesamtvermögen	-
5	Liquiditätsgrad I	Liquide Mittel x100/Kurzfristiges FK	10-35%
6	Liquiditätsgrad II	(Liquide Mittel und Forderungen) x100/Kurzfristiges FK	ca.100%
7	Liquiditätsgrad III	Umlaufvermögen x100/Kurzfristiges FK	ca.200%
8	Anlagedeckungsgrad I	Eigenkapital x100/Anlagevermögen	75-100%
9	Anlagedeckungsgrad II	(Eigenkapital und langfristiges FK) x100/Anlagevermögen	>100%
10	Eigenkapitalrendite	Gewinn vor Steuern x100/Eigenkapital	>12%
11	Gesamtkapitalrendite	(Gewinn vor Steuern und Zinskosten) x100/Gesamtkapital	>12%
12	Umsatzrendite	Gewinn vor Steuern x100/Verkaufsumsatz	>5%
13	Umsatz-Cash-Flow-Rate	Cash Flow x100/Verkaufsumsatz	>8%
14	Debitorenumschlag	Verkaufsumsatz/durchschnittliche Debitoren	-
15	Debitorenumschlag Tage	360/Debitorenumschlag	-
16	Warenumschlag	Warenaufwand/durchschnittlicher Warenbestand	-
17	Werbeerfolg	Umsatzuwachs x100/Kosten der Werbeaktion	-
18	Materialumschlag	Materialaufwand/durchschnittlicher Materialbestand	-
19	Fehlzeitenquote	versäumte Tage p.a. x100/mögliche Tage p.a.	-
20	Fluktuationsquote	Zahl Austritte x100/durchschnittliche Mitarbeiterzahl	-
21	Ausschussrate	Anzahl Ausschussteile x100/Gesamtzahl	-
22	Kapazitätsauslastungsgrad	Ist-Erzeugung x100/Kapazität	-
	FK = Fremdkapital, Cash Flow = Abschreibungen und Gewinn		

Abb. 116: Kennzahlen für die Unternehmensführung

Balanced Scorecards

Eine relativ neue Methode, mit Zielen, der Messung von Leistungen und Kennzahlen im Unternehmen umzugehen, ist die Aufstellung von so genannten Balanced Scorecards (ausgewogene Erfolgsgrößen). Die Balanced Scorecards werden jährlich im Rahmen der strategischen und operativen Planung für das Unternehmen und gegebenenfalls auch für darunter liegende Bereiche erstellt. In die einzelnen Scorecards werden ausgewählte Parameter und Messgrößen aufgenommen (Abb. 117).

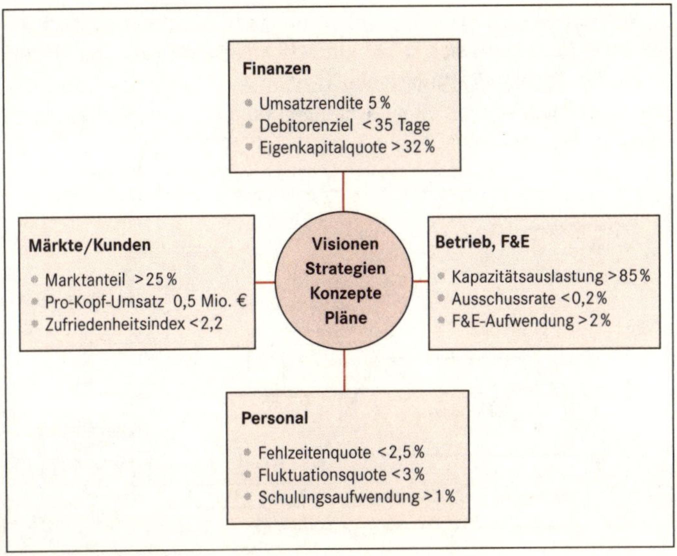

Abb. 117: Balanced Scorecards

9.3 Management-Informations-System

MIS aufbauen

Ein Management-Informations-System (MIS) ist ein **Kommunikations- und Führungsinstrument**. Es soll die Führungskräfte in den verschiedenen Ebenen mit aufbereiteten Informationen versorgen, die ihnen bei der Entscheidungsfindung hilfreich sind. Dabei kommt es auf die Aktualität der Daten an. Anzustreben ist eine tagesgenaue Aktualität, bei der die MIS-Daten, bei jeder Buchung im System, online oder nachts im Batch-Lauf aktualisiert werden. Ein MIS-Modul, das in einem durchgängigen EDV-System integriert ist, bietet diese Möglichkeit. Die Daten brauchen nicht extra heruntergeladen und aufbereitet werden, dies erfolgt automatisch. Außerdem kann das MIS individuellen Bedürfnissen hinsichtlich Datenverdichtung und Darstellung angepasst werden.

Das MIS (Abb. 118) holt sich per Mausklick die relevanten Daten aus der Datenbank und verdichtet sie für die jeweiligen Führungsebenen. Falls gewünscht, können für die jeweiligen Führungsebenen die entsprechenden Zugriffsberechtigungen eingerichtet werden. Die Abteilungs- oder Gruppenleiter können dann nur auf die Verdichtungsebene 1 zugreifen, die Bereichsleiter auf die Ebenen 1 und 2 und die Geschäftsleitung auf alle Ebenen. Per Mausklick können die angeforderten Daten in Tabellen, Grafiken, Trendanalysen usw. dargestellt und auch ausgedruckt werden.

MIS durch Vernetzung von Tabellenkalkulationen

Verfügt das Unternehmen nicht über die entsprechenden EDV-Systeme, kann man sich selbst ein MIS stricken. Durch die Vernetzung der Tabellenkalkulationen in den verschiedenen Unternehmensbereichen können die notwendigen Daten abgezogen, verdichtet und dargestellt werden.

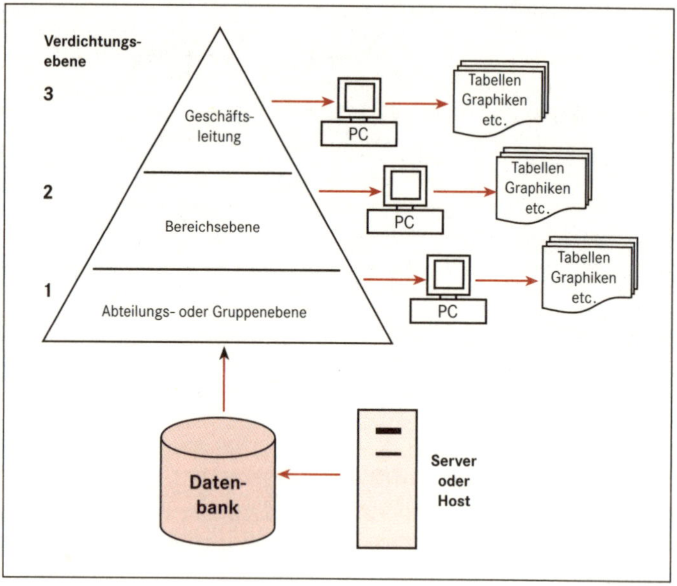

Abb. 118: Das Management-Informations-System

9.4 Frühwarnsystem

Frühwarnsystem aufbauen

In einer Zeit des raschen Wandels in der Wirtschaft, Gesellschaft und Technologie gewinnt der Einsatz eines umfassenden Frühwarnsystemes immer größere Bedeutung. Es gibt laufend Entwicklungen im externen Umfeld, die sich positiv oder negativ auf das Unternehmen auswirken können. Zum Einen geht es darum, Chancen rechtzeitig zu erkennen und zu nutzen und zum Anderen, Gefahren im Frühstadium ausfindig zu machen und entsprechende Vorkehrungen zu treffen. Das Unternehmen soll agieren und nicht erst reagieren, wenn andere Firmen die Chancen schon aufgegriffen haben oder die Probleme sich im Hause schon auswirken. Aber auch das interne Umfeld ist im Rahmen des operativen Controlling in das Frühwarnsystem einzubeziehen.

Der Aufbau und Betrieb eines wirkungsvollen Frühwarnsystemes (Abb. 119) ist deshalb eine besonders wichtige Aufgabe für den Bereich Controlling. Zunächst werden im internen und externen Umfeld die Parameter festgelegt, die für die Frühwarnung im Unternehmen von Bedeutung sind. Im internen Umfeld liegen die Kennzahlen oder Balanced Scorecards bereits vor. Im externen Umfeld sind entsprechende Kennzahlen festzulegen (z.B. Steigerung des Rohmaterialpreises um 3 % oder mehr). Schwellenwerte und Ereignisse werden bestimmt, bei deren Überschreitung oder Eintreffen die Geschäftsleitung und/oder andere betroffene Führungskräfte zu informieren sind. Das interne und externe Umfeld sind permanent zu beobachten. Im internen Umfeld steht das Management-Informations-System (MIS) zur Verfügung, in dem auch die Schwellenwerte vorgegeben werden können. Eine Bewertung und Meldung erfolgt dann automatisch. Im externen Umfeld sind die relevanten Informationsquellen einzubeziehen (siehe Checkliste in Kap. 2.1.1). Bei einer Überschreitung des Schwellenwertes oder dem Eintritt eines bestimmten Ereignisses erstattet der Controllerbericht an die entsprechenden Stellen und gibt ein »rotes Signal«.

Parameter und Schwellenwerte festlegen

Beispiel Schwellenwert:
Die Kunden zahlen im Schnitt nach 37,5 Tagen (Debitorenumschlag in Tagen). Das Zahlungsziel ist im Angebot, mit 8 Tagen/2 % Skonto oder 30 Tagen/netto, angegeben. Als Schwellenwert werden 40 Tage festgelegt. Das bedeutet, dass ein Bericht an die Geschäftsleitung erfolgt, sobald 40 Tage erreicht oder überschritten werden.

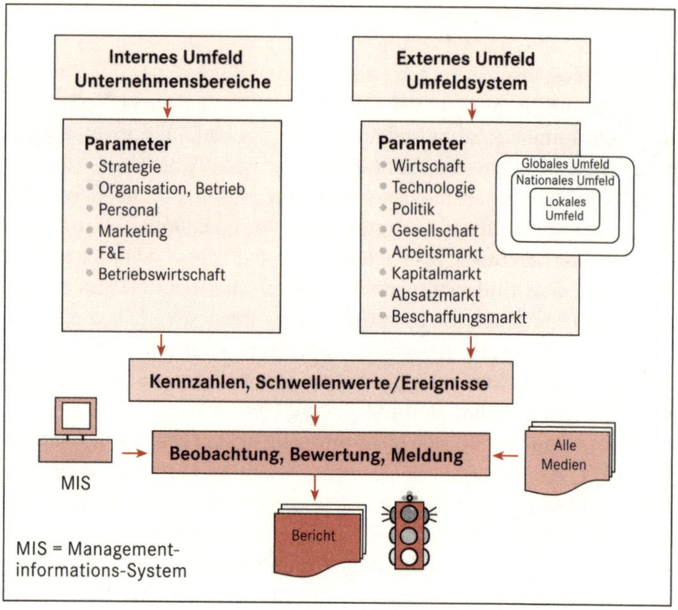

Abb. 119: Das Frühwarnsystem

9.5 Revision

Interne Revision regelmäßig vorsehen

Im Rahmen des **Risikomanagements** eines Unternehmens (siehe auch Kap. 4.4) sind regelmäßige interne Revisionen zu empfehlen. Diese können vom Bereich Controlling oder von Personen innerhalb oder außerhalb des Unternehmens, die von der Geschäftsleitung beauftragt werden, durchgeführt werden. Die Geschäftsleitung kann nicht immer und überall präsent sein, um zu sehen, ob irgendwo im Unternehmen etwas anbrennt. Die interne Revision und Berichterstattung schafft eine gewisse Sicherheit für die Geschäftsleitung (Abb. 120).

Checklisten für die Revision erstellen

Für die einzelnen Unternehmensbereiche oder auch für übergeordnete Prozesse werden Checklisten und Fragebögen erstellt, nach denen sich der Auditor richtet. Schwerpunkte sind im Betrieb und in der Produktion z.B. der Umwelt- und Unfallschutz. Im Personalbereich ist auf den Datenschutz und die Einhaltung der behördlichen Vorschriften sowie die Arbeitsgesetze zu achten. Im Marketing spielen z. B. die Kundenzufriedenheit und die praktizierte Preispolitik eine Rolle. Die Entwicklungsprojekte im F&E-Bereich sind hinsichtlich der Qualität des Projektmanagements und der Einhaltung des Projektqualitätsplanes zu prüfen. In der Betriebswirtschaft geht es z. B. um die ordnungsgemäße Buchung und die Einhaltung der Steuervorschriften und -gesetze. Es ist besser, etwaige Probleme rechtzeitig selbst zu erkennen, anstatt sich bei der nächsten Steuerprüfung zu blamieren. In allen Bereichen ist zu prüfen, ob Hinweise auf Untreue vorliegen. Insbesondere bei Zahlungsanweisungen ist auf das Vier-Augen-Prinzip zu achten.

Die Audits werden grundsätzlich nicht angekündigt. Der Auditor erstellt unverzüglich nach Beendigung des Audits einen Revisionsbericht an die Geschäftsleitung.

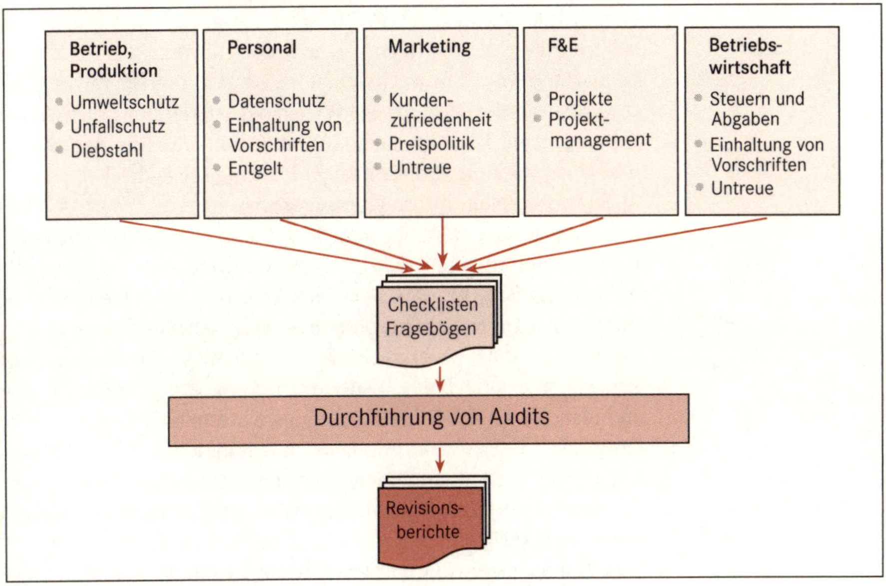

Abb. 120: Die interne Revision

Tipp

Oft schleicht sich im Unternehmen eine gewisse Betriebsblindheit ein. Fehler oder ungenutzte Chancen werden nicht erkannt. So kann z. B. ein Marketing-Audit, das von einem externen Berater durchgeführt wird, neue Erkenntnisse und Ideen bringen, die nützlich für die weitere Unternehmensentwicklung sind.

9.6 Zusammenfassung

Controlling ist mehr als »Prüfen«

1. Mit dem Controlling wird der Kreis im System der ganzheitlichen, strategischen Unternehmensführung geschlossen. Das Controlling ist mehr als der Soll-Ist-Vergleich, die Prüfung. Controlling ist vor allen Dingen Steuern und Weisen der Richtung im Unternehmen. Viele Firmen haben noch keine wirksamen Controlling-Methoden eingesetzt. Dies zeigt sich in der hohen jährlichen Anzahl von Firmenzusammenbrüchen. Firmen gehen nicht in Konkurs weil sich die Konjunktur abgekühlt hat, sondern, weil sie kein oder nur ein unzureichendes Controlling praktizieren.
2. Controlling lässt sich in die Bereiche strategisches Controlling und operatives Controlling aufteilen. Das strategische Controlling orientiert sich am Umfeldsystem, in das die Unternehmung eingebettet ist, und an den Visionen, Strategien und Konzepten des Unternehmens. Aufgaben sind unter anderem, das Umfeld zu beobachten und Frühwarnsignale zu setzen. Das operative Controlling orientiert sich an der Wirtschaftlichkeit der Prozesse im Unternehmen. Die Aufgaben sind unter anderem die Begleitung und Unterstützung der operativen Planung sowie der Betrieb des MIS (Management-Informations-System).
3. Die Auswertung von betrieblichen Daten, deren Aufbereitung und Darstellung sind wichtige Handwerkszeuge des Controllers. Neben Tabellen, graphischen Auswertungen und Trenddarstellungen spielen Kennzahlen für die verschiedenen Bereiche und Funktionen eine wichtige Rolle. Weiterhin ist der Blick in die Branche und zu einem Wettbewerber sowie der Vergleich der fremden Kennzahlen mit den eigenen Kennzahlen von Bedeutung. Eine relativ neue Methode, mit Zielen, der Messung von Leistungen und Kennzahlen im Unternehmen umzugehen, ist die Aufstellung von so genannten Balanced Scorecards (ausgewogene Erfolgsgrößen).
4. Das Management-Informations-System ist ein Kommunikations- und Führungsinstrument. Es soll die Führungskräfte in den verschiedenen Ebenen mit aufbereiteten Informationen versorgen, die ihnen bei der Entscheidungsfindung hilfreich sind.
5. Der Aufbau und Betrieb eines wirkungsvollen Frühwarnsystemes ist eine wichtige Aufgabe für den Bereich Controlling. Für die Frühwarnung werden Schwellenwerte für interne und externe Parameter festgelegt.

Glossar

5-S-Prinzip
Seri = schaffe Ordnung, Seiton = Stelle alles an seinen richtigen Platz, Seiso = Sinn für Sauberkeit, Seiketsu = Sorge um persönlichen Ordnungssinn, Shitsuke = Selbstdisziplin.

ABC-Analyse
Verfahren zur Schwerpunktbildung, Anwendung z.B. im Marketing, Kunden werden nach Umsatz und Potenzial in die Kategorien A (sehr wichtig), B (wichtig) und C (weniger wichtig) eingeteilt.

Ablauforganisation
Inhaltliche und zeitliche Organisation der Geschäftsprozesse, z.B. Auftragsabwicklung.

Activity Based Costing
Prozesskostenrechnung (auch als Vorgangskalkulation bezeichnet), Zuordnung der Gemeinkosten auf Geschäftsprozesse, z.B. Bestellabwicklung.

Agile Unternehmung
Schnell im Markt agierende Unternehmung.

AKV-Matrix
Tabelle, in der die Aufgaben, Kompetenzen und Verantwortung von Funktionseinheiten oder Personen aufgelistet werden.

Audit
Revision oder Prüfung, ob bestimmte Verfahren eingehalten werden, z.B. Qualitätsaudit.

Aufbauorganisation
Struktur des Unternehmens zur Erfüllung seiner Aufgaben, z.B. Organigramm, Stellenbeschreibung.

Architektur integrierter Informationssysteme
Abgekürzt ARIS, System zur Modellierung von betriebswirtschaftlichen Geschäftsprozessen und deren Optimierung.

Assessment Center
Eignungstest von Bewerbern für eine ausgeschriebene Stelle, bei dem ein- oder mehrtägigen Test werden die Kandidaten Situationen im betrieblichen Alltag ausgesetzt.

B2B
Business to Business, Geschäftsabwicklung über das Internet, E-Commerce von Firma zu Firma.

B2C
Business to Customer, Geschäftsabwicklung über das Internet, E-Commerce von Firma zu Kunde.

B2E
Business to Employee, Geschäftsabwicklung über das Internet, E-Commerce von Firma zu Mitarbeiter.

B2R
Business to Retailer, Geschäftsabwicklung über das Internet, E-Commerce von Firma zu Händler.

Balanced Scorecard
Management von ausgewogenen strategischen Erfolgsgrößen einer Unternehmung, Finanzen, Prozesse, Kunden und Innovationen.

Benchmarking
Instrument der Wettbewerbsanalyse, es werden ganze Unternehmen, Methoden, Produkte, Kennzahlen usw. miteinander verglichen.

Budget
Haushaltsplan, Finanzplan für ein Unternehmen oder ein Projekt für einen bestimmten Zeitraum.

Call Center
Zentrale mit zahlreichen Telefon-/Bildschirmarbeitsplätzen, in die alle Anrufe für einen bestimmten Geschäftsprozess (z.B. Auftragseingänge, Produktauskünfte) zur Bearbeitung geschaltet werden.

Cash-Flow
In einer Periode erwirtschafteter Zahlungsmittelüberschuss.

Change Management
Führungsmethode zur Steuerung von Veränderungsprozessen in einem Unternehmen, z.B. Veränderung der Verhaltensweisen von Führungskräften.

Coaching
Begleitung einer Führungskraft oder eines Mitarbeiters und Rückmeldung zur Verbesserung von Arbeits- und Verhaltensweisen.

Competitive Intelligence
Systematischer Prozess zur Beobachtung von Märkten und Wettbewerbern.

Computer Aided Design
Abgekürzt CAD, computergestütztes Konstruieren von Bauteilen etc., insbesondere Erstellung von Zeichnungen.

Computer Aided Manufacturing
Abgekürzt CAM, computergestütze Steuerung und Überwachung der Produktion.

Computer Aided Planning
Abgekürzt CAP, computergestützte Arbeitsplanung, z.B. Erstellung von Arbeitsplänen.

Computer Aided Quality Assurance
Abgekürzt CAQ, computerunterstütze Qualitätssicherung, z.B. automatische Erfassung und Auswertung von Ausschuss.

Computer Aided Selling
Abgekürzt CAS, computerunterstützter Vertrieb, z.B. EDV-System für den Außendienst zur Auftragsbearbeitung und Datenübermittlung.

Computer Integrated Manufacturing
Abgekürzt CIM, computergestützte Integration der betriebswirtschaftlich orientierten Planungs- und Steuerungsfunktionen mit den computertechnischen Funktionen in einem Fertigungsunternehmen.

Controlling
Steuerung des Unternehmens in Richtung Umsetzung der Strategien und Ziele (strategisches Controlling) bzw. Erfüllung des Budgets (operatives Controlling).

Corporate Behaviour
Verhalten eines Unternehmens nach außen (Kunden, Lieferanten, Öffentlichkeit usw.) und innen (Mitarbeiter, Betriebsrat usw.), Element der Corporate Identity.

Corporate Communication
Kommunikationskonzept eines Unternehmens nach außen (Pressearbeit, Kundenzeitschrift usw.) und innen gerichtet (Mitarbeiterzeitschrift usw.), Element der Corporate Identity.

Corporate Design
Visuelles Erscheinungsbild eines Unternehmens nach außen und innen (Logo, Farbe, Gestaltung der Verpackung usw.), Element der Corporate Identity.

Corporate Identity
Unternehmensidentität, ganzheitliches Kommunikationskonzept zur Positionierung eines Unternehmens mit dem Ziel ein bestimmtes Image im externen und internen Bereich zu erzeugen; besteht aus den drei Elementen Corporate Behaviour, Corporate Communication, Corporate Design.

Customer Care
Konzept für den Umgang mit dem Kunden im Hinblick auf Kundenzufriedenheit und Kundenbindung.

Customer Input Process
Systematische Erhebung von Kundenanforderungen in der Produktentwicklung.

Customer Relationship Management
Abgekürzt CRM, Modell zur Verbesserung der Kundenbeziehungen, -zufriedenheit und -bindung.

Data Warehouse
Computer-System für die Verwaltung und Bereitstellung von umfassenden Unternehmensdaten.

Decision Support System
Abgekürzt DSS, computergestütztes Planungs- und Informationssystem, das entscheidungsrelevante Informationen zur Entscheidungsvorbereitung verdichtet und darstellt.

Deckungsbeitrag
Die Differenz von Verkaufserlös und der variablen Kosten z.B. eines Produktes, der Betrag, der zur Deckung der Fixkosten und als Gewinn übrig bleibt.

Dezentralisierung
Gegensatz zu Zentralisierung, Verteilung von Aufgaben auf verschiedene Organisationseinheiten, z.B. jedes Tochterunternehmen hat sein eigenes Rechnungswesen.

DIN EN ISO 9000 ff.
Normenreihe zum Qualitätsmanagement und zur Qualitätssicherung (DIN = Deutsches Institut für Normung, EN = Europäische Norm, ISO = International Standards Organization).

DIN ISO 14000 ff.
Normenreihe zu Umweltmanagementsystemen und Umweltaudits (Öko-Audit).

Direktmarketing
Kommunikation und Vertrieb direkt zum Endkunden, z.B. Mailing, Direktversand.

Distant Learning
Methode der Personalentwicklung, per Intranet oder PC-Netzwerk werden Trainingsprogramme für Mitarbeiter angeboten.

Dokumenten Management System
System zur Archivierung von Dokumenten in Papierform oder heute meist digital auf Laserdisk.

Due Diligence
Umfassende Untersuchung und Prüfung eines Unternehmens insbesondere bei Kauf oder Beteiligung.

Economies of Scale
Beziehung zwischen Stückzahl/Losgröße und Wirtschaftlichkeit, höhere Stückzahlen führen zu wirtschaftlicherer Fertigung, Ausrichtung auf Großserienproduktion.

Economies of Scope
Beziehung zwischen Variantenzahl und Wirtschaftlichkeit, flexible Fertigungssyssteme mit Rüstzeiten gegen 0 lassen sich bei hoher Variantenzahl wirtschaftlicher nutzen, Ausrichtung auf Einzel- oder Kleinserienfertigung.

Electronic Customer Care
Abgekürzt ECC, Einsatz moderner Informationstechnologien (z.B. Internet) zur Verbesserung der Anbieter-Kunden-Beziehung.

Electronic (E-)Business
Gesamte oder weitgehende Geschäftsabwicklung über das Internet.

Electronic (E-)Commerce
Abwicklung der Vertriebsprozesse über das Internet, Teilmenge von E-Business.

Electronic Market-Place
Internet Marktplatz, auf dem Verkäufer ihre Waren und Dienstleistungen anbieten und Käufer sich orientieren und einkaufen.

Electronic (E-)Procurement
Abwicklung des gesamten Beschaffungsprozesses über das Internet, Teilmenge von E-Business.

European Foundation for Quality Management, Modell
Abgekürzt EFQM, Modell für die Bewertung eines Unternehmens mit Fokussierung auf Kundenzufriedenheit, Mitarbeitermotivation und Prozesse.

Event Marketing
Instrument zur Marketing-Kommunikation, Gestaltung von Veranstaltungen wie z.B. Vorstellung eines neuen Produktes auf einer Messe.

Expertensystem
Computerprogramm, mit dem sich das Fachwissen und die Schlussfolgerungsfähigkeit von Experten auf eng umgrenzten Aufgabengebieten nachbilden und personenunabhängig zur Verfügung stellen lässt.

Facility Management
Gebäudebewirtschaftung mit modernen Informations- und Kommunikationstechnologien.

Failure Mode and Effect Analysis
Oder »Fehlermöglichkeits- und Effektanalyse«, abgekürzt FMEA.

Fraktale Fabrik/Organisation
Fabrik oder Organisation auf selbständig agierende Einheiten (Fraktalen) aufgebaut, zwischen den Fraktalen besteht ein Dienstleistungsverhältnis.

Frühwarnsystem
Informationssystem, das Ereignisse, Risiken etc. mit zeitlichem Vorsprung signalisiert.

Führungsspanne
Auch Leitungsspanne genannt, die Anzahl der in einer Organisationseinheit untergeordneten Stellen/Mitarbeiter.

Geschäftsprozessoptimierung
Verfahren zur Verbesserung oder Vereinfachung von Arbeitsabläufen (z.B. Auftragsabwicklung).

Globalisierung
Zusammenwachsen der Weltmärkte, das insbesondere durch die neuen Informations- und Kommunikationstechniken (z.B. Internet) begünstigt wird.

House of Quality
Methode zur systematischen Umsetzung von Kundenanforderungen in Produkt- oder Dienstleistungsmerkmale.

Innovationsmanagement
Planung, Organisation und Kontrolle von Aufgaben im Innovationsprozess, von der Ideenfindung bis zur Vermarktung.

Insourcing
Gegenteil von Outsourcing, bestimmte Unternehmensleistungen werden nicht mehr zugekauft sondern im eigenen Unternehmen erbracht.

Internationalisierung
Strategische Gestaltung und Entwicklung von grenzüberschreitenden Unternehmensaktivitäten.

Internet
Weltweite elektronische Kommunikations- und Informationsplattform, auf die weltweit alle Personen mit Internetzugang zugreifen können.

Intranet
Elektronische Kommunikations- und Informationsplattform, auf die die Mitarbeiter eines Unternehmens zugreifen können.

IT-System
System in der Informations-Technologie/elektronischen Datenverarbeitung, z.B. Netzwerk für Computer.

Joint Venture
Zusammenarbeit oder gemeinsames Unternehmen von einem nicht gebietsansässigen Unternehmen mit Partnern aus dem Gastland.

Just-In-Time
JIT, Produktions- und Organisationsprinzip zur bedarfsgenauen Belieferung, die Lagerhaltung von JIT-Produkten beim Kunden erübrigt sich.

Kaizen
Japanische Methode zur ständigen Verbesserung der Qualität von Produkten, Dienstleistungen, Prozessen und Organisationsformen; KAIZEN™ ist ein eingetragenes Warenzeichen des KAIZEN Institute Europe.

Kanban
Japanisches System zur flexiblen, bedarfsgesteuerten Produktion mit dem Ziel hoher Liefertreue und geringer Materialbestände.

Key Account Management
Management-Ansatz und bestimmte Organisations- und Bearbeitungsform des Vertriebs für die Zusammenarbeit mit Schlüsselkunden.

KMU
Kleine und Mittlere Unternehmen.

Komplexitätsreduktion
Vorgehensweise zur Vereinfachung von Geschäftsprozessen oder Produkten mit dem Ziel, Zeit und Kosten zu sparen.

Konzept
Darstellung einer Idee oder eines Modells unter Einbeziehung der Lehre, mit dem Ziel eine bestimmte Aufgabe zu lösen.

Kundenorientierung
Grundhaltung im Unternehmen und Ausrichtung auf Wünsche und Bedürfnisse der Kunden.

Kundenzufriedenheit
Grad der Zufriedenheit der Kunden mit den Produkten oder Dienstleistungen eines Unternehmens, hierzu werden Befragungen und Analysen durchgeführt.

KVP
Kontinuierlicher Verbesserungsprozess, deutscher Begriff für Kaizen, die Methode zur ständigen Verbesserung.

Leadership
Eigenschaft einer Führungskraft, Mitarbeiter zu Höchstleitungen zu begeistern, dazu gehören Charisma, Vision, Mut, Sinn für das Machbare und Ethik.

Lean Management
Ansatz in der Organisation (Aufbau- und Ablauforganisation), mit dem Ziel, die Effizienz und die Qualität der Organisation zu steigern und die Kosten zu senken, Elemente des Lean Managements sind die Reduzierung der Komplexität in den Geschäftsprozessen, flache Hierarchien, Kunden- und Mitarbeiterorientierung.

Lean Production
Ansatz in der Produktion, mit dem die Produktivität und die Qualität gesteigert und die Kosten, Materialbestände und Durchlaufzeiten verringert werden sollen, Elemente der Lean Production sind teamorientierte Arbeitsorganisationen, Verringerung der Fertigungstiefe, Simultanisierung der Prozesse.

Lernendes Unternehmen
System zur systematischen Verbesserung der Qualifikation der Mitarbeiter unter Einbeziehung moderner Methoden wie z.B. Lernsoftware über Netzwerke.

Make Or Buy
Verfahren zur Entscheidungsfindung, ob ein Produkt oder eine Dienstleistung zugekauft oder in Eigenregie hergestellt/erbracht werden soll.

Management-Buy-In
Übernahme von Anteilen an einem Unternehmen durch Führungskräfte, die in diesem Unternehmen tätig sind.

Management-Buy-Out
Übernahme des gesamten Unternehmens durch Führungskräfte, die in diesem Unternehmen tätig sind.

Management by Delegation
Führung durch Delegation, partizipatives Führungskonzept.

Management by Exceptions
Führung durch Ausnahmen, Führungskonzept mit weitreichenden Befugnissen für die Mitarbeiter, nur bei Ausnahmen vom Delegationsrahmen ist die Führungskraft einzubeziehen.

Management by Objectives
Führung durch Zielsetzung, Führungskonzept, bei dem die gemeinsamen Zielvereinbarungen betont werden.

Management by Participation
Führung durch Beteiligung, Führungskonzept mit Betonung der Mitarbeiterbeteiligung am Entscheidungsprozess.

Management by Results
Management durch Resultate, Führungskonzept mit Betonung der Zielerreichung.

Management Information System
Abgekürzt MIS, Softwaresystem, das den Führungskräften Informationen zur Vorbereitung von strategischen und taktischen Entscheidungen liefert.

Marketing
Konzept zur ziel- und wettbewerbsorientierten Ausrichtung aller marktrelevanten Aktivitäten auf gegenwärtige und künftige Kundenpotenziale.

Merger
Freiwillige Vereinigung von Unternehmen auf dem Vertragswege.

Mobbing
Anpöbeln, bedrängen, schikanieren des Vorgesetzten, Kollegen oder Mitarbeiters mit dem Ziel, ihn aus dem Unternehmen zu drängen.

Multimedia
Konzept zur Nutzung verschiedener sich ergänzender digitaler Medien wie Fernsehen, Rundfunk, Video, Computer.

Outsourcing
Gegenteil von Insourcing, bestimmte Unternehmensleistungen werden nicht mehr im eigenen Unternehmen erbracht sondern zugekauft.

Overengineering
Ein Produkt oder eine Dienstleistung wird so gestaltet, dass die Eigenschaften weit über die Kundenerwartungen hinausgehen. Dies kann zur Folge haben, dass das Produkt oder die Dienstleistung zu teuer und unverkäuflich ist.

Personalentwicklung
Alle Maßnahmen, die auf die Entwicklung und Verbesserung der Leistungsfähigkeit der Mitarbeiter abzielen.

Product Public Relations
PPR, Öffentlichkeitsarbeit für ein Produkt, Produktgruppe oder Marke, alle Maßnahmen, die das Ansehen des Produktes oder der Produktgruppe/Marke in der Öffentlichkeit fördern, z.B. Fachartikel über die erfolgreiche Anwendung eines Produktes in einer Zeitschrift.

Profit Impact on Marketing Strategy
PIMS, empirisches Forschungsprojekt das Anfang der 60er-Jahre initiert wurde, heute gibt es ca. 600 Mitgliedsunternehmen mit ca. 2000 Geschäftsfeldern, zu denen mehr als 200 Daten erhoben werden und in der PIMS-Datenbank erfasst werden.

Public Relations
PR, Öffentlichkeitsarbeit, alle Maßnahmen, die das Ansehen des PR-betreibenden Unternehmens in der Öffentlichkeit fördern, z.B. Zeitungsbericht über die Auszeichnung verdienter Mitarbeiter.

Quality Circle
Kleine Arbeitsgruppe von Mitarbeitern, die gemeinsam in ihrem Arbeitsbereich auftretende Probleme lösen.

Quality Function Deployment
QFD, Planungsverfahren, nach dem die Eigenschaften eines Produktes auf die Anforderungen und Wünsche der Kunden ausgerichtet werden.

Quality Gate
Kontrollpunkt im Produktentstehungsprozess, an dem die definierten Ziele/Leistungen hinsichtlich Qualität und Vollständigkeit gemessen und bewertet werden.

Reengineering
Analyse und Neugestaltung von Produkt-/Produktionsstrukturen, z.B. Fertigungstiefe verringern, Einführung von Gruppenarbeit, Veränderung der Produktstruktur auf Modulbauweise.

Restrukturierung
Auch Business (Process) Reengineering genannt, Analyse und Neugestaltung der Aufbau- und Ablauforganisation sowie Veränderung der Denkschemata in einem Unternehmen im Hinblick auf Effizienzsteigerung.

Risikomanagement
Auch Risk-Management genannt, Umgang mit Geschäftsrisiken in einem Unternehmen, Risiken sind Gefahren, die den Erfolg des Unternehmens nachhaltig negativ beeinflussen können, z.B. Brand, Hochwasser, Verlust eines Schlüsselkunden.

Rückwärtsintegration
Übernahme einer oder mehrerer vorgeschalteter Fertigungsstufen, die bisher von einem Lieferanten durchgeführt wurden.

Shareholder Value
Wert für die Anteilseigner, Grundhaltung und Ausrichtung der Strategien auf die Steigerung des Unternehmenswertes zu Gunsten der Anteilseigner.

Simultanes Engineering
Parallele Entwicklung von Produkt und Prozess mit dem Ziel Entwicklungszeit und Kosten einzusparen.

Six Sigma
Methode des Qualitätsmanagements zur Erreichung von möglichst fehlerfreien Prozessen und Produkten; Name ist abgeleitet aus der Sta-

tistik; Sigma (σ) ist die Standardabweichung; 6 σ bedeutet, dass 99,99966 % fehlerfrei sein müssen.

Strategem
Eine Kriegslist, Täuschung, Trick, Weisheit; Ursprung im Chinesischen.

Strategie
Gesamtplan und Konzepte zur Durchsetzung von Zielen, ausgerichtet auf die Vision und übergeordneten Ziele des Unternehmens.

Stakeholder Value
Wert für die Interessen-Eigner, Shareholder-Value-Ansatz unter Einbeziehung der Interessen von Mitarbeitern, Lieferanten, Kunden, der Gemeinde und des Staates.

Strategische Allianzen
Partnerschaft/Zusammenarbeit mit einem oder mehreren Unternehmen (auch Wettbewerber) i.d.R. ohne Kapitalverflechtung mit der Festlegung von gemeinsamen Zielen und Strategien.

Strategische Erfolgsposition
Besondere Fähigkeit eines Unternehmens, die es ihm ermöglicht, im Vergleich zum Wettbewerb überdurchschnittliche Erfolge zu erzielen. Strategische Erfolgspositionen sind vom Wettbewerb nicht ohne weiteres kopierbar und sie sind von hoher Zukunftsträchtigkeit.

Supply Chain Management
Management der gesamten Wertschöpfungskette eines Unternehmens mit dem Ziel der effizienten Gestaltung, Bestandteile sind u.a. Lieferantenauswahl und -zulassung, Beschaffung, Belieferung, interne Logistik, Auslieferung.

SWOT-Analyse
Analyse der Stärken, Schwächen, Chancen und Gefahren (Strength, Weaknesses, Opportunities and Threats) eines Unternehmens und Aufzeigen in einem Diagramm.

Szenarien
Aufzeichnen einer möglichen Abfolge von Ereignissen oder einer bestimmen Konstellation in der Zukunft auf der Basis von kausalen Zusammenhängen, z.B. Aufzeigen des möglichen Ölpreises im Jahr 2020.

Takeover
Kauf/Übernahme eines Unternehmens um in den Besitz seiner Leistungmerkmale zu kommen, ein »unfriendly« oder »hostile« Takeover ist das Kaufangebot, das über das Management hinweg direkt an die Aktionäre gerichtet ist.

Telefonmarketing
Kontaktaufnahme, Kontaktpflege und Verkauf zu/an Kunden mittels Telefon.

Time to Market
Der Zeitraum von der Produktidee bis zum Markteintritt.

Total Productive Maintenance
System für das Zusammenwirken von Instandhaltung und Produktion.

Total Quality Management
TQM, eine Management-Methode auf der Grundlage der DIN EN ISO 9000 ff., welche sich auf die Mitwirkung aller Mitarbeiter der Unternehmung stützt, die Qualität in den Mittelpunkt stellt und durch die Erzeugung von Kundenzufriedenheit den langfristigen Geschäftserfolg sichert.

Trainee
Berufseinsteiger, der für die Übernahme von bestimmten Aufgaben ausgebildet wird.

Turnaround Management
Vorübergehendes Management/Projektleitung zur Bewältigung einer Unternehmenskrise.

Umweltaudit
Audit nach DIN ISO 19011, Überprüfung, ob sich ein Unternehmen konform zu Umweltgesetzen und eigenen Umweltnormen verhält.

Unternehmenskultur
Summe aller Werte, für die ein Unternehmen einsteht oder die es verkörpert.

US-GAAP
United States – Generally Accepted Accounting Principles, international anerkanntes US-amerikanisches System der externen Rechnungslegung.

Value Chain
Wertschöpfungskette eines Unternehmens,

Management-Ansatz nach Porter, wonach sich die Wertschöpfungskette zusammensetzt aus Primäraktivitäten (Produktion, interne/externe Logistik, Marketing/Vertrieb, Service) und unterstützenden Aktivitäten (Infrastruktur, Personal, Entwicklung, Beschaffung).

Value Engineering
Wertanalyse im Hinblick auf ein in der Entwicklung befindliches Produkt mit dem Ziel der Kostenvermeidung.

Venture Capital
Wagnis-, Risikokapital, Kapital, das einem Unternehmer ohne die üblichen Sicherheiten für einen bestimmten Zeitraum zur Verfügung gestellt wird, für die Vergabe werden die geschätzten Ertragschancen zu Grunde gelegt.

Vorwärtsintegration
Übernahme einer oder mehrerer nachgeschalteter Fertigungsstufen, die bisher von einem weiteren Anbieter oder vom Abnehmer durchgeführt wurden.

Virtuelle Realität
Mensch-Maschine-Kommunikation mit dem Einsatz innovativer Endgeräte, die mehrdimensionale Rechnermodelle einbezieht, multimediale visuelle und akustische Präsentation und Interaktion.

Virtuelles Unternehmen
Zusammenwirken mehrerer Unternehmen im Rahmen eines »grenzenlosen« Unternehmens im Hinblick auf gegenseitige Ergänzung, z.B. 40 verschiedene Handwerksfirmen bilden ein virtuelles Unternehmen mit dem Ziel, ein Einkaufszentrum zu erstellen.

Vision
Langfristiges Unternehmensziel, Sichtweise, wo das Unternehmen in z.B. fünf Jahren stehen soll.

Wertanalyse
System zur Bewertung und Verbesserung von Prozessen und Produkten, DIN 69910.

Wissensmanagement
Auch Knowledge Management genannt, System zur Sammlung, Erfassung, Speicherung und Bereitstellung von Expertenwissen z.B. für die Mitarbeiter eines Unternehmens.

Workflow System
Informationssysteme zur Modellierung, Ausführung und Kontrolle von Prozessen.

Zentralisierung
Gegensatz zu Dezentralisierung, Zusammenfassung von Aufgaben, die bisher auf verschiedene Organisationseinheiten verteilt waren, z.B. Zentrales EDV-System für alle Tochterfirmen.

Zero Base Budgeting
Aufstellen eines Haushalts- oder Finanzplanes für ein Unternehmen für einen bestimmten Zeitraum, bei dem die Ressourcen nicht aus der vorausgegangenen Periode hochgerechnet, sondern völlig neu (wie bei einem neu zu gründenden Unternehmen) betrachtet werden.

Stichwortverzeichnis